电子电路分析与制作

（第 2 版）

主　编　王彰云　谢兰清
副主编　尤文坚
主　审　陶　权　孟东峰

北京理工大学出版社
BEIJING INSTITUTE OF TECHNOLOGY PRESS

内 容 简 介

本书根据高职高专教育的特点,以高职院校电类相关专业的人才培养目标为根本,以毕业生职业岗位的能力为依据,强调对学生应用能力和实践能力的培养,重点突出职业特色。

本书将教学内容按项目模块编写,以电子技术中的典型项目为载体,全书的内容包括:直流稳压电源、调光灯电路、扩音机电路、音频信号发生器、叮咚门铃电路、简单抢答器的制作、产品质量检测仪、一位十进制加法计算器、由触发器构成的改进型抢答器、数字电子钟等共 10 个项目。以完成工作任务为主线,链接相应的理论知识和技能实训,融"教、学、做"为一体,充分体现了课程改革的新理念。本教材适合边教、边学、边做的教学方法,参考教学时间为 90~120 学时。

本书中穿插一些"小知识"、"小技能"、"思考"、"小问答"等小栏目,突出实际工作中的重点,并使全书形式活泼。

本书实用性强,可作为高职高专院校通信、电子、机电、电气、自动化等电类专业的教材,也可供从事相应工作的技术人员参考。

版权专有　侵权必究

图书在版编目(CIP)数据

电子电路分析与制作/王彰云,谢兰清主编. —2 版. —北京:北京理工大学出版社,2018.8(2020.12重印)

ISBN 978-7-5682-6048-0

Ⅰ.①电… Ⅱ.①王… ②谢… Ⅲ.①电子电路-电路分析-高等职业教育-教材 ②电子电路-制作-高等职业教育-教材 Ⅳ.①TN710

中国版本图书馆 CIP 数据核字(2018)第 182539 号

出版发行 /	北京理工大学出版社有限责任公司
社　　址 /	北京市海淀区中关村南大街 5 号
邮　　编 /	100081
电　　话 /	(010)68914775(总编室)
	(010)82562903(教材售后服务热线)
	(010)68948351(其他图书服务热线)
网　　址 /	http://www.bitpress.com.cn
经　　销 /	全国各地新华书店
印　　刷 /	三河市天利华印刷装订有限公司
开　　本 /	787 毫米×1092 毫米　1/16
印　　张 /	19.5
字　　数 /	460 千字
版　　次 /	2018 年 8 月第 2 版　2020 年 12 月第 3 次印刷
定　　价 /	52.00 元

责任编辑 / 王艳丽
文案编辑 / 王艳丽
责任校对 / 周瑞红
责任印制 / 施胜娟

图书出现印装质量问题,请拨打售后服务热线,本社负责调换

根据高职高专教育由"重视规模发展"转向"注重提高质量"的发展要求，高职教学应以培养具备职业化特征的高端技能型人才为目标。本着"以服务为宗旨、以就业为导向、以能力为本位"的指导思想，我们在深入开展以项目教学为主体的专业课程改革过程中，编写了《电子电路分析与制作》项目教材。通过到工厂企业的生产一线进行广泛的专业调研，明确本教材的编写以通信、电子、机电、电气、自动化等专业学生的就业为导向，根据行业专家及企业技术人员对专业所涵盖的岗位群相关的工作任务和职业能力的分析，以电类专业共同具备的岗位职业能力为依据，遵循学生认知规律，紧密结合职业资格证书中对电子技能所作的要求，确定项目模块和课程内容。所有的实践项目都来自于实用的电子产品或与电子产品的开发、设计、生产与维修的工作过程密切相关。

《电子电路分析与制作》（第2版）教材根据教学及教学改革的需要，在第1版的基础上进行修订和完善。如降低一些项目的设计难度，增加一些课外制作项目等，并将"互联网+"思维融入教材中，以二维码的形式展现，可以随时随地练习学习。

本教材在如下方面体现出高职教育的特色：

1. 教材的编写打破传统的章节划分的方法，合理选取10个项目，分解项目所包含的任务，围绕项目和任务展开课程教学内容及相关技能实训，将理论教学与实践教学融于一体，适合边教、边学、边做的教学方法。

2. 着眼应用。特别是集成电路强调以应用为主，对集成电路内部分析不作要求，并且削减分立，突出集成。

3. 把握理论上的"度"。教材中的理论知识力图以"必需、够用"为度，注重技术，强调应用。

4. 可操作性强。教材的实践项目不仅实用性强，而且可操作性强。通过编者的教学实践表明，我们的高职学生都能够在教师的指导下，很好地完成各项目的电路设计与制作工作，并使之实现相应的电路功能。

本教材由王彰云、谢兰清担任主编，共同策划了全书内容及组织结构，其中王彰云编写绪论、项目1、项目3、项目9、项目10，尤文坚编写项目2、项目4，王彩霞编写项目5，李俊负责制作本书课件，谢兰清编写项目6、项目7、项目8。全书由谢兰清负责统稿。

本教材由广西工业职业技术学院陶权教授担任主审,陶权教授在百忙之中对全部书稿进行了详细的审阅,并提出了许多宝贵意见,在此表示衷心感谢!本教材在编写过程中,还得到了行业企业专家中兴通讯股份有限公司孟东峰工程师的支持,对教材项目的选择提炼进行了具体的指导,并担任教材审阅工作,在此也表示衷心感谢!另外,在编写过程中参考了大量的有关文献资料,对书后参考文献中所列的作者深表谢意。

由于编者水平有限,时间仓促,书中难免有疏漏及错误之处,殷切希望使用本教材的师生和读者批评指正。

编　者

目录 Contents

- 绪论 ··· 1
- 项目1 直流稳压电源的分析与制作 ·· 6
  - 【实践活动1】 +5 V 直流稳压电源的制作 ·· 7
  - 【实践活动2】 输出可调直流稳压电源的制作 ·· 9
  - 1.1 半导体二极管 ·· 11
    - 1.1.1 半导体 ··· 11
    - 1.1.2 N型半导体和P型半导体 ··· 12
    - 1.1.3 PN结及单向导电性 ·· 12
  - 自我测试 ··· 13
    - 1.1.4 半导体二极管 ··· 13
  - 自我测试 ··· 16
  - 1.2 二极管整流电路 ·· 17
    - 1.2.1 单相半波整流电路 ··· 17
    - 1.2.2 单相桥式整流电路 ··· 18
  - 1.3 滤波电路 ··· 20
    - 1.3.1 电容滤波电路 ··· 20
    - 1.3.2 电感滤波电路 ··· 21
    - 1.3.3 复式滤波电路 ··· 22
  - 自我测试 ··· 22
  - 1.4 稳压电路 ··· 23
    - 1.4.1 直流稳压电源的组成 ·· 23
    - 1.4.2 稳压电路在直流稳压电源中的作用及要求 ···································· 23
    - 1.4.3 并联型稳压电路 ·· 24
    - 1.4.4 串联型稳压电路 ·· 24
    - 1.4.5 集成稳压器 ·· 25
  - 1.5 开关型稳压电源 ·· 27
    - 1.5.1 开关型稳压电路 ·· 28
    - 1.5.2 开关型稳压电路的工作原理 ··· 28
  - 自我测试 ··· 28

1.6　面包板的使用 ·· 29
【任务训练1】　阻抗元件的认识与检测 ··· 30
【任务训练2】　二极管的识别与检测 ·· 35
自我测试 ··· 37
【任务训练3】　整流滤波稳压电路的检测 ··· 37
本项目知识点 ··· 39
思考与练习 ·· 39

项目2　调光灯电路的分析与制作··· 42

【实践活动】　调光灯电路的制作 ·· 43
2.1　晶闸管 ··· 46
　　2.1.1　单向晶闸管 ·· 47
自我测试 ··· 51
　　2.1.2　双向晶闸管 ·· 51
2.2　单结晶体管 ·· 52
2.3　双向触发二极管 ··· 55
2.4　可控整流电路 ·· 56
　　2.4.1　单相半波可控整流电路 ·· 56
自我测试 ··· 58
　　2.4.2　单相桥式可控整流电路 ·· 58
本项目知识点 ··· 60
思考与练习 ·· 60

项目3　扩音机电路的分析与制作··· 62

【实践活动】　扩音机电路的安装与调试 ··· 62
3.1　半导体三极管 ·· 66
　　3.1.1　结构和类型 ·· 66
　　3.1.2　三极管的电流放大原理 ·· 67
　　3.1.3　三极管的特性曲线 ··· 68
　　3.1.4　三极管的应用 ·· 69
　　3.1.5　三极管主要参数及其温度影响 ··· 70
　　3.1.6　特殊三极管 ·· 70
自我测试 ··· 71
3.2　小信号放大电路 ··· 72
　　3.2.1　小信号放大电路的结构 ·· 72
　　3.2.2　小信号放大电路的主要技术指标 ··· 72
　　3.2.3　共射极基本放大电路的组成及工作原理 ·· 73
自我测试 ··· 75
　　3.2.4　共射极基本放大电路的分析 ·· 75

3.2.5 静态工作点稳定电路 ·· 78
　　3.2.6 共集电极放大电路 ·· 79
自我测试 ··· 82
3.3 多级信号放大电路 ··· 83
　　3.3.1 多级放大电路的组成 ·· 83
　　3.3.2 级间的耦合方式 ·· 83
　　3.3.3 多级放大电路的分析 ·· 84
自我测试 ··· 85
3.4 功率放大器 ·· 85
　　3.4.1 功率放大器的要求 ··· 85
　　3.4.2 低频功放的种类 ·· 86
　　3.4.3 集成功率放大电路 ··· 87
自我测试 ··· 91
3.5 负反馈放大器 ··· 92
　　3.5.1 反馈的概念与判断 ··· 92
　　3.5.2 负反馈的4种组态 ··· 94
　　3.5.3 反馈放大电路的一般表达式 ··· 95
　　3.5.4 负反馈对放大器性能的影响 ··· 96
自我测试 ··· 99
3.6 集成运算放大器 ·· 99
　　3.6.1 集成运算放大器概述 ·· 99
　　3.6.2 集成运算放大器的线性应用 ·· 100
　　3.6.3 集成运放的非线性应用——电压比较器 ······································· 103
自我测试 ·· 106
3.7 场效应管简介 ·· 107
　　3.7.1 绝缘栅场效应管的结构及工作原理 ··· 107
　　3.7.2 场效应三极管的参数和型号 ·· 109
　　3.7.3 场效应管的正确使用 ··· 110
【任务训练1】 三极管的识别与检测 ··· 110
【任务训练2】 晶体管共射极单管放大器的安装与测试 ······························ 111
【任务训练3】 射极跟随器的安装与测试 ·· 117
【任务训练4】 集成运算放大器的线性应用电路测试 ·································· 119
本项目知识点 ··· 122
思考与练习 ·· 122

项目4 音频信号发生器的分析与制作 ··· 128

【实践活动】 音频信号发生器的制作 ·· 129
4.1 正弦波振荡电路 ··· 131
　　4.1.1 正弦波振荡电路的基本概念 ·· 132

自我测试 ··· 133
　　　4.1.2　RC 正弦波振荡电路 ·· 133
　　　4.1.3　LC 正弦波振荡电路 ·· 134
　　　4.1.4　石英晶体振荡电路 ·· 136
　　自我测试 ··· 137
　4.2　非正弦波振荡器 ··· 138
　　　4.2.1　方波发生器 ·· 138
　　　4.2.2　三角波发生器 ·· 139
　　　4.2.3　锯齿波发生器 ·· 140
　4.3　集成函数信号发生器 ICL8038 简介 ··· 141
　本项目知识点 ··· 142
　思考与练习 ··· 142

项目 5　叮咚门铃电路的分析与制作 ··· 145

【实践活动】叮咚门铃的制作 ··· 145
5.1　555 集成定时器 ··· 148
5.2　555 定时器的应用电路 ··· 149
　　5.2.1　构成多谐振荡器 ·· 149
　　5.2.2　构成单稳态触发器 ·· 152
　　5.2.3　构成施密特触发器 ·· 154
自我测试 ··· 156
本项目知识点 ··· 156
思考与练习 ··· 157

项目 6　简单抢答器的分析与制作 ··· 158

【实践活动】简单抢答器的制作 ··· 158
6.1　逻辑代数的基本知识 ··· 161
　　6.1.1　逻辑变量和逻辑函数 ·· 161
　　6.1.2　逻辑运算 ··· 162
　　6.1.3　逻辑函数的表示方法 ·· 166
　　6.1.4　逻辑代数的基本定律 ·· 168
自我测试 ··· 168
6.2　逻辑门电路的基础知识 ·· 169
　　6.2.1　基本逻辑门 ·· 169
　　6.2.2　复合逻辑门 ·· 171
　　6.2.3　TTL 集成门电路 ··· 172
自我测试 ··· 178
　　6.2.4　CMOS 集成门电路 ·· 178
自我测试 ··· 180

6.3 不同类型集成门电路的接口 181
    6.3.1 TTL 集成门电路驱动 CMOS 集成门电路 182
    6.3.2 CMOS 集成门电路驱动 TTL 集成门电路 182
【任务训练】 常用集成门电路的逻辑功能测试 182
本项目知识点 186
思考与练习 186

▶项目 7 产品质量检测仪的设计与制作 188

【实践活动】 产品质量检测仪的制作 189
7.1 逻辑函数的化简方法 192
    7.1.1 公式化简法 192
    7.1.2 卡诺图化简法 192
7.2 组合逻辑电路的分析与设计 197
    7.2.1 组合逻辑电路概述 197
    7.2.2 组合逻辑电路的分析 197
    7.2.3 组合逻辑电路的设计 198
【任务训练 1】 4 人表决器的设计与制作 199
【任务训练 2】 产品质量检测仪的设计与制作 200
自我测试 201
本项目知识点 202
思考与练习 202

▶项目 8 一位加法计算器的分析与制作 204

【实践活动】 一位加法计算器的设计与制作 205
8.1 数制与编码的基础知识 209
    8.1.1 数　制 209
    8.1.2 不同数制之间的转换 210
    8.1.3 编　码 211
自我测试 212
8.2 编码器 212
    8.2.1 二进制编码器 212
    8.2.2 二-十进制编码器 213
8.3 译码器 214
    8.3.1 二进制译码器 214
    8.3.2 二-十进制译码器 215
    8.3.3 译码器的应用 216
自我测试 217
8.4 数字显示电路 217
    8.4.1 数码显示器件 218

8.4.2　显示译码器 219
8.5　加法器 221
　　8.5.1　半加器 222
　　8.5.2　全加器 222
　　8.5.3　多位加法器 223
8.6　寄存器 224
8.7　数据选择器与数据分配器 225
　　8.7.1　数据选择器 225
　　8.7.2　数据分配器 227
自我测试 228
8.8　大规模集成组合逻辑电路 228
　　8.8.1　存储器的分类 228
　　8.8.2　只读存储器（ROM）的结构原理 228
　　8.8.3　可编程逻辑阵列 PLA 231
【任务训练1】　译码器逻辑功能测试及应用 232
【任务训练2】　计算器数字显示电路的制作 234
【任务训练3】　数据选择器的功能测试及应用 237
本项目知识点 239
思考与练习 239

项目9　由触发器构成的改进型抢答器的制作　242

【实践活动】　由触发器构成的改进型抢答器的制作 243
9.1　触发器的基础知识 245
　　9.1.1　基本 RS 触发器 246
　　9.1.2　同步 RS 触发器 247
　　9.1.3　主从触发器 249
　　9.1.4　边沿触发器 249
自我测试 249
9.2　常用集成触发器的产品简介 250
　　9.2.1　集成 JK 触发器 250
　　9.2.2　集成 D 触发器 251
9.3　触发器的转换 252
　　9.3.1　JK 触发器转换为 D 触发器 253
　　9.3.2　JK 触发器转换为 T 触发器和 T′触发器 253
　　9.3.3　D 触发器转换为 T 触发器 253
自我测试 255
本项目知识点 255
思考与练习 255

▶项目 10　数字电子钟的分析与制作 ………………………………………………………… 258

　　10.1　计数器及应用 ……………………………………………………………………… 259
　　　　10.1.1　二进制计数器 ………………………………………………………………… 259
　　　　10.1.2　十进制计数器 ………………………………………………………………… 260
　　　　10.1.3　实现 N 进制计数器的方法 ………………………………………………… 263
　　【任务训练】　计数、译码和显示电路综合应用 ……………………………………… 266
　　自我测试 …………………………………………………………………………………… 270
　　10.2　数字电子钟的电路组成与工作原理 ……………………………………………… 270
　　　　10.2.1　电路组成 ……………………………………………………………………… 270
　　　　10.2.2　电路工作原理 ………………………………………………………………… 271
　　【实践活动】　数字电子钟的设计与制作实训 ………………………………………… 275
　　本项目知识点 ……………………………………………………………………………… 280
　　思考与练习 ………………………………………………………………………………… 280

▶附　录 ……………………………………………………………………………………… 282

▶参考文献 …………………………………………………………………………………… 300

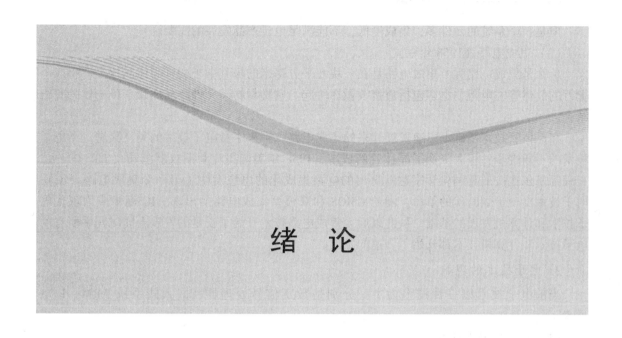

绪 论

一、电子技术发展历程

电子技术是19世纪末20世纪初开始发展起来的新兴技术。随着生产和科学技术的发展、工艺革新和新材料的使用、新器件的出现尤其是大规模和超大规模集成电路的研制和推广，电子技术在20世纪发展地最为迅速，成为近代科学技术发展的一个重要标志。进入21世纪，人们面临的是以微电子技术（半导体和集成电路为代表）电子计算机和因特网为标志的信息社会。高科技的广泛应用使社会生产力和经济获得了空前的发展。现代电子技术在国防、科学、工业、医学、通讯（信息处理、传输和交流）及文化生活等各个领域都起着巨大的作用。现在的世界，电子技术无处不在：电视机、音响、电子手表、数码相机、电脑、大规模生产的工业流水线、因特网、机器人、航天飞机、宇宙探测仪，可以说，人们现在生活在电子世界中，一天也离不开它。

1. 电子技术的发展里程碑

（1）电子管（1883年到1904年电子管问世）

固然电子管的产生是必不可少的一步，但是其还是存在很多的缺点，十分笨重，能耗大，寿命短，噪声大，制造工艺也十分复杂。

（2）晶体管产生（1950年—）

在1948年6月30日，贝尔实验室首次在纽约向公众展示了晶体管（肖克利、巴丁和布拉顿）。1948年11月，肖克利构思出一种新型晶体管，其结构像"三明治"夹心面包那样，把N型半导体夹在两层P型半导体之间。由于当时技术条件的限制，研究和实验都十分困难，直到1950年，人们才成功地制造出第一个PN结型晶体管。它的优点：

① 晶体管的构件是没有消耗的，晶体管的寿命一般比电子管长100到1000倍。

② 晶体管消耗电子极少，仅为电子管的十分之一或几十分之一。

③ 晶体管结实可靠，比电子管可靠100倍，耐冲击、耐振动。

但是一个系统的元件多,集成度低,不能满足电子产品发展的需要。

(3) 集成电路(1958年—)

什么是集成电路呢?集成电路是在一块几平方毫米的极其微小的半导体晶片上,将成千上万的晶体管、电阻、电容包括连接线做在一起。它是材料、元件、晶体管三位一体的有机结合。

在晶体管技术基础上迅速发展起来的集成电路,带来了微电子技术的突飞猛进。微电子技术的不断进步,极大降低了晶体管的成本,1958年美国得克萨斯仪器公司(TI)的一位工程师基尔比按照英国科学家达默提出的电路集成化的思想发明了第一个集成电路(IC),电子技术出现了划时代的革命。随着 CMOS 和双极型集成电路的出现,IC 逐步成为现代电子技术和计算机发展的基础。从此以后,集成电路技术开始了长足的发展,同时几乎所有的电子技术和计算机技术都开始了飞速的发展。

2. 电子技术的现状

当前电子技术以三种技术为主:分别是数字信号处理器、嵌入式系统 ARM、EDA 技术。

(1) 数字信号处理器

数字信号处理器(DSP,Digital Signal Processor)是在模拟信号变换成数字信号以后进行高速实时处理的专用处理器,其处理速度比最快的 CPU 还快 10~50 倍。随着大规模集成电路技术和半导体技术的发展,1982 年 TI 推出了第一代 DSP 芯片。这种 DSP 芯片采用微米工艺 NMOS 技术制作,虽功耗和尺寸稍大,但运算速度却比 MPU 快了几十倍,尤其在语音合成和编码解码器中得到了广泛应用。至 20 世纪 80 年代中期,随着 CMOS 技术的进步与发展,第二代基于 CMOS 工艺的 DSP 芯片应运而生,其存储容量和运算速度都得到成倍提高,成为语音处理、图像硬件处理技术的基础。20 世纪 80 年代后期,第三代 DSP 芯片问世,运算速度进一步提高,其应用范围逐步扩大到通信、计算机领域。现在的 DSP 属于第五代产品,它与第四代相比,系统集成度更高,将 DSP 内核及外围元件综合集成在单一芯片上。

(2) 嵌入式系统 ARM

嵌入式系统按形态可分为设备级(工控机)、板级(单板、模块)、芯片级(MCU、SoC),技术发展方向是满足嵌入式应用要求,不断扩展对象系统要求的外围电路(如 ADC、DAC、PWM、日历时钟、电源监测、程序运行监测电路等),形成满足对象系统要求的应用系统。

(3) EDA 技术

EDA 技术是在电子 CAD 技术基础上发展起来的,是指以计算机为工作平台,融合应用电子技术、计算机技术、信息处理及智能化技术的最新成果,进行电子产品的自动设计。

可编程逻辑器件自 20 世纪 70 年代以来,经历了 PAL、GAL、CPLD、FPGA 几个发展阶段,其中 CPLD/FPGA 属高密度可编程逻辑器件,目前集成度已高达 200 万门/片,它将掩膜 ASIC 集成度高的优点和可编程逻辑器件设计生产方便的特点结合在一起,特别适合于样品研制或小批量产品开发,使产品能以最快的速度上市,而当市场扩大时,它可以很容易地转由掩膜 ASIC 实现,因此开发风险也大为降低。

二、电子电路中的信号

在人们周围存在着形形色色的物理量，尽管它们的性质各异，但就其变化规律的特点而言，不外乎两大类：模拟信号和数字信号。如图0.1、图0.2所示。

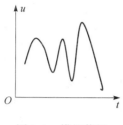 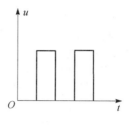

图 0.1　模拟信号　　　　　　　图 0.2　数字信号

1. 模拟信号

模拟信号是指数值随时间作连续变化的信号。人们从自然界感知的许多物理量均是模拟性质，如速度、压力、声音、温度等。在工程技术上，为了便于分析，常用传感器将模拟量转化为电流、电压或电阻等电量，以便用电路进行分析和处理。传输、处理模拟信号的电路称为模拟电子线路，简称模拟电路。在模拟电路中主要关心输入、输出信号间的大小、相位、失真等方面的问题。

2. 数字信号

数字信号是指数值随时间作不连续变化的信号，即数字信号具有离散性。交通信号灯控制电路，智力竞赛抢答电路以及计算机键盘输入电路中的信号，都是数字信号。对数字信号进行传输、处理的电子线路称为数字电子线路，简称数字电路。在数字电路中主要关心输入、输出之间的逻辑关系。

数字电路又称为开关电路或逻辑电路，它是利用半导体器件的开关使电路输出高、低两种电平，从而控制事物相反的两种状态，如灯的亮和灭、开关的开和关、电机的转动和停转。数字电路中的信号只有高、低两种电平，分别用二进制数字1和0表示，即数字信号都是由0、1组成的一串二进制代码。

三、电子电路分析与制作课程的特点

电子电路分析与制作课程是入门性质的技术基础课，目的是使学生初步掌握电子电路的基本理论、基本知识和基本技能。本课程与数学、物理、电路分析等课程有着明显的区别，主要表现在它的工程性和实践性上。

1. 工程性

在电子电路分析与制作课程中，需要学会从工程的角度思考和处理问题。

① 实际工程需要证明其可行性。本课程特别重视电子电路的定性分析，定性分析是对电路是否能够满足功能、性能要求的可行性分析。

② 实践工程在满足基本性能指标的前提下总是容许存在一定的误差范围，这种计算称

为"近似估算"。若确实需要精确求解，可借助于各种 EDA 软件。

③ 近似分析要"合理"。在估算时必须考虑"研究的是什么问题、在什么条件下、哪些参数可忽略不计及忽略的原因"。也就是说，近似应有道理。

④ 估算不同的参数需采用不同的模型。不同的条件、解决不同的问题，应构造不同的等效模型。

2. 实践性

实用的电子电路几乎都要通过调试才能达到预期的指标，掌握常用电子仪器的使用方法、电子电路的测试方法、故障的判断和排除方法是教学的基本要求。了解各元器件参数对性能的影响是正确调试的前提，了解所测试电路的原理是正确判断和排除故障的基础。

四、电子电路分析与制作学习方法

电子技术具有很强的工程性和实践性，而且课程本身概念多、理论多、理论性强、原理抽象，在学习时需要根据课程特点，采取有效的学习方法。

1. 抓基本概念

学习电子电路分析与制作，理解是关键，这就要从基本概念抓起。基本概念的定义是不变的，要先知其意，后灵活应用。基本概念是进行分析和计算的前提，要学会定性分析，务必防止用所谓的严密数学推导掩盖问题的物理本质。在掌握基本概念、基本电路的基础上还应该掌握基本分析方法。不同类型的电路具有不同的功能，不同的参数有不同的求解方法。基本分析方法包括电路的识别方法、性能指标的估算方法和描述方法、电路形式及参数的选择方法等。

各种用途的电路千变万化，但它们有共同的特点，所包含的基本原理和基本分析与设计方法是相通的。我们要学习的不是各种电路的简单罗列，不是死记硬背各种电路，而是要掌握它们的基本概念、基本原理、基本分析与设计方法。只有这样才能对给出的任何一种电路进行分析，或者根据要求设计出满足实际需要的电子电路。

2. 抓规律，抓相互联系

电子电路内容繁多，总结规律十分重要。要抓住问题是如何提出的，有什么矛盾，如何解决，然后进一步改进。具体而言，基本电路的组成原则是不变的，电路却是千变万化的，要注意记住电路组成原则而不是记住每个电路。在每一个项目都有其基本电路，掌握这些电路是学好该课程的关键。某种基本电路通常不是指某一电路，而是指具有相同功能和结构特征的所有电路。掌握它们至少应了解其生产背景、结构特点、性能特点及改进方法。

3. 抓重点，注重掌握功能部件的外特性

数字集成电路的种类很多，各种电路的内部结构及内部工作过程千差万别，特别是大规模集成电路的内部结构更为复杂。学习这些电路时，不可能也没有必要一一记住它们，主要是了解电路结构特点及工作原理，重点掌握它们的外部特性（主要是输入和输出之间的逻辑功能）和使用方法，并能在此基础上正确地利用各类电路完成满足实际需要的逻辑设计。

4. 抓理论联系实际

电子电路是实践性很强的学科，一方面要注意理论联系实际，另一方面要多接触实际。在可能的条件下，多进行电子制作实践，这样不仅便于掌握理论知识，而且能够提高解决问题的能力。

项目 1 直流稳压电源的分析与制作

【学习目标】

能力目标

1. 能完成直流稳压电源电路的测试与维修。
2. 能完成直流电源电路的设计与制作。

知识目标

了解半导体的基本知识,熟悉二极管、三极管的结构及特性;掌握桥式整流电路的组成、原理分析及正确接法;了解电容及电感滤波的原理;掌握硅稳压管稳压电路的组成与工作原理;了解串联型稳压电路的组成与原理;掌握三端集成稳压器的应用。

直流稳压电源实物如图 1.1 所示。

图 1.1 直流稳压电源实物

【实践活动1】 +5 V 直流稳压电源的制作

1. 工作任务单

① 小组制订工作计划。
② 读懂直流稳压电源电路原理图（图1.2），明确元件连接和电路连线。
③ 画出布线图。
④ 完成电路所需元件的购买与检测。
⑤ 根据布线图制作直流稳压电源电路。
⑥ 完成直流稳压电源电路功能检测和故障排除。
⑦ 根据老师讲解电路原理，小组讨论完成电路详细分析及项目报告。

2. 项目目标

① 增强专业意识，培养良好的职业道德和职业习惯。
② 能借助资料读懂稳压集成块芯片的型号，明确各引脚功能。
③ 了解直流电源电路的检测。
④ 掌握+5 V 直流电源的制作。

3. 实训设备与器材（表1.1）

表1.1 元器件名称、规格型号和数量明细

代 号	名 称	规格型号	数 量
$VD_1 \sim VD_4$	二极管	1N4007	4
R_L	电阻器	1 kΩ	1
C_1	电解电容器	2200 μF/50 V	1
C_2	涤纶电容器	0.33 μF/25 V	1
C_3	电解电容器	10 μF/35 V	1
C_4	涤纶电容器	0.1 μF/63 V	1
N_5	三端稳压器	LM7805	1
FU	熔断器（含座）	2 A	1
X_1、X_2	香蕉接线柱		2
T_1	电源变压器	220 V/12 V, 20 W	1
散热片	平板型或H形	30 mm×40 mm	1
螺丝、螺母		4 mm×20 mm	4 套

4. 项目电路与说明

(1) 设计要求

输入交流电压220 V，$f = 50$ Hz，输出+5 V 直流电压。+5 V 直流电源电路原理如

图 1.2 所示。

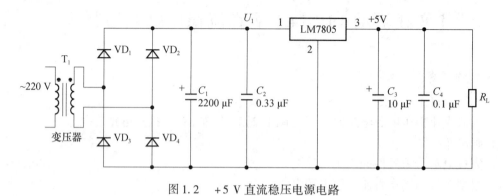

图 1.2　+5 V 直流稳压电源电路

(2) 电路工作原理

利用交流变压器 T_1 把 220 V（有效值）50 Hz 的交流电降压，得到 12 V 的交流电，然后通过 $VD_1 \sim VD_4$ 四个二极管组成的全波整流电路，把交流电整流成直流电，经过 C_1 滤波，再把信号送给三端稳压块 LM7805，经过稳压作用，最后得到一个电压纹波系数很小的 +5 V 直流电压。电路中 C_2 的作用是消除输入连线较长时其电感应引起的自激振荡，其取值范围为 0.1～1 μF（若连线不长时可不用）。C_3、C_4 的作用是改善负载的瞬态响应，减小电路高频噪声。

5. 项目电路的安装与调试

(1) 安装

根据图 1.2 画出 +5 V 直流稳压电源原理图，然后根据原理图画出印制板图和装配图（图 1.3），再根据安装布线图按正确方法插好 IC 芯片，并连接线路。电路可以连接在自制的 PCB（印刷电路板）上，也可以焊接在万能板上，或通过"面包板"插接。

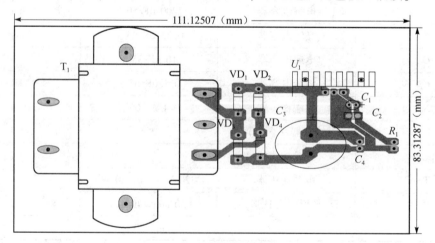

图 1.3　+5 V 直流稳压电源电路装配图

(2) +5 V 直流稳压电源的调试

用示波器观察整流、滤波及稳压波形；用直流电压表测量各输出点的直流电压，自拟表格记录测试结果。

6. 思考

若要求设计输入交流电压 220 V，$f=50$ Hz，输出 -5 V 电压的直流电源。应该如何改造电路？

7. 完成电路的详细分析及编写项目实训报告

8. 实训考核（表 1.2）

表 1.2 +5 V 直流稳压电源的制作工作过程考核表

项目	内容	配分	考核要求	扣分标准	得分
实训态度	1. 实训的积极性 2. 安全操作规程的遵守情况 3. 纪律遵守情况	30 分	积极实训，遵守安全操作规程和劳动纪律，有良好的职业道德和敬业精神	违反安全操作规程扣 20 分，不遵守劳动纪律扣 10 分	
电路安装	1. 安装图的绘制 2. 电路的安装	40 分	电路安装正确且符合工艺要求	电路安装不规范，每处扣 5 分，电路接错扣 5 分	
电路的测试	1. 直流稳压电源的功能验证 2. 自拟表格记录测试结果	30 分	1. 熟悉电路每个元件的功能 2. 正确记录测试结果	验证方法不正确扣 20 分，记录测试结果不正确扣 10 分	
合计		100 分			

注：各项配分扣完为止

【实践活动 2】 输出可调直流稳压电源的制作

1. 工作任务

① 小组制订工作计划。

② 读懂直流稳压电源电路原理图，明确元件连接和电路连线。

③ 画出布线图。

④ 完成电路所需元件的购买与检测。

⑤ 根据布线图制作直流稳压电源电路。

⑥ 完成直流稳压电源电路功能检测和故障排除。

⑦ 根据老师讲解电路原理，小组讨论完成电路详细分析及项目报告。

2. 项目目标

① 增强专业意识，培养良好的职业道德和职业习惯。

② 能借助资料读懂稳压集成块芯片的型号,明确各引脚功能。
③ 了解直流电源电路的检测。
④ 掌握输出可调直流稳压电源的制作。

3. 实训设备与器材(表1.3)

表1.3 元器件名称、规格型号和数量明细

代 号	名 称	规格型号	数 量
$VD_1 \sim VD_6$	二极管	1N4007	6
R_1、R_L	电阻器	120 Ω	2
R_P	电位器	4.7 kΩ	1
C_1	电解电容器	3300 μF/50 V	1
C_2	涤纶电容器	0.33 μF/63 V	1
C_3	电解电容器	10 μF/35 V	1
C_4	涤纶电容器	0.1 μF/25 V	1
C_5	电解电容器	20 μF/35 V	1
N_5	三端稳压器	LM317	1
FU	熔断器(含座)	2A	1
X_1、X_2	香蕉接线柱		2
T	电源变压器	220 V/30 V,20 W	1
散热片	平板型或 H 型	30 mm×40 mm	1
螺丝、螺母		4 mm×20 mm	4套

4. 项目电路与说明

(1) 设计要求

输入交流电压 220 V,$f = 50$ Hz,输出可调直流电压。电压可调直流电源电路原理如图 1.4 所示。

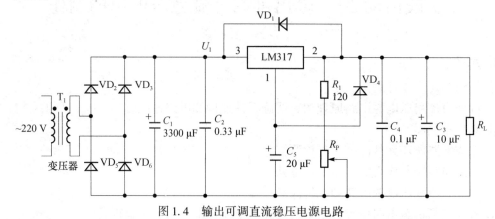

图 1.4 输出可调直流稳压电源电路

(2) 电路工作原理

利用交流变压器 T_1 把 220 V(有效值)50 Hz 的交流电降压,得到 30 V 的交流电,然

后通过 VD_2、VD_3、VD_5、VD_6 四个二极管组成的全波整流电路，把交流电整流成直流电，经过 C_1 滤波，再把信号送至三端可调稳压集成电路 LM317 的输入端。再经取样电阻 R_1 和输出电压调节电位器 R_P 的控制，就可在其输出端得到一个电压纹波系数很小的上限为 24 V 可调的直流稳定电压。

5. 项目电路的安装与功能验证

（1）安装

根据图 1.4 画出输出可调直流稳压电源原理图，然后根据原理图画出印制板图和装配图（图 1.5），再根据安装布线图按正确方法插好 IC 芯片，并连接线路。电路可以连接在自制的 PCB（印刷电路板）上，也可以焊接在万能板上，或通过"面包板"插接。

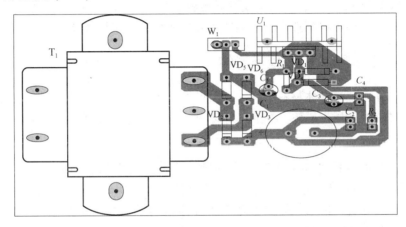

图 1.5　输出可调直流稳压电源电路装配图

（2）验证输出可调直流稳压电源的功能

6. 完成电路的详细分析及编写项目实训报告

7. 实训考核

考核方式与【实践活动 1】相同。

1.1　半导体二极管

在自然界，物质按其导电性可分为导体、半导体和绝缘体。其中金、银、铜、铁等，导电的能力很强，称为导体。另一些物体诸如橡皮、胶木、瓷制品等不能导电，称之为绝缘体。还有一些物体，如硅、硒、锗、铟、砷化镓以及很多矿石化物、硫化物等，它们的导电本领介于金属导体和绝缘体之间，被称为半导体。下面介绍半导体的基本知识。

1.1.1　半导体

半导体在世界上从它被发现以来就得到越来越广泛的应用，因为它具有 3 大与众不同的特性。

1. 热敏特性

当温度升高时,半导体的导电性会得到明显的改善,温度越高,导电能力就越好。利用这一特性可以制造自动控制中使用的热敏电阻等热敏元件。

2. 光敏特性

光的照射会显著地影响半导体的导电性。光照越强,导电能力越强。利用这一特性可以造自动控制中常用的光敏传感器、光电控制开关及火灾报警装置。

3. 掺杂特性

在纯度很高的半导体(又称为本征半导体)中掺入微量的某种杂质元素(杂质原子是均匀地分布在半导体原子之间),也会使其导电性显著地增加,掺杂的浓度越高,导电性也就越强。利用这一特性可以制造出各种晶体管和集成电路等半导体器件。

1.1.2 N 型半导体和 P 型半导体

前面提到,在本征半导体材料中掺入微量的某种杂质元素,会使其导电性极大地增加,这种半导体也被称为杂质半导体。杂质半导体可分为 N 型半导体和 P 型半导体两大类。

1. N 型半导体

在纯度很高的硅或锗晶体中通过一定的制造工艺,掺入微量的五价元素(如磷、钾、锑等),就会带入许多带负电的电子。给这种半导体加上电压后,这些电子就像自由电子一样起导电作用。因此这种由电子导电的杂质半导体就叫做 N 型半导体,其中的电子就是多数载流子,空穴是少数载流子。

2. P 型半导体

若掺入的是微量的三价元素(如硼、铝、镓等),就会带入许多带正电的空穴。给这种半导体加上电压后,这些空穴也像自由电子一样做定向移动而导电(空穴导电方向与自由电子导电的方向相反)。这种由空穴导电的杂质半导体就叫做 P 型半导体,其中的空穴是多数载流子,电子则是少数载流子。

1.1.3 PN 结及单向导电性

1. PN 结的形成

如图 1.6 所示。由于交界面两侧存在载流子浓度差,P 区中的多数载流子(空穴)就要向 N 区扩散。同样,N 区的多数载流子(电子)也向 P 区扩散。在扩散中,电子与空穴复合,因此在交界面上,靠 N 区一侧就留下不可移动的正电荷离子,而靠 P 区一侧就留下不可移动的负电荷离子,从而形成空间电荷区。在空间电荷区产生一个从 N 区指向 P 区的内电场(自建电场),称 PN 结。

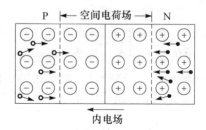

图 1.6 PN 结的形成

2. PN 结的单向导电性

当 PN 结外加正向电压(称为正向偏置)时,就是电源正极接 P 区,负极接 N 区,如

图 1.7（a）所示。这时回路有较大的正向电流，PN 结处于正向导通状态。当 PN 结外加反向电压（称为反向偏置）时，就是将电源的正极接 N 区，负极接 P 区，如图 1.7（b）所示。这时回路有较弱的反向电流，PN 结处于几乎不导电的截止状态。

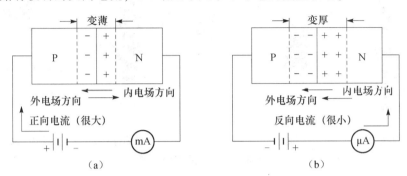

图 1.7　PN 结的单向导电原理
（a）正向导通；（b）反向截止

综上所述，PN 结就像一个阀门，正向偏置时，电流很大，电阻较小，PN 结处于正向导通状态。反向偏置时，电流几乎为零，电阻很大，PN 结处于截止状态。这就是 PN 结的单向导电性。

 自我测试

1.（单选题）在本征半导体中加入（　　）元素可形成 P 型半导体。
A. 五价　　　　　B. 四价　　　　　C. 三价
2.（单选题）在（　　）半导体中，电子是多数载流子，空穴是少数载流子。
A. N 型　　　　　　　　　　　B. P 型

扫一扫看答案

3.（单选题）当 PN 结加正向电压时，其空间电荷区将（　　）。
A. 变宽，电流几乎为零　　　　B. 变窄，电流很大
4.（判断题）当 PN 结加正向电压时，就是将电源正极接 P 区，负极接 N 区。
A. 正确　　　　　　　　　　　B. 错误
5.（判断题）PN 结 N 区的电位高于 P 区的电位时，称为正向偏置。
A. 正确　　　　　　　　　　　B. 错误

1.1.4　半导体二极管

半导体二极管简称二极管，是一种非线性半导体器件。由于它具有单向导电特性，故广泛用于整流、稳压、检波、限幅等场合。

1. 二极管的结构

半导体二极管是由一个 PN 结加上管壳封装而成的，从 P 端引出的一个电极称为阳极，从 N 端引出另一个电极称为阴极。二极管的实物外形如图 1.8 所示。

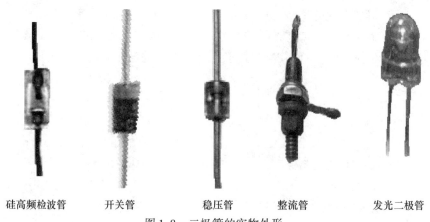

图1.8 二极管的实物外形

2. 二极管的类型

按制造二极管的材料来分,有硅二极管和锗二极管;按用途来分,有整流二极管、开关二极管、稳压二极管等;按结构来分,主要有点接触型和面接触型。点接触型二极管的PN结面积小,结电容也小,因而不允许通过较大的电流,但可在高频率下工作;面接触型的二极管由于PN结面积大,可以通过较大的电流,但只在较低频率下工作。二极管的内部结构及符号如图1.9所示。

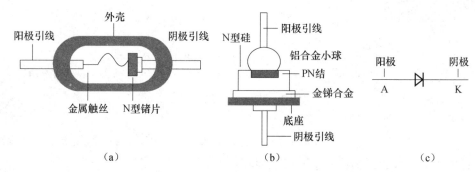

图1.9 二极管的结构及符号

(a) 二极管的点接触型结构;(b) 二极管的面接触型结构;(c) 二极管的图形符号

3. 二极管的特性

流过二极管电流与其两端电压之间的关系曲线称为二极管的伏安特性,如图1.10所示。伏安特性表明二极管具有单向导电特性。

(1)正向特性

当加在二极管两端的正向电压数值较小时,由于外电场不足以克服内电场,故多数载流子扩散运动不能进行,正向电流几乎为零,二极管不导通,把对应的这部分区域称为"死区"。死区电压的大小与材料的类型有关,一般硅二极管为0.5 V左右;锗二极管为0.1 V左右。

当正向电压大于死区电压时,外电场削弱了内电场帮助多数载流子扩散运动,正向电流增大,二极管导通。这时,正向电压稍有增大,电流会迅速增加,电压与电流的关系呈现指数关系。如图中曲线显示,管子正向导通后其管压降很小(硅管为0.6~0.7 V,锗管为0.2~0.3 V),相当于开关闭合。

（2）反向特性

当二极管加反向电压时，外电场作用增强了内电场对多数载流子扩散运动的阻碍作用，扩散运动很难进行，只有少数载流子在这两个电场的作用下很容易通过 PN 结，形成很小的反向电流。由于少数载流子的数目很少，即使增加反向电压，反向电流仍基本保持不变，故称此电流为反向饱和电流。所以，如果给二极管加反向电压，二极管将接近于截止状态，这时相当于开关断开。

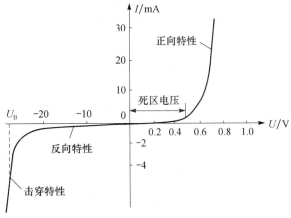

图 1.10 硅二极管伏安特性曲线

（3）反向击穿特性

如果继续增加反向电压，当超过 U_B 时，反向电流急剧增大，这种现象称为反向击穿。U_B 为反向击穿电压。反向击穿后，如果不对反向电流的数值加以限制，将会烧坏二极管，所以普通二极管不允许工作在反向击穿区。

4. 二极管的参数

为了正确、合理地使用二极管，必须了解二极管的指标参数。

（1）最大整流电流 I_F

最大整流电流是指二极管长期运行时，允许通过管子的最大正向平均电流。因为电流通过 PN 结要引起管子发热，电流太大，发热量超过限度，就会使 PN 结烧坏。

（2）最高反向工作电压 U_{RM}

U_{RM} 指允许加在二极管上的反向电压的最大值。一般手册上给出的最高反向工作电压约为击穿电压的一半，以确保管子安全运行。

（3）反向电流 I_R

I_R 指在室温下，二极管两端加上规定反向电压时的反向电流。其数值越小，说明二极管的单向导电性越好。硅材料二极管的反向电流比锗材料二极管的反向电流要小。另外，二极管受温度的影响较大，当温度增加时，反向电流会急剧增加，在使用时需要加以注意。

5. 特殊二极管

特殊二极管包括硅稳压二极管、发光二极管、光敏二极管。

（1）硅稳压二极管

稳压二极管是一种能稳定电压的二极管，它的伏安特性及符号如图 1.11 所示。其正向特性曲线与普通二极管相似，反向特性段比普通二极管更陡些，稳压管能正常工作在反向击穿区 BC 段内。在此区段，反向电流变化时，管子两端电压变化很小，因此具有稳压作用。

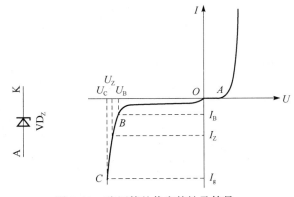

图 1.11 稳压管的伏安特性及符号

稳压二极管的主要参数如下：

稳定电压 U_Z——在规定测试条件下，稳压管工作在击穿区时的稳定电压值。例如，2CW53 型硅稳压二极管，在测试电流 $I_Z = 10$ mA 时稳定电压 U_Z 为 4.0～5.8 V。

最小稳定电流 I_{Zmin}——稳压管进入反击穿区时的转折点电流。稳压管工作时，反向电流必须大于 I_{Zmin}，否则不能稳压。

稳定电流 I_{Zmax}——稳压管长期工作时，允许通过的最大反向电流。例如，2CW53 型稳压管的 $I_{Zmax} = 41$ mA。在使用稳压二极管时，工作电流不允许超过 I_{Zmax}，否则可能会过热而烧坏管子。

稳定电流 I_Z——稳压管在稳定电压下的工作电流，其范围为 $I_{Zmin} \sim I_{Zmax}$。

耗散功率 P_{ZM}——稳压管稳定电压 U_Z 与最大稳定电流 I_{Zmax} 的乘积。在使用中若超过这个数值，管子将被烧坏。

动态电阻 r_Z——稳压管工作在稳压区时，两端电压变化量与电流变化量之比，即 $r_Z = \Delta U_Z / \Delta I_Z$，动态电阻越小，稳压性能越好。

（2）发光二极管

发光二极管（LED）是一种能把电能转换成光能的半导体器件。它由磷砷化镓（GaAsP）、磷化镓（GaP）等半导体材料制成。当 PN 结加正向电压时，多数载流子在进行扩散运动的过程中相遇而复合，其过剩的能量以光子的形式释放出来，从而产生具有一定波长的光。发光二极管的实物和符号如图 1.12 所示。

（3）光敏二极管

光敏二极管的 PN 结与普通二极管不同，其 P 区比 N 区薄得多。另外，为了获得光照，在其管壳上设有一个玻璃窗口。光敏二极管在反向偏置状态下工作。无光照时，光敏二极管在反向电压作用下，通过管子的电流很小；受到光照时，PN 结将产生大量的载流子，反向电流明显增大。这种由于光照射而产生的电流称为光电流，它的大小与光照度有关。光敏二极管的符号及其应用电路如图 1.13 所示。

图 1.12　发光二极管

（a）实物图；（b）图形符号

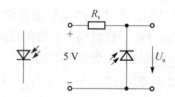

图 1.13　光敏二极管的符号及其应用电路

小问答

如何用万用表测量二极管的极性和好坏？

自我测试

1. （单选题）稳压二极管的正常工作状态是（　　）。

A. 导通状态　　　B. 截止状态　　　C. 反向击穿状态　　　D. 任意状态

2.（单选题）硅二极管的死区电压为（　　）V。
A. 0.5 V B. 0.1 V
C. 0.7 V D. 0.3 V

3.（单选题）锗二极管正向导通后其管压降大约为（　　）V。
A. 0.5 V B. 0.1 V
C. 0.7 V D. 0.3 V

4.（单选题）二极管正极的电位是 –10 V，负极电位是 –5 V，则该二极管处于（　　）。
A. 零偏　　　　B. 反偏　　　　C. 正偏

5.（判断题）普通二极管反向击穿后会烧坏二极管，所以不允许工作在反向击穿区。
A. 正确　　　　B. 错误

6.（判断题）普通二极管不允许工作在反向击穿区，稳压二极管也是一样的。
A. 正确　　　　B. 错误

1.2 二极管整流电路

由于电网系统供给的电能都是交流电，而电子设备需要稳定的直流电源供电才能正常工作。因此必须将交流电变换成直流电，这一过程称为整流。本课题主要介绍单相半波整流电路和单相桥式整流电路。

1.2.1 单相半波整流电路

由于在一个周期内，二极管导电半个周期，负载 R_L 只获得半个周期的电压，故称为半波整流。经半波整流后获得的是波动较大的脉动直流电。

1. 电路组成

图 1.14（a）所示为单相半波整流电路，T 为电源变压器，VD 为整流二极管，R_L 为负载电阻。

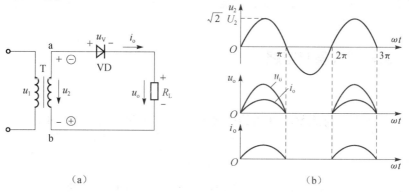

图 1.14　单相半波整流电路及其波形图
（a）单相半波整流电路；（b）波形图

2. 工作原理

设变压器副边电压为

$$u_2 = \sqrt{2}U_2 \sin\omega t$$

式中，U_2 为变压器副边电压有效值。

在 u_2 的正半周（$0 \sim \pi$）期间，假定变压器副边绕组的极性是上"＋"下"－"，则二极管 VD 承受正向电压导通，此时有电流 $i_o(i_o = i_V)$ 流过负载 R_L，其压降为 $u_o = i_o R_L$，如果忽略 VD 的管压降 u_V，则 $u_o \approx u_2$，负载上的电压 u_o 与 u_2 基本相等。

在 u_2 的负半周（$\pi \sim 2\pi$）期间，变压器副边绕组的极性变为上"－"下"＋"，二极管 VD 承受反向电压截止，此时电流 $i_o \approx 0$，负载上的电压 $u_o \approx 0$，变压器上的电压 u_2 以反向全部加到二极管上。第二个周期开始又重复上述过程。电源变压器副边的电压 u_2 是交流电，但是经二极管 VD 变换后，负载 R_L 上的电压实际方向始终没有改变，也就是说负载得到的电压是直流电压。由于在一个周期内，二极管 VD 导通半个周期，负载 R_L 只获得半个周期的电压，故称为半波整流。

3. 指标参数计算

负载上获得的是脉动直流电压，其大小用平均值 U_o 来衡量，则

$$U_o = \frac{1}{2\pi}\int_0^\pi \sqrt{2}U_2 \sin\omega t \, d(\omega t) = \frac{\sqrt{2}}{\pi}U_2 = 0.45U_2$$

流过负载电流的平均值为

$$I_o = \frac{0.45}{R_L}U_2$$

流过二极管的平均电流与负载电流相等。故

$$I_V = I_o = \frac{0.45}{R_L}U_2$$

二极管反向截止时承受的最高反向电压等于变压器副边电压的最大值，所以

$$U_{RM} = \sqrt{2}U_2$$

4. 特点

单相半波整流电路简单、元件少，但输出电流脉动很大，变压器利用率低。因此半波整流仅适用于要求不高的场合。

1.2.2 单相桥式整流电路

1. 电路组成

图 1.15 所示为单相桥式整流电路的 3 种画法。它由整流变压器、4 个二极管和负载电阻组成。

2. 工作管理

在 u_2 的正半周（$0 \sim \pi$）时，二极管 VD_1、VD_3 承受正向电压导通，VD_2、VD_4 承受反向电压而截止，电流 i_o 从变压器副边 a 端经 VD_1、R_L、VD_3 回到 b 端，电流在电阻 R_L 上产生压降 u_o。如果忽略 VD_1、VD_3 的管压降，则 $u_o = u_2$。

项目1 直流稳压电源的分析与制作

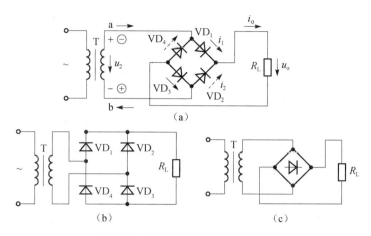

图1.15 桥式整流电路的3种画法

在u_2的负半周（$\pi \sim 2\pi$）时，VD_1、VD_3反向截止，VD_2、VD_4承受正向电压而导通，电流i_o从变压副边b端开发经VD_4、R_L、VD_2回到a端。忽略VD_2、VD_4的管压降，则$u_o = -u_2$。

可见，在u_2的一个周期内，VD_1、VD_3和VD_2、VD_4轮流导通，流过负载R_L的电流i_o的方向始终不变，负载的电压为单方向的脉动直流电压。波形如图1.16所示。

3. 指标参数计算

负载的平均电压为

$$U_o = \frac{1}{2\pi}\int_0^{2\pi} u_o d\omega t = \frac{1}{2\pi}\int_0^{\pi} 2\sqrt{2}U_2 \sin\omega t d(\omega t) \approx 0.9U_2$$

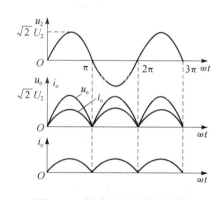

图1.16 桥式整流电路波形图

负载的平均电流为

$$I_o = \frac{U_o}{R_L} = 0.9\frac{U_2}{R_L}$$

在每个周期内，两组二极管轮流导通，各导电半个周期，所以每只二极管的平均电流应为负载电流的一半，即

$$I_V = \frac{1}{2}I_o = 0.45\frac{U_2}{R_L}$$

在一组二极管正向导通期间，另一组二极管反向截止，其承受的最高反向电压为变压器副边电压的峰值，即

$$U_{RM} = \sqrt{2}U_2$$

4. 特点

桥式整流比半波整流电路复杂，但输出电压脉动比半波整流小一半，变压器的利用率也较高，因此桥式整流电路得到了广泛的应用。

 小问答

在桥式整流电路中，如果有一只二极管击穿短路，分析将会出现什么现象。

1.3 滤波电路

整流电路只是把交流电变成了脉动的直流电,这种直流电波动很大,主要是含有许多不同幅值和频率的交流成分。为了获得平稳的直流电,必须利用滤波器将交流成分滤掉。常用滤波电路有电容滤波、电感滤波和复合式滤波等。

1.3.1 电容滤波电路

下面以单相桥式整流电容滤波电路来说明电容滤波的原理。

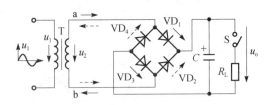

图 1.17 桥式整流电容滤波电路

1. 电路组成

电路由单相桥式整流电路、大容量电容 C 和负载 R_L 组成,电路如图 1.17 所示。

2. 工作原理

(1) 不接 R_L 的情况

图 1.17 所示的桥式整流电容滤波电路中,开关 S 打开。设电容上已充有一定电压 u_C,当 u_2 为正半周时,二极管 VD_1 和 VD_3 仅在 $u_2 > u_C$ 时才导通;同样,在 u_2 为负半周时,仅当 $|u_2| > u_C$ 时,二极管 VD_2 和 VD_4 才导通;二极管在导通期间,u_2 对电容充电。

无论 u_2 在正半周还是负半周,当 $|u_2| < u_C$ 时,由于 4 只二极管均受反向电压而处于截止状态,所以电容 C 没有放电回路,故 C 很快地充到 u_2 的峰值,即 $u_o = u_C = \sqrt{2} U_2$,并且保持不变。

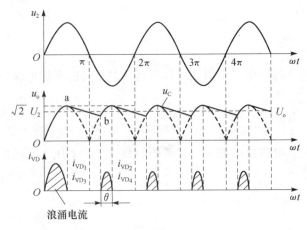

图 1.18 桥式整流电容滤波电路 U_o 波形

(2) 接负载 R_L 的情况

图 1.17 所示的桥式整流电容滤波电路中,开关 S 闭合。电容器 C 两端并上负载 R_L 后,不论 u_2 在正半周还是在负半周,只要 $|u_2| > u_C$,则 VD_1、VD_3 与 VD_2、VD_4 轮流导通,u_2 不仅对负载 R_L 供电,还对电容器 C 充电。当 $|u_2| < u_C$ 时,同样,4 只二极管均受反向电压而处于截止状态,而电容器 C 将向负载 R_L 放电。输出电压波形如图 1.18 所示。

(3) 特点

电容滤波电路虽然简单,但输出直流电压的平滑程度与负载有关。当负载减小时,时间常数 $R_L C$ 减小,输出电压的纹波增大,所以它不适用于负载变化较大的场合。电容滤波也不适用于负载电流较大的场合,因为负载电流大(R_L 较小),只有增大电容的容量,才能取得好的滤波效果。但电容容量太大,会使电容体积增大,成本上升,而且大的充电电流也容易引起二极管损坏。

3. 主要参数

(1) 输出电压平均值 U_o

经过滤波后的输出电压平均值 U_o 得到提高。工程上,一般按下式估算 U_o 与 U_2 的关系。

$$U_o = 1.2 U_2$$

(2) 二极管的选择

由于电容在开始充电瞬间,电流很大,所以二极管在接通电源瞬间流过较大的冲击尖峰电流,所以在实际应用中要求二极管的额定电流为

$$I_F \geq (2 \sim 3) \frac{U_L}{2 R_L}$$

二极管的最高反向电压为

$$U_{RM} \geq \sqrt{2} U_2$$

(3) 电容器的选择

负载上直流电压平均值及其平滑程度与放电时间常数 $\tau = R_L C$ 有关。τ 越大,放电越慢,输出电压平均值越大,波形越平滑。实际应用中一般取

$$\tau = R_L C = (3 \sim 5) \frac{T}{2}$$

式中,T 为交流电源的周期,$T = \frac{1}{f} = \frac{1}{50\ \text{Hz}} = 0.02\ \text{s}$。

电容器的耐压为

$$U_C \geq \sqrt{2} U_2$$

4. 整流变压器的选择

由负载 R_L 上的直流平均电压 U_o 与变压器的关系 $U_o = 1.2 U_2$ 得出

$$U_2 = \frac{U_o}{1.2}$$

在实际应用中考虑到二极管正向压降及电网电压的波动,变压器副边的电压值应大于计算值 10%。变压器副边电流 I_2 一般取 $I_2 = (1.1 \sim 1.3) I_L$。

1.3.2 电感滤波电路

1. 电路工作原理

利用电感线圈交流阻抗很大、直流电阻很小的特点,将电感线圈与负载电阻 R 串联,组成电感滤波电路,如图 1.19 所示。整流电路输出的脉动直流电压中的直流成分在电感线圈上形成的压降很小,而交流成分却几乎全都降落在电感上,负载电阻上得到平稳的直流电压。电感量越大,电压越平稳,滤波效果越好。但电感量大会引起电感的体积过大,成本增加,输出电压下降。

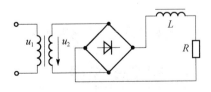

图 1.19 电感滤波电路

2. 特点

电感滤波适用于输出电流大、负载经常变动的场合，其缺点是体积大、易引起电磁干扰。

1.3.3 复式滤波电路

将电容滤波和电感滤波组合起来，可获得比单个滤波器更好的滤波效果，这就是复式滤波器。图 1.20 所示为常用的复合滤波电路。常见有 Γ 形和 π 形两类复合滤波器，如图 1.21 所示。

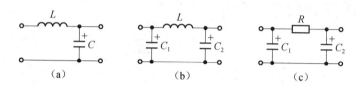

图 1.20 常用复合滤波电路

(a) LC 滤波电路；(b) $LC\pi$ 形滤波电路；(c) $RC\pi$ 形滤波电路

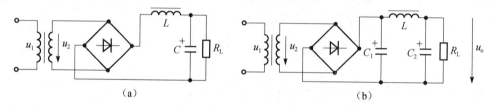

图 1.21 复合滤波器

(a) Γ 形滤波器；(b) π 形滤波器

1. Γ 形滤波器

为了减小负载电压的脉动程度，在电感线圈后面再接电容，如图 1.21（a）所示。这样先经过电感滤波，去掉大部分交流成分；然后再经电容滤波，滤除剩余的交流成分，使负载电阻得到一个更平滑的直流电压，这种电路性能与电感滤波电路基本相同。

2. π 形滤波器

图 1.21（b）所示为 π 形滤波器，它是在电感的前后各并联一个电容。整流器输出的脉动直流电先经过 C_1 滤波，再经过电感 L 和电容 C_2 滤波，使交流成分大大降低，在负载上得到平滑的直流电压。

 小问答

在桥式整流电容滤波电路中，如果滤波电容被击穿短路，分析将会出现什么现象。

 自我测试

1.（单选题）直流稳压电源中整流的作用是（　）。

A. 将交流电变为脉动直流电　　　　B. 将高频变为低频

C. 将正弦波变为方波

2. （单选题）直流稳压电源中滤波电路的作用是（　　）。

A. 将交流电变为脉动直流电　　　　B. 将高频变为低频

C. 将交、直流混合量中的交流成分滤掉

3. （判断题）在单相桥式整流电容滤波电路中，若有一只整流管断开，输出电压平均值变为原来的一半。

A. 正确　　　　　　B. 错误

4. （判断题）电容滤波电路适用于小负载电流，而电感滤波电路适用于大负载电流。

A. 正确　　　　　　B. 错误

扫一扫看答案

1.4　稳压电路

目前大量的电子设备所用的直流电源都是采用将电网 220 V 的交流电源（市电）经过整流、滤波和稳压而得的。前面已了解了整流、滤波电路的工作过程，下面重点介绍串并联型稳压电路及集成稳压电路的工作原理。

1.4.1　直流稳压电源的组成

直流稳压电源一般由交流电源变压器、整流、滤波和稳压电路等几部分组成，如图1.22所示。

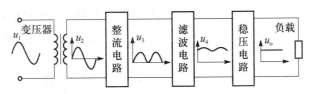

图 1.22　直流稳压电源的组成

1.4.2　稳压电路在直流稳压电源中的作用及要求

1. 稳压电路在直流稳压电源中的作用

克服电源波动及负荷的变化，使输出直流电压恒定不变。

2. 稳压电路在直流稳压电源中的要求

① 稳定性好。由于输入电压变化而引起输出电压变化的程度，称为稳定度指标。输出电压的变化越小，电源的稳定度越高。

② 输出电阻小。负载变化时（从空载到满载），输出电压 U_o 应基本保持不变。稳压电源这方面的性能可用输出电阻表征。输出电阻（又叫等效内阻）用 r 表示，r 越小，则负载变化时输出电压的变化也越小。性能优良的稳压电源，输出电阻可小到 1 Ω，甚至 0.01 Ω。

③ 电压温度系数小。当环境温度变化时，会引起输出电压的漂移。良好的稳压电源，应

在环境温度变化时，有效地抑制输出电压的漂移，保持输出电压稳定。

④ 输出电压纹波小。所谓纹波电压，是指输出电压中频率为50 Hz或100 Hz的交流分量，通常用有效值或峰值表示。经过稳压作用，可以使整流滤波后的纹波电压大大降低。

1.4.3 并联型稳压电路

1. 电路

图1.23所示为并联型稳压的直流电源电路，虚线框内为稳压电路，R为限流电阻，VD_Z为稳压二极管。不论是电网电压波动还是负载电阻R_L的变化，并联型稳压电路都能起到稳压作用，因为U_Z基本恒定，即$U_o = U_Z$。

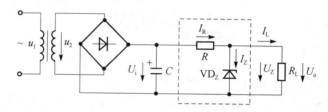

图1.23 并联型稳压的直流电源电路

2. 工作原理

下面从两个方面来分析其稳压原理。

① 当负载R_L不变，而稳压电路的输入电压U_i增大时，输出电压U_o将上升，使加于稳压管VD_Z的反向电压略有增加，随之稳压管的电流大大增强。于是$I_R = I_Z + I_L$增加很多，所以在限流电阻R上的压降$I_R R$增加，使得U_i的增量绝大部分降落在R上，从而使输出电压U_o基本上维持不变。反之，当U_i下降时，I_R减小，R上的压降减小，故也能基本上维持输出电压不变。

② 输入电压U_i不变，而I_L增大（即R_L变小）时，则使总电流I_R增大，而造成输出电压下降。但由于稳压管的端电压（即U_o）略有下降，而流过稳压管VD_Z的电流I_Z却大大减小，I_L的增加部分几乎和I_Z的减小部分相等，使总电流几乎不变，因而保持了输出电压的稳定。

由此可见，在稳压电路中，稳压管起着电流控制作用，无论是输出电流变化（负载变化），还是输入电压变化，都将引起I_Z较大的改变，并通过限流电阻产生调压作用，从而使输出电压稳定。在实际使用中，上述两个调整过程是同时存在同时进行的。

3. 特点

并联型稳压电路可以使输出电压稳定，但稳压值不能随意调节，而且输出电流很小。下面介绍串联型稳压电路。

1.4.4 串联型稳压电路

1. 电路结构

串联型稳压电路包括4大部分，其组成如图1.24所示。

2. 稳压原理分析

并联型稳压电路可以使输出电压稳定,但稳压值不能随意调节,而且输出电流很小。为了加大输出电流使输出电压可调节,常用串联型晶体管稳压电路,如图1.25所示。串联型晶体管稳压电路是具有放大环节的串联型稳压电路,电路中VT_1为调整管,它与负载串联,起电压调整作用。VT_2为比较放大管,R_4是它的集电极电阻,VT_2的作用是将电路输出电压的取样值和基准电压比较后进行放大,然后再送到调整管进行输出电压的调整。这样,只要输出电压有一点微小的变化,就能引起调整管的U_{CE1}发生较大的变化,从而提高了稳压电路的灵敏度,改善了稳压效果。

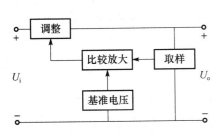

图1.24　串联型稳压电路组成

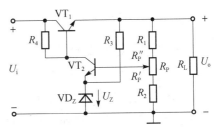

图1.25　串联型稳压电路

工作过程:当输入U_i升高或负荷减少使输出U_o升高时,取样电压增大。由于基准电压比较稳定,因此,三极管VT_2的发射结电压也升高,于是VT_2的集电极电流I_{C2}增大,从而使三极管VT_2的集电极电位U_{C2}降低,继而使调整管VT_1的基极电位U_{B1}降低,则VT_1的集电极电流I_{C1}随之减小,三极管VT_1的压降U_{CE1}增大,使输出电压U_o降低,从而维持了输出电压U_o基本不变。实质上,稳压的过程就是电路通过负反馈使输出电压维持稳定的过程。

在此电路中只要改变取样电位器R_P滑动端的位置,即可实现在一定的范围内进行输出电压的调节。

串联型稳压电路的输出电压可由R_P进行调节。

$$U_o = U_Z \frac{R_1 + R_P + R_2}{R_2 + R_P'} = \frac{U_Z R}{R_2 + R_P'}$$

式中,$R = R_1 + R_P + R_2$,R_P'是R_P的下半部分阻值。

如果将图1.25中的比较放大元件改成集成运放,不但可以提高放大倍数,而且能提高灵敏度,这样就构成了由运算放大器组成的串联型稳压电路。

3. 串联型稳压电路特点

串联型稳压电源工作电流较大,输出电压一般可连续调节,稳压性能优越。目前这种稳压电源已经制成单片集成电路,广泛应用在各种电子仪器和电子电路之中。串联型稳压电源的缺点是损耗较大、效率低。

1.4.5　集成稳压器

1. 概述

随着集成电路的发展,在稳压电源中已广泛地使用集成稳压电路,它具有体积小、重量轻、接线简单方便、成本低、性能稳定等优点,现已逐渐代替分立元器件组成的稳压电路。

目前生产的集成稳压器种类很多,有三端集成稳压器、五端集成稳压器以及多端集成稳压器,其中三端集成稳压器应用得最为广泛。它的电路符号如图1.26所示,外形如图1.27所示。要特别注意,不同型号,不同封装的集成稳压器,它们三个电极的位置是不同的,要查手册确定。

图1.26 集成稳压器符号　　　　图1.27 集成稳压器外形图

2. 三端集成稳压器的分类

(1) 三端固定式集成稳压器

三端固定式集成稳压器有正电压输出和负电压输出两大系列,其中较为常用的有国产的CW7800正输出稳压器系列和CW7900负输出系列。两种系列各有5 V、6 V、9 V、12 V、15 V、18 V和24 V七个电压等级,以及0.1 A、0.5 A和1.5 A三个电流等级。表1.4为CW7800系列和CW7900系列三端固定式稳压器的部分型号和主要参数。

表1.4　CW7800系列和CW7900系列稳压器的型号和主要参数

型号	输出电压U_O（V）	输出电压偏差（%）	最大输出电流I_{CM}（A）	输入电压V_I（V）	对应国外型号
CW78L05	5	±4	0.1	7～30	MC78系列 μA78系列 SW78系列
CW78M05	5	±4	0.5	7～35	MC78系列 μA78系列 SW78系列
CW7805	5	±4	1.5	7～35	MC78系列 μA78系列 SW78系列
CW78L06	6	±4	0.1	8～35	MC78系列 μA78系列 SW78系列
CW78M06	6	±4	0.5	8～35	MC78系列 μA78系列 SW78系列
CW7806	6	±4	1.5	8～35	MC78系列 μA78系列 SW78系列
CW79L05	-5	±4	0.1	-7～-30	MC79系列 μA79系列 SW79系列
CW79M05	-5	±4	0.5	-7～-35	MC79系列 μA79系列 SW79系列
CW7905	-5	±4	1.5	-7～-35	MC79系列 μA79系列 SW79系列
CW79L06	-6	±4	0.1	-8～-35	MC79系列 μA79系列 SW79系列
CW79M06	-6	±4	0.5	-8～-35	MC79系列 μA79系列 SW79系列
CW7906	-6	±4	1.5	-8～-35	MC79系列 μA79系列 SW79系列

(2) 三端可调稳压器

三端可调稳压器是一种输出电压可调的集成稳压器,它也有多种系列,其中CW系列是国产中较为常用的三端可调稳压器,表1.5为CW317和CW337系列三端可调稳压器的部分型号和主要参数。

表1.5 CW317和CW337系列三端可调稳压器的部分型号和主要参数

输出极性	型号	输出电压 U_O (V)	最大输出电流 I_{CM} (A)	电压调整率 S_V (%)	电流调整率 S_I (%)	对应国外型号
正电压输出	CW317L	1.2~37	0.1	≤0.07	≤1.5	LM系列
	CW317M		0.5			
	CW317		1.5			
负电压输出	CW337L	1.2~37	0.1	≤0.05	≤1	LM系列
	CW337M		0.5			
	CW337		1.5			

CW117、CW117M、CW117L（为军品级，工作温度范围-55℃~150℃）
CW217、CW217M、CW217L（为工业品级，工作温度范围-25℃~150℃）
CW317、CW317M、CW317L（为民品级，工作温度范围0~125℃）
CW137、CW137M、CW137L（为军品级，工作温度范围-55℃~150℃）
CW237、CW237M、CW237L（为工业品级，工作温度范围-25℃~150℃）
CW337、CW337M、CW337L（为民品级，工作温度范围0~125℃）

3. 应用电路

三端固定输出集成稳压器的典型应用电路如图1.28所示，三端可调输出集成稳压器的典型应用电路如图1.29所示。

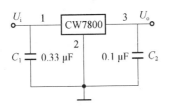

图1.28 三端固定输出稳压器应用电路

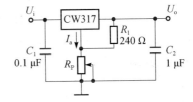

图1.29 三端可调输出稳压器应用电路

在可调输出三端集成稳压器的内部，其输出端和公共端之间的参考电压是1.25 V，因此输出电压可通过电位器调节得

$$U_o = U_{REF} + \frac{U_{REF}}{R_1}R_P + I_a R_P \approx 1.25 \times \left(1 + \frac{R_P}{R_1}\right)$$

1.5 开关型稳压电源

为解决串联型稳压电源的损耗大、效率低缺点，研制了开关型稳压电源。开关型稳压电源的调整管工作在开关状态，具有功耗小、效率高、体积小、重量轻等特点，现在开关型稳压电源已经广泛应用于各种电子电路之中。开关型稳压电源的缺点是纹波较大，用于小信号放大电路时，还应采用第二级稳压措施。

1.5.1 开关型稳压电路

开关型稳压电源的原理可用图 1.30 所示的电路加以说明。它由调整管、滤波电路、比较器、三角波发生器、比较放大器和基准源等部分构成。

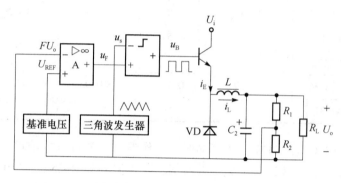

图 1.30 开关型稳压电源原理

1.5.2 开关型稳压电路的工作原理

三角波发生器通过比较器产生一个方波 u_B，去控制调整管的通断。当调整管导通时，电感充电。当调整管截止时，必须给电感中的电流提供一个泄放通路。续流二极管 VD 即可起到这个作用，有利于保护调整管。由电路图 1.30 可知，当三角波的幅度小于比较放大器的输出时，比较器输出高电平，对应调整管的导通时间为 t_{on}；反之为低电平，对应调整管的截止时间为 t_{off}。为了稳定输出电压，应按电压负反馈方式引入反馈，设输出电压增加，FU_o 增加，比较放大器的输出 u_F 减小，比较器方波输出 t_{off} 增加，调整管导通时间减小，输出电压下降，起到了稳压作用。稳定过程如下：

$$U_o \uparrow \to FU_o \uparrow \to t_{off} \uparrow （即\ t_{on} \downarrow）$$
$$U_o \downarrow \leftarrow$$

 自我测试

1．（判断题）直流稳压电源由变压器、整流电路、滤波电路、稳压电路四个部分组成。
　　A．正确　　　　　　B．错误

2．（判断题）串联型稳压电路中的调整管工作在放大状态，开关型稳压电源中的调整管工作在开关状态。
　　A．正确　　　　　　B．错误

3．（单选题）集成稳压器 CW78L12 的输出电压和输出电流为（　　）。
　　A．$U_o = 6V$，$I_o = 0.1A$　　　　　　B．$U_o = 6V$，$I_o = 0.5A$
　　C．$U_o = 12V$，$I_o = 0.1A$　　　　　D．$U_o = 12V$，$I_o = 0.5A$

扫一扫看答案

1.6 面包板的使用

面包板是专为电子电路的无焊接实训而设计制造的。由于各种电子元器件可以根据需要随意插入或者拔出，免去焊接操作，节省电路的组装时间，而且元器件可以重复使用，所以面包板非常适合电子电路的组装、调试训练。

1. 面包板的结构

面包板实际上是具有许多小插孔的塑料插板，其内部结构如图 1.31 所示。每块插板中央有一个凹槽，凹槽两边各有纵向排列的多列插孔，每 5 个插孔为一组，各列插孔之间的间距为 0.1 英寸（即 2.54 mm），与双列直插式封装的集成电路的引脚间距一致。每列 5 个孔中有金属簧片连通，列与列之间在电气上互不相通。面包板的上、下边各有一排（或两排）横向插孔，每排横向插孔分为若干段（一般是 2~3 段），每段内部在电气上是相通的，一般可用作电源线和地线的插孔。

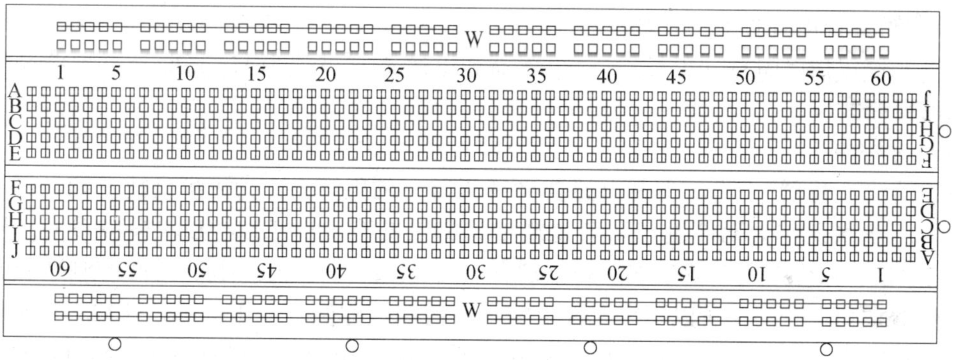

图 1.31 面包板的结构图

2. 元器件与集成电路的安装

① 在安装分立元件时，应便于看到其极性和标志，将元件引脚理直后，在需要的地方折弯。为了防止裸露的引线短路，必须使用带套管的导线，一般不剪断元件引脚，以便重复使用。一般不要插入引脚直径大于 0.8mm 的元器件，以免破坏插座内部簧片的弹性。

② 在安装集成电路时，其引脚必须插在面包板中央凹槽两边的孔中，插入时所有引脚应稍向外偏，使引脚与插孔中的簧片接触良好，所有集成块的方向要一致，缺口朝左，便于正确布线和查线。集成块在插入与拔出时要受力均匀，以免造成引脚弯曲或断裂。

3. 正确合理布线

为了避免或减少故障，面包板上的电路布局与布线，必须合理而且美观。

① 根据信号流程的顺序，采用边安装边调试的方法。元器件安装好了后，先连接电源线和地线。为了查线方便，连线应尽量采用不同颜色。例如：正电源一般选用红色绝缘皮导线，负电源用蓝色绝缘皮导线，地线用黑色，信号线用黄色绝缘皮导线，也可根据条件选用其他颜色。

② 面包板宜使用直径为 0.6 mm 左右的单股导线。线头剥离长度根据连线的距离以及插

入插孔的长度剪断导线,要求将线头剪成45°的斜口,6 mm 左右,并将线头全部插入底板以保证接触良好。裸线不宜露在外面,以防止与其他导线短路。

③ 连线要求紧贴在面包板上,以免碰撞弹出面包板,造成接触不良。必须使连线在集成电路周围通过,不允许将连线跨接在集成电路上,也不得使导线互相重叠在一起,尽量做到横平竖直,这样有利于查线、更换元器件及连线。

④ 所有的地线必须连接在一起,形成一个公共参考点。

【任务训练1】 阻抗元件的认识与检测

1. 任务训练目标

① 了解阻抗元件的标称值与标志。

② 掌握用万用表检测阻抗元件的操作方法。

2. 任务训练原理

1) 阻抗元件的标称值与标注

阻抗元件包括电阻器(电位器)、电容器和电感器(变压器)。它们是电子产品中应用最广泛的电路元件。

(1) 标称值

电阻器(电位器)、电容器和电感器(变压器)的生产上,为了满足技术和经济上的合理性,采用 E 系列作为元件生产系列化规格。常见的有 E6、E12、E24 标称系列。所谓的 E6、E12、E24 标称系列,就是该系列分别有 6、12、24 个取值。阻抗元件的制造就是按这样一个标准系列生产的,所以阻抗元件上的标示值叫标称值。常用的 E6、E12、E24 标称系列如表 1.6 所示。阻抗元件的标称值为标称系列再乘以 10^n 倍,n 为正整数或 0 或负整数。

表 1.6 阻抗元件的标称系列

E6	1			1.5			2.2			3.3			4.7			6.8		
E12	1		1.2	1.5		1.8	2.2		2.7	3.3		3.9	4.7		5.6	6.8		8.2
E24	1.0	1.1	1.2	1.3	1.5	1.6	1.8	2.0	2.2	2.4	2.7	3.0	3.3	3.6	3.9	4.2	4.7	5.1	5.6	6.2	6.8	7.5	8.2	9.1

(2) 标注

阻抗误差的文字标注方法如表 1.7 所示。

表 1.7 阻抗误差的文字标注方法

误差/%	±0.1	±0.25	±0.5	±1	±5	±10	±20	+20 −10	+30 −20	+50 −20	+80 −20	+100 0
字母代号	B	C	D	F	J	K	M			S	E	H
曾用符号				0	I	II	III	IV	V	VI		
说明	精密元件				一般元件				适用于部分电容器			

阻抗元件用颜色（色环或色点）表示数字和误差的标注方法如表1.8所示。

表1.8 阻抗元件用颜色（色彩环或色点）表示数字和误差的标注方法

颜色	黑	棕	红	橙	黄	绿	蓝	紫	灰	白	金	银	无色
有效数字	0	1	2	3	4	5	6	7	8	9			
倍乘数	10^0	10^1	10^2	10^3	10^4	10^5	10^6	10^7	10^8	10^9	10^{-1}	10^{-2}	
允差/%		±1	±2			±0.5	±0.25	±0.1		+50 −20	±5	±10	±20

2）电阻和电位器的检测

（1）外观检查

对于固定电阻首先查看标志是否清晰，保护漆是否完好，有无烧焦、伤痕、裂痕、腐蚀现象，电阻体与引脚是否紧密接触等。对于电位器还应检查转轴是否灵活，松紧是否适当。有开关的还要检查开关动作是否正常。

（2）用万用表检测

① 固定电阻的检测。用万用表的电阻挡对电阻进行测量，对于测量不同阻值的电阻选择万用表的不同倍乘挡。对于指针式万用表，由于电阻挡的示数线刻度是非线性的，阻值越大，示数越密；同时指针式万用表电阻挡的示数线刻度都以中心阻值为准向两边刻度，所以选择合适的量程挡，使表针指示于1/2满度值左右，尽量避免≥80%满度值和≤20%满度值，这样读数更为准确。若测得的阻值超过该电阻的误差范围、阻值无穷大、阻值为零或阻值不稳，说明该电阻已损坏。

在测量中注意拿电阻的两手不要与电阻器的两个引脚相接触，否则会使手所呈现的人体电阻与被测电阻并联，影响测量的准确性。另外，不能在电阻带（通）电的情况下用万用表的电阻挡检测电路中的电阻器的阻值。在线检测应先断电，再将电阻从电路中断开，然后进行测量。

② 保险丝电阻和敏感电阻的测量。保险丝电阻的阻值一般只有零点几到几十欧，若测得的阻值为无穷大，则已熔断。也可在线通电检测，在线通电时分别测量其两端的对地电压，若此时其两端对地电压均为电源电压，则保险丝电阻正常；若此时其一端对地电压为电源电压，而另一端对地电压为零，则已熔断。

敏感电阻的种类较多，常见的敏感电阻有热敏、光敏、气敏、压敏等。以热敏电阻为例，它又分为正温度系数和负温度系数热敏电阻。对于正温度系数（PTC）热敏电阻，常温（25℃左右）下的阻值一般就是它的标称值，在测量中给它加热（用热风吹或烧热的烙铁头靠近它），若阻值明显增大，说明该正温度系数的热敏电阻正常；若阻值无变化，说明该热敏电阻已损坏。负温度系数的热敏电阻则相反。

光敏电阻在无光照（遮住光）的情况下用万用表测得的阻值较大（一般为暗态标称值），有光照时表针指示的阻值有明显的减小，否则说明元件已损坏。

③ 可变电阻和电位器的检测。首先测量两固定端之间的电阻阻值是否为标称值（正常），若为无穷大或为零欧，或与标称值相差太大，超过误差允许范围，就说明已损坏；若阻值正常，再将万用表的另一只表笔接电位器的滑动端，缓慢旋动轴柄，观察表针是否平稳变化。当从一端旋向另一端时，阻值从零欧变化到标称值（或相反），并且无跳变或抖动等

现象，则说明电位器正常；若在旋转的过程中有跳变或抖动现象，说明滑动点与电阻体接触不良。

（3）用电桥测量电阻

如果要求精确测量电阻器的阻值，可通过电桥进行测试。将电阻插入电桥元件测量端，选择合适的量程，即可从电桥表头（或显示器）上读出电阻器的阻值。

3）电容器的检测

电容器的常见故障有开路损坏、击穿短路损坏、漏电、电容量减少、介质损耗增大等质量变坏。

① 用数字万用表检测电容器。数字万用表一般都有测量电容器容量（测量范围因表而异）的功能，如果待测电容器的实际电容量在其测量范围内，则将表的功能开关置于相应挡位，被测电容器插入 C_x 插孔内，就能粗略测量电容量大小，判断电容器的容量是否在其标称值和允差范围内。若测得电容器的容量与标称值相近并在允差范围内，说明电容器基本正常。

② 用指针式万用表检测电容器。用指针式万用表检测电容器是用其电阻挡进行测量，其原理是利用 RC 电路的充放电特性判测的（可参看万用表的结构示意图）。当用两表笔接触电容器的两电极时，表内电池 E 通过表内阻 R 向电容器 C 充电。刚接通时充电电流为最大，表针迅速向右偏转，向右摆过一个明显的角度。随着电容充电，充电电流逐渐减小，表针逐渐向左返回。电容量越大，充电起始电流也越大，表针向右偏转的角度也越大，甚至由于摆动惯性而冲过欧姆挡的零点。从表针偏转角度大小可粗略判测电容器电容量的大小。

检测时为了使表针偏转角度更大些，应适当选择不同的电阻量程挡。一般对于 0.01 ~ 1 μF 耐压较高的电容器可选用 R×1 K（或×10 K）挡；检测 1 ~ 50 μF 的电容器可选用 R×1 K（或×100 或×10）挡；检测 ≥50 μF 的电容器可选用 R×100（或×10 或×1）挡。

对于容量不是很小（≥1 μF）的电容器，测试时无充电现象，说明电容器开路；测得电容器的电阻为零或很小，说明电容器内部击穿短路或漏电严重。对于小容量（pF 级）的电容器，检测时表针几乎不动，呈高电阻。若测出一定的电阻或阻值为零，说明电容器内部漏电严重或击穿短路。

在上述的测试中，随着电容器逐渐充电，充满电后表针应返回左边（阻值为无限大），如果最后停在某一电阻值上，那么此时万用表电阻挡的读数就是电容器的漏电电阻，此值越大越好。对于容量较小（或耐压较高）的电容器一般漏电电阻都接近无限大，大容量电容（如铝电解电容）阻值应在几百至几千欧姆以上。测量中应注意，对于像电解电容这类有极性的电容器，指针式万用表的黑表笔（带正电）接电容器的正极，红表笔（带负电）接电容器的负极。这样测量的漏电电阻较大，反之漏电电阻较小。当然也可据此判别有极性的电容器的正负极。

③ 可变电容器的检测。用手轻轻旋转转轴，应感觉十分平滑，不应感觉时松时紧甚至有卡滞现象。将转轴向前、后、左、右、上、下等各个方向推拉时，不应有松动的现象。

可变电容器的常见故障是动片之间或动片和外引线簧片之间接触不良，可用万用表 R×1 Ω 挡测量动片之间、动片与转轴之间、转轴与外引线之间的电阻值，正常时应为 0 Ω，测量的同时轻轻旋转转轴，表针应无跳变或抖动等现象，否则说明存在接触不良。

将万用表置于 R×10 K 挡，一只手将两个表笔分别接电容器的动片和定片的引线端，另一只手将转轴缓缓旋动几个来回，万用表指针都应在阻值无限大位置不动，在旋动转轴的过程中，如果指针有时指向 0 Ω，说明动片和定片之间存在短路点；如果转到某一角度，万用表读数不为无穷大而是呈现一定阻值，说明可变电容器动片与定片之间存在漏电现象。

若要对电容器容量和介质损耗等参数进行精确测量，则要用电桥或 Q 表等。

4）电感和变压器的检测

（1）用万用表检测电感器和变压器的绕组电阻

将万用表调至电阻挡的合适量程挡，表笔接同一绕组的两端头，这时绕组呈现一定的电阻值，这个电阻值就是绕组的直流电阻。若测得某一绕组的直流电阻为无穷大，则说明该绕组内部导线已断；若已知绕组的正常直流电阻值，而测得的电阻值比该绕组的正常直流电阻值小得多，说明绕组有严重的匝间短路。

对于多个绕组的电感器和变压器，用万用表测电阻的方法判测各绕组端头间的直流电阻，可找出哪两个或几个端头属于同一个绕组。正常情况下各绕组间、绕组与铁芯间、绕组与屏蔽层间的绝缘电阻都应是无限大。

（2）用万用表检测电感器和变压器绕组的同极性端

在使用中，有时需要知道电感器或变压器绕组的同极性端（也叫同名端），但其上又无标志，这时就需要对其进行同名端的判测，可用下述方法（直流法）判测。测试电路原理如图 1.32 所示。

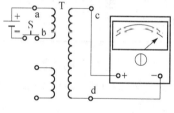

图 1.32 检测同名端

图中 T 为判测同极性端的变压器。将 1.5 V 干电池和按钮开关 S 接于变压器初级（设定）两端，将万用表拨到最小电压挡（如 2.5 V）或最小电流挡（如 50 μA），接于变压器次级，接法如图 1.32 所示。当开关合上瞬间，观察万用表指针的偏转方向，若表针向右（满量程）方摆动一下，又回到零点，说明 a 端和 c 端（b 端和 d 端）为同名端；若表针向左（反）偏转，则 a 端和 d 端（b 端和 c 端）为同名端。

注意：在测试中开关不要长时间闭合，以减少电池损耗。若表针偏转不太明显，可将变压器的初、次级交换后再进行测试。

（3）变压器绝缘电阻也可用摇表（兆欧表）进行检测

（4）电感线圈的电感量 L、Q 值等参数用万用电桥和 Q 表进行测量

3. 实训仪器和器材

① 数字万用表（VC890D 型）。
② 直指针式万用表（MF500 型）。
③ 电阻器（电位器）若干。
④ 电容器若干。
⑤ 电感器和变压器。

4. 任务训练内容及步骤

（1）电阻和电位器的检测

参考实验原理中有关电阻器和电位器的检测方法，对所给电阻器和电位器进行检测，把

测试数据记入表1.9中。

表1.9 电阻器和电位器测试记录表

类型	项目	标注内容	标称值	测量值	误差	判断好坏
电阻器	色环标注	棕黑黑银				
		红黑红黄				
	数码标注	202J				
		472K				
	文字标注	R10F				
		1R8F				
电位器						

（2）电容器的检测

参考实验原理中有关电容器的检测方法，对所给电容器进行检测，把测试数据记入表1.10中。

表1.10 电容器测试记录表

器件类型	项目	标注内容	标称值	测量值				判断好坏
				量程挡位	正向测量		反向测量	
					充电现象	漏电阻	充电现象	漏电阻
无极性电容器	色环标注							
	数码标注							
	文字标注							
电解电容器								

（3）电感和变压器的检测

参考实验原理中有关电感和变压器的检测方法，对所给电容器进行检测，把测试数据记入表 1.11 中。

表 1.11 电感器和变压器测试记录表

器件类型	项目	标注内容	标称值	检测记录					判断好坏或同名端
				直流电阻			绝缘电阻			
				绕组1	绕组2	绕组3	绕组间	绕组与屏蔽	绕组与铁芯	
电感器	色环标注									
	数码标注									
	文字标注									
变压器										

5. 实验报告

① 整理好实验测试数据。
② 阐述用万用表检测电阻器、电容器、电感和变压器的方法。
③ 本次实验的心得体会。

6. 思考题

① 数字式万用表能检测电解电容器的充放电现象吗？为什么？
② 检测电感器或变压器时，当按钮 S 闭合数秒钟后，断开的瞬间检测表有何反应？

【任务训练 2】 二极管的识别与检测

1. 任务训练目标

① 能借助资料读懂二极管的型号及极性。
② 用万用表简易测出二极管的极性及质量好坏。

2. 实训仪器和器材

① 万用表（MF47 型或 DT9204 型一块）。
② 二极管（2AP9、2CZ52C、1N4001 各一只）。

3. 任务训练内容及步骤

(1) 查阅资料，认识二极管的型号

查阅资料，认识二极管的型号，填写表 1.12。

表1.12　二极管各部分的含义

型　号	最高反向工作电压/V	最大整流电流/mA	反向电流/μA
2AP9			
2CZ52C			
1N4001			

(2) 判别二极管的极性

① 外观判别二极管的极性。二极管的正负极性一般都标注在其外壳上。有时会将二极管的图形直接画在其外壳上。若二极管的引线是轴向引出的，则会在其外壳上标出色环（色点）。有色环（色点）的一端为二极管的负极端。若二极管是透明玻璃壳，则可直接看出极性，即二极管内部边触丝的一端为正极。对于标志不清的二极管，可以用万用表来判别其极性及质量好坏。

② 用万用表测量晶体二极管的极性及质量好坏。用模拟万用表来判别二极管的极性与好坏。检测二极管一般用 R×100 Ω 挡或 R×1 kΩ 挡进行。由于二极管具有单向导电性，它的正向电阻小，反向电阻大。当万用表的红表笔接二极管的正极，黑表笔接二极管的负极时，测得的是反向电阻，此值一般要大于几百千欧。反之，红表笔接二极管的负极，黑表笔接二极管的正极，测得的是正向电阻。对于锗二极管，正向电阻阻值一般为 100~1 000 Ω，对于硅二极管，正向电阻一般为几百欧至几千欧。

测量方法：将两表笔分别接在二极管的两个电极上，读出测量的阻值，然后将表棒对换，再测量一次，记下第二次阻值。若两次阻值相差很大，说明该二极管性能良好。并根据测量电阻小的那次的表笔接法（称之为正向连接），判断出与黑表笔连接的是二极管的正极，与红表笔连接的是二极管的负极，因为万用表的内电源的正极与万用表的"-"插孔连通，内电源的负极与万用表的"+"插孔连通。

如果两次测量的阻值都很小，说明二极管已经击穿。如果两次测量的阻值都很大，说明二极管内部已经断路。在这种情况下，二极管就不能使用了。将以上判别、测量结果记录于表1.13中。

表1.13　二极管判别、测量表

型号	电阻值/Ω	R×1 kΩ		R×100 Ω		R×10 Ω		质量判别	
		正向	反向	正向	反向	正向	反向	好	坏
二极管测量	2AP9								
	2CZ52C								
	1N4001								

用数字万用表来判别二极管极性与好坏。数字万用表在电阻测量挡内，设置了"二极管、蜂鸣器"挡位。该挡具有两个功能，第一个功能是测量二极管的极性正向压降。方法是将红、黑表笔分别接二极管的两个引脚，若出现溢出，说明测的是反向特性。交换表笔后再测时，则应出现一个三位数字，此数字是以小数表示的二极管正向压降，由此可判断二极

管的极性和好坏。显示正向压降时红表笔所接引脚为二极管的正极,并可根据正向压降的大小进一步区分是硅材料还是锗材料。第二个功能是检查电路的通断,在确信电路不带电的情况下,用红、黑两个表笔分别接待测两点,蜂鸣器有声响时表明电路是通的,无声响时则表示电路不通。

4. 实训注意事项

① 检测二极管的极性及质量好坏时,万用表的欧姆挡倍率不宜选得过低,也不能选择 $R \times 10\ k\Omega$。

② 测量时,手不要碰到引脚,以免人体电阻的介入影响到测量值的准确性。

③ 由于二极管的伏安特性是非线性的,用万用表的不同电阻挡测量二极管的电阻时,会得到不同的电阻值。

为什么在检测二极管的质量时,万用表欧姆挡的倍率不宜选 $R \times 1\ \Omega$ 和 $R \times 10\ k\Omega$?

1. (单选题)有一个四环电阻,第一环和第二环都为棕色,第三环为红色,第四环为金色,此电阻阻值和误差为(　　)。

　A. 1 000 Ω,±5%　　　　　　B. 1 100 Ω,±5%
　C. 2 000 Ω,±10%　　　　　　D. 2 200 Ω,±10%

扫一扫看答案

2. (单选题)用万用表测量二极管的正、反向电阻,如果正向电阻较小,而反向电阻较大,则说明二极管是(　　)。

　A. 性能良好　　　B. 被击穿短路　　　C. 开路失效

3. (单选题)用万用表测量二极管的正、反向电阻,如果正、反向电阻都很大,说明二极管(　　)。

　A. 性能良好　　　B. 被击穿短路　　　C. 开路失效

4. (单选题)用万用表测量二极管的正、反向电阻,如果正、反向电阻都很小,说明二极管(　　)。

　A. 性能良好　　　B. 被击穿短路　　　C. 开路失效

【任务训练3】 整流滤波稳压电路的检测

1. 任务训练目标

① 熟悉单相半波整流、电容滤波、集成三端稳压器稳压电路的组成及其工作原理。
② 熟悉单相桥式整流、电容滤波、集成三端稳压器稳压电路的组成及其工作原理。
③ 会熟练使用常用电子仪器仪表。
④ 能正确装接电路,能对电路作相应的调试。

2. 实训仪器和器材

实训设备：模拟电路实验装置1台，万用表1块，示波器1台，变压器1台。

实训器件：二极管1N4007 4只，灯泡12 V/0.1 A 1个，电容470 μF/100 V 1个，集成稳压器CW7812、CW7805各1个、导线若干、开关3个。

3. 任务训练内容及步骤

（1）单相半波整流电路（图1.33）

若集成三端稳压器是用CW7812的，可选$U_1 \approx 12$ V；若集成三端稳压器是用CW7805的，可选$U_1 \approx 6$ V。整流后的（脉动）直流电压U_2用万用表的直流电压挡或数字直流电压表测量。未加电容滤波时整流后的（脉动）直流电压（约为$0.45U_1$）波形，可用示波器观测并记录于表格的相应单元格中。加了电容滤波后的整流后的直流电压[为（0.45～1.414）U_1]波形较平稳，表中不要求测量；欲用示波器观测其脉动纹波，可通过减小滤波电容器的电容量（如只用数10 μF）来实现。欲测量其脉动纹波的有效值，只能用交流毫伏表测量。当然，经集成三端稳压器稳压后的输出直流电压U_o，只能用万用表的直流电压挡或数字直流电压表测量。

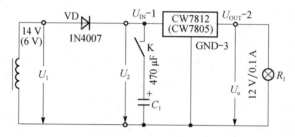

图1.33 单相半波整流电容滤波、三端稳压器稳压电路

（2）单相桥式整流电路（图1.34）

效仿半波整流电路进行测试。值得注意的是：单相桥式整流电路未加电容滤波时整流后的（脉动）直流电压约为$0.9U_1$（而不是$0.45U_1$）。加了电容滤波后，整流后的直流电压约为（0.9～1.414）U_1[而不是约为（0.45～1.414）U_1]。

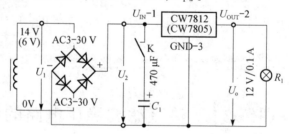

图1.34 单相桥式整流电容滤波、三端稳压器稳压电路图

4. 实训报告

① 整理好实验测试表格数据（表1.14）。

② 对实验中出现的误差等问题进行分析。

③ 本次实验的心得体会。

项目1 直流稳压电源的分析与制作

表1.14 单相半波/桥式整流、电容滤波、三端稳压器稳压实验电路测试记录表

电路形式 \ 测量项目	输入交流电压 U_1/V	整流后的（脉动）直流电压 U_2			加电容滤波时稳压器输出电压 U_o/V
		未加电容滤波时		加电容滤波时	
		电压值/V	波形	电压值/V	
半波整流	14				
	(6)				
桥式整流	14				
	(6)				

5. 思考题

① 半波整流电路中：未加电容滤波时，整流后的（脉动）直流电压约为 $0.45U_1$；而加了电容滤波后的整流后的直流电压为 $(0.45\sim1.414)U_1$。这是为什么？

② 桥式（或全波）整流电路中：未加电容滤波时，整流后的（脉动）直流电压约为 $0.9U_1$；而加了电容滤波后的整流后的直流电压为 $(0.9\sim1.414)U_1$。这又是为什么？

③ 滤波电容器的电容量是越大越好吗？实用的电容滤波电路通常都在数千微法的大滤波电容上并接一个数千皮法至零点几微法的无极性的小电容量的电容器，它主要起什么作用？

④ 通常情况下，集成三端稳压器的使用主要注意哪些问题？

本项目知识点

1. 理想二极管正向导通时，忽略其正向压降，可以将其看成短路；当二极管反偏时，忽略其反向电流，可以将其看成断路。这就是二极管的单向导电性。

2. 稳压管通常工作在反向击穿区，普通二极管不允许工作在反向击穿区。

3. 利用二极管的单向导电特性把交流电变为脉动的直流电的过程称为整流。利用电容或电感的滤波作用将交流成分滤掉，在负载上即可得到一个平稳的直流电压。

4. 直流稳压电源一般由变压、整流、滤波和稳压4部分电路组成。

5. 直流稳压电源中的稳压电路常采用三端式集成电路稳压器进行稳压。CW78××系列为固定式正电压输出；CW79××系列为固定式负电压输出；CW×17系列为可调式正电压输出。CW×37系列为可调负电压输出。

思考与练习

一、填空题

1.1 在选用整流二极管时，主要考虑的两个参数是_____和_____。

1.2 二极管具有_____特性,故可作为整流元件使用。

1.3 PN 结的单向导电性表现为:加正向电压时_____;加反向电压时_____。PN 结反向偏置时的电流称为反向饱和电流。

1.4 用万用表测量二极管的正、反向电阻,如果正向电阻较小,而反向电阻较大,则说明二极管是_____;如果正、反向电阻都很小,说明二极管已_____;如果正、反向电阻都很大,说明二极管已_____。

二、判断题（正确的打√,错误的打×）

1.5 整流电路可将正弦电压变为脉动的直流电压。（   ）

1.6 电容滤波电路适用于小负载电流,而电感滤波电路适用于大负载电流。（   ）

1.7 在单相桥式整流电容滤波电路中,若有一只整流管断开,输出电压平均值变为原来的一半。（   ）

1.8 对于理想的稳压电路,$\Delta U_o / \Delta U_i = 0$,$R_o = 0$。（   ）

1.9 线性直流电源中的调整管工作在放大状态,开关型直流电源中的调整管工作在开关状态。（   ）

三、选择题

1.10 在本征半导体中加入（   ）元素可形成 N 型半导体,加入（   ）元素可形成 P 型半导体。

　A. 五价　　　　B. 四价　　　　C. 三价

1.11 当温度升高时,二极管的反向饱和电流将（   ）。

　A. 增大　　　　B. 不变　　　　C. 减小

1.12 整流的目的是（   ）。

　A. 将交流变为直流　　　　B. 将高频变为低频

　C. 将正弦波变为方波

1.13 在单相桥式整流电路中,若有一只整流管接反,则（   ）。

　A. 输出电压约为 $2U_D$　　　　B. 变为半波直流

　C. 整流管将因电流过大而烧坏

1.14 直流稳压电源中滤波电路的目的是（   ）。

　A. 将交流变为直流　　　　B. 将高频变为低频

　C. 将交、直流混合量中的交流成分滤掉

1.15 若要组成输出电压可调、最大输出电流为 3A 的直流稳压电源,则应采用（   ）。

　A. 电容滤波稳压管稳压电路　　　　B. 电感滤波稳压管稳压电路

　C. 电容滤波串联型稳压电路　　　　D. 电感滤波串联型稳压电路

1.16 稳压二极管的正常工作状态是（   ）。

　A. 导通状态　　B. 截止状态　　C. 反向击穿状态　　D. 任意状态

四、简答题

1.17 直流稳压电源由哪几部分组成?各部分的作用是什么?

1.18 在图 1.35 中,有以下情况:

（1）设 $U_o = 10$ V,则输入电压 U_i 应为多少?

（2）如果限流电阻 R 短路,则会出现什么问题?

(3) 在电路工作正常，当输入电压增大时（负载不变），则 I_R 将如何变化？

(4) 若稳压二极管接反，则此时输出电压 U_o 为多少？稳压管会过流烧坏吗？为什么？

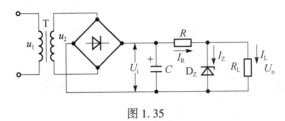

图 1.35

1.19 电路如图 1.36 所示。合理连线，构成 5 V 的直流电源。

1.20 电路如图 1.37 所示，已知稳压管的稳定电压为 6 V，最小稳定电流为 5 mA，允许耗散功率为 240 mW；输入电压为 20～24 V，$R_1 = 360\ \Omega$。试问：

(1) 为保证空载时稳压管能够安全工作，R_2 应选多大？

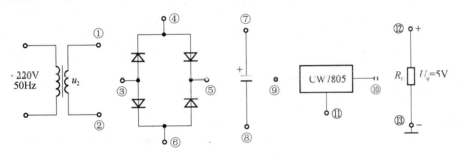

图 1.36

(2) 当 R_2 按上面原则选定后，负载电阻允许的变化范围是多少？

1.21 在如图 1.38 所示电路中，$R_1 = 240\ \Omega$，$R_2 = 3\ k\Omega$，输出端和调整端之间的电压 U_R 为 1.25 V。试求输出电压的调节范围。

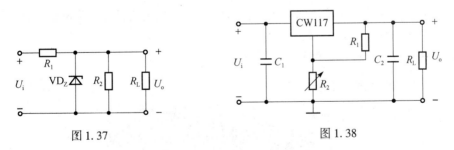

图 1.37　　　　　　　　　　图 1.38

1.22 桥式整流电容滤波电路如图 1.39 所示。已知：$U_2 = 10$ V，试分析：

(1) 输出电压的极性为_____。

(2) 输出电压 U_o = _____。

(3) 整流管承受的最高反向电压 U_{RM} = _____。

(4) 如果电容虚焊，则输出电压 U_o = _____。

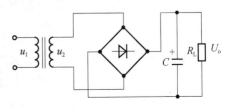

图 1.39

项目 2

调光灯电路的分析与制作

 【学习目标】

能力目标

1. 了解晶闸管、单结晶体管、双向触发二极管的外形、特性及检测方法。
2. 熟悉晶闸管可控整流电路及其触发电路的结构,掌握电路中各关键点的电压及波形测试方法。
3. 能够比较熟练地制作及调试典型的晶闸管可控整流电路。

知识目标

1. 了解晶闸管、单结晶体管、双向触发二极管的结构、符号、工作原理和特性参数。
2. 熟悉单相可控整流电路的电路组成、工作原理,掌握控制角、导通角的含义。
3. 掌握单结晶体管的负阻特性,熟悉单结晶体管的电路组成及工作原理。
4. 了解双向晶闸管、双向触发二极管的特性。

调光灯电路实物如图 2.1 所示。

图 2.1　调光灯电路实物

【实践活动】 调光灯电路的制作

1. 工作任务单

① 小组制订工作计划。
② 识别调压电路原理图，明确元件连接和电路连线。
③ 画出布线图。
④ 完成电路所需元件的购买与检测。
⑤ 根据布线图制作调光灯电路。
⑥ 完成调压电路功能检测和故障排除。
⑦ 通过小组讨论完成电路的详细分析及编写项目实训报告。

调光灯电路原理如图2.2所示。

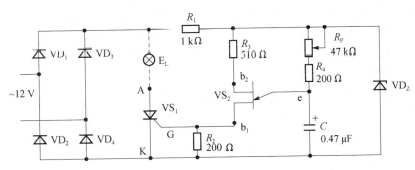

图2.2 调光灯电路原理

2. 项目目标

① 目测识别典型单向晶闸管、单结晶体管的引脚。
② 掌握用万用表检测晶闸管、单结晶体管的管脚和判断质量的优劣。
③ 熟悉可控整流触发电路的基本形式与工作原理。
④ 根据设计原则，能独立绘制美观整齐的装配图。

3. 实训设备与器材

实训设备：模拟电路实验装置1台，万用表一台。
实训器件：电路所需元器件名称、规格型号和数量见表2.1。

表2.1 调光灯元器件材料清单

代号	型号与规格	数量	代号	型号与规格	数量
R_1	电阻 1 kΩ	1 只	R_4	电阻 200 Ω	1 只
R_2	电阻 200 Ω	1 只	R_P	电位器 47 kΩ	1 只
R_3	电阻 510 Ω	1 只	E_L	灯泡 12 V/1 W	1 只

续表

代号	型号与规格	数量	代号	型号与规格	数量
VD_Z	稳压管 1N4736,9 伏	1 只	$VD_1 \sim VD_4$	普通二极管 1N4007	4 只
VS_2	单结晶体管 BT33	1 只	C	电容 0.47 μF	1 只
VS_1	可控硅 2P4M	1 只		铆钉板（自制）	1 块

4. 项目电路与说明

实训电路的原理如图 2.2 所示，图中的左半部分是晶闸管构成的可控整流主电路，将交流电变成可控的脉动直流电；右半部分是以单结晶体管为核心的张弛振荡器，其作用是给晶闸管提供可控的脉冲触发信号。晶闸管能够根据触发信号出现的时刻（即触发延迟角 α 的大小），实现可控导通，当改变触发信号到来的时刻，就可改变灯泡两端电压的大小，从而控制灯泡的亮度。

电路具体的工作过程为：接通电源前，电容 C 上的电压为零；接通电源后，电容经 R_P、R_4 充电，使电压 U_e 逐渐升高。当 U_e 达到峰点电压时，e-b_1 间导通，电容上的电压经 e-b_1 向 R_2 放电，在 R_2 上形成一个脉冲电压。由于 R_P、R_4 的电阻值较大，当电容上的电压降到谷点电压时，不能满足导通要求，于是单结晶体管恢复阻断状态。此后电容又重新充电，重复上述过程，结果在电容上形成锯齿波电压，在 R_2 上形成脉冲电压。在交流电压的每半个周期内，单结晶体管都将输出一组脉冲，起作用的第一个脉冲触发晶闸管的控制极，使晶闸管导通，灯泡发光。改变 R_P 的电阻值，就可以改变电容充电的快慢，即改变锯齿波的振荡频率，从而改变晶闸管 VS_1 的导通角大小，即改变了可控整流电路输出直流电压的平均值，从而调节了灯泡的亮度。

5. 项目电路的安装与调试

（1）绘制装配图

根据原理图，设计如图 2.3 所示的装配图。装配图设计应遵循以下原则：

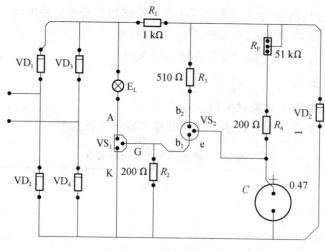

图 2.3 调光灯装配图

① 根据电路原理图，先对元件比较多的支路进行布局设计，并尽可能地把一个电路设计在一起。

② 元件的每一个引脚占一个焊盘，同节点元件的引脚不能共用一个焊盘。

③ 布线时，应尽量走直线，不能走斜线，不能出现交叉线，走线要横平竖直。

④ 绘制装配图时，应注意元件管脚线与连接线的区分，焊点要画成实心。

（2）元器件的清点测试

按表 2.1 中的元件明细配齐元件，用万用表进行测试，以保证焊装在线路板上的元器件的参数及性能符合要求。在检测之前，要按元器件的标注正确理解其含义，包括标称值、精度、材料和类型等。

（3）元件的插装

元件插装时，应注意以下 3 点：

① 按照图 2.3 所示的装配图或自己设计的装配图，根据铆钉板上的实际距离，对元器件进行整形。对于有两个引脚的元件，引脚应弯成 90°形状；对于有 3 个引脚的元件，在分开管脚时需格外小心，以防折断。

② 安装时应注意分清铆钉板的焊接面和元件面。

③ 按照图 2.3 所示的装配图或自己设计的装配图，将元器件插在铆钉板的元件面上，要保证元器件安装位置无误、极性插装正确，并对元器件的引脚进行镀锡处理。

（4）焊接

焊接前要对插入铆钉板上的元器件再次进行检查，确保元器件位置、极性正确后，方可实施焊接。正确的焊接方法是：插装一部分，检查一部分，焊接一部分，而无需在所有元器件全部插装完后才进行焊接。

（5）调试

电路板经检查无误后接通电源，灯泡正常发光，调节电位器，灯泡的亮度随着阻值的变化而发生变化，即说明电路板制作成功。如果电路有问题，可以把电路分成几个部分逐一检查，先检查电源输入情况，再检查电源输出情况；先检查触发电路，再检查主电路。

触发电路主要依据几个关键点的波形来检查。先用示波器观察电容 C 上的波形是否为锯齿波，如果波形不正常，则检查电容 C、电位器 R_P、电阻 R_4、单结晶体管 VS_2，如果元器件都良好，则要调节电位器 R_P，使电容 C 上的波形为锯齿波。然后用示波器观察电阻 R_2 是否有触发脉冲，其幅度是否符合晶闸管触发电压的要求，如果脉冲电压幅度偏小达不到要求时，可更换单结晶体管。

另外，也可以通过测量关键点的电压来检查和判断故障，若关键点的电压正常，说明此点以前的电路及供电是正常的。逐次往下进行检测，即可找到发生故障的区段，对该区段内的元件及构成电路进行检查即可排除故障。

6. 完成电路的详细分析及编写项目实训报告

① 总结晶闸管、单结晶体管的检测方法及注意事项。

② 画出实验中关键点的波形，并进行讨论。

③ 总结晶闸管导通及关断的基本条件。

④ 分析晶闸管调光灯电路的工作原理。

⑤ 分析实验中出现的异常现象及解决方法。

7. 实训考核（表2.2）

表2.2　调光灯的制作考核表

项目	内容	配分	考核要求	扣分标准	得分
实训态度	1. 实训的积极性； 2. 安全操作规程的遵守情况； 3. 纪律遵守情况	30分	积极实训，遵守安全操作规程和劳动纪律，有良好的职业道德和敬业精神	违反安全操作规程扣20分，不遵守劳动纪律扣10分	
电路安装	1. 安装图的绘制； 2. 电路的安装	40分	电路安装正确且符合工艺要求	电路安装不规范，每处扣5分，电路接错扣5分	
电路的调试	接通电源调节电位器，观察灯泡的亮度变化	30分	接通电源，灯泡正常发光，调节电位器，灯泡的亮度随着阻值的变化而发生变化	通电灯不亮扣30分；通电灯亮，但不可调扣20分	
合计		100分			

注：各项配分扣完为止

思考

如果触发电路不使用单结晶体管，还可以采用什么电路？常用的调光电路还有哪些？请自行查找有关的资料。

2.1　晶闸管

电力电子技术是建立在电子学、电工原理和自动控制三大学科上的新兴学科，是对电能进行变换及控制的一种现代控制技术，可以将一种形式的工业电能转换成另一种形式的工业电能，以适应千变万化的用电装置的不同需求。例如，将交流电变换成可控的直流电，或将直流电能变换成交流电能；将工频电源变换为设备所需频率的电源；在正常交流电源中断时，用逆变器将蓄电池的直流电变换成交流电。另外，电力电子技术还能实现非电能与电能之间的转换。例如，利用太阳电池将太阳辐射转换成电能。与电子技术不同，电力电子技术变换的电能是作为能源而不是作为信息的载体，因此，我们关注的是其所能转换的电功率。

电力电子技术的发展是以电力电子器件为物质基础的。一般认为，电力电子技术的诞生是以1957年美国通用电气公司研制出第一个晶闸管为标志。晶闸管是在晶体管的基础上发展起来的一种大功率半导体器件，其全称是晶体闸流管，又称可控硅，简称SCR。能利用其整流可控特性方便地对大功率电源进行控制和变换。晶闸管具有体积小、重量轻、耐压高、容量大、效率高、维护简单、控制灵敏、寿命长等优点，能在高电压、大电流的条件下工作。晶闸管的主要缺点是控制电路比较复杂，抗干扰能力和过载能力比较差。

普通晶闸管最基本的用途就是可控整流，大家熟悉的二极管整流电路属于不可控整流电路，如果把二极管换成晶闸管，就可以构成可控整流电路。晶闸管的主要用途有以下几点。

① 可控整流。把交流电变换为大小可调的直流电称为可控整流。例如，直流电动机调压调速、电解、电镀电源等均可采用可控整流供电。

② 有源逆变。有源逆变是指把直流电变换成与电网同频率的交流电，并将电能返送给交流电源。

③ 交流调压。交流调压是指利用晶闸管的开关特性对交流电压的大小进行无级调节，从而可以实现灯光亮度、设备温度、功率大小的连续控制。

④ 变频器。把某一频率的交流电变换成另一频率的交流电的设备称为变频器。例如，晶闸管中频电源、不间断电源（UPS）、异步电动机变频调速中均含有变频器。

⑤ 无触点功率开关。利用晶闸管元件组成的固态开关，具有无触点、无噪声、无火花、功率大、开关频率高等优点，在工业上可代替接触器、继电器等器件。

⑥ 直流斩波调压。利用晶闸管作直流开关，控制晶闸管的通断比，可以实现直流能量输出的控制。

晶闸管的种类很多，主要包括普通晶闸管、双向晶闸管、快速晶闸管、可关断晶闸管、光控晶闸管和逆导晶闸管等。并且随着电子技术的不断发展，向着大容量、高频率、易驱动、低导通压降、模块化和集成化方向发展。目前运用最多的是单向晶闸管和双向晶闸管，晶闸管电路符号及外形如图 2.4 所示。

晶闸管按其容量可分为大功率管、中功率管和小功率管，一般认为电流容量大于 50 A 为大功率管，电流容量在 5 A 以下的为小功率管。小功率晶闸管的触发电压为 1 V 左右，触发电流为零点几到几毫安，中功率以上的晶闸管触发电压为几伏到几十伏，触发电流为几十到几百毫安。按其控制特性，晶闸管又可分为单向晶闸管和双向晶闸管。

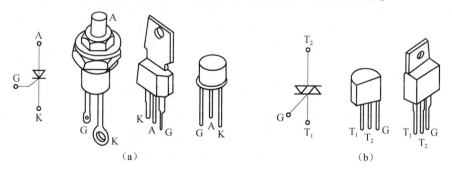

图 2.4 晶闸管外形图及图形符号
（a）单向晶闸管；（b）双向晶闸管

由于晶闸管的额定功率不同，所以其封装形式也不同。小功率晶闸管一般采用塑料封装，大功率晶闸管一般采用螺栓式和平板式。平板式晶闸管又分为风冷平板式和水冷平板式两种，螺栓式晶闸管的阳极是紧栓在铝制散热器上的，而平板式晶闸管则用两个彼此绝缘的散热器把阳极与阴极紧紧夹住。

2.1.1 单向晶闸管

1. 单向晶闸管的结构和符号

单向晶闸管是由 P 型和 N 型半导体交替迭合而成的 P-N-P-N 四层半导体元件，具有 3 个

PN 结和 3 个电极，晶闸管的 3 个电极分别为阳极（A）、阴极（K）和控制极（也称为门极）（G）。最外的 P_1 层引出的电极为阳极 A，最外的 N_2 层引出的电极为阴极 K，由中间的 P_2 层引出的电极为控制极 G，图 2.5 为晶闸管的结构图及电路符号。晶闸管阳极（A）与阴极（K）、阳极（A）与控制极（G）之间的正、反向电阻 R_{AK}、R_{KA}、R_{AG}、R_{GA} 均应很大，而 G—K 之间为一个 PN 结，PN 结正向电阻应较小，反向电阻应很大。

2. 单向晶闸管的工作特性

为了说明晶闸管的特性，首先看一个晶闸管的演示实验，实验电路如图 2.6 所示。电路中晶闸管与灯泡、开关 K_1 电源 U_{CC1}、限流电阻串联，当晶闸管阳极与阴极之间导通时，灯泡就会亮。晶闸管控制极与阴极之间与限流电阻、开关 K_2、控制电源 U_{CC2} 串联，当开关 K_2 闭合时，就会有触发信号加到晶闸管控制极与阴极之间。

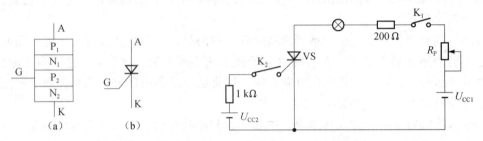

图 2.5　晶闸管的结构及电路符号
　　（a）结构图；（b）电路符号

图 2.6　晶闸管工作特性实验电路

把电源开关 K_1 闭合，实验的操作过程及现象如下。

① 当开关 K_2 断开，灯泡不亮，说明晶闸管的阳极与阴极之间没有导通。

② 当开关 K_2 闭合，给晶闸管控制极与阴极之间加上一个控制信号，这时灯泡亮，说明晶闸管的阳极与阴极之间导通。

③ 灯泡亮后，将开关 K_2 断开，这时灯泡仍亮，这种情况称为维持导通。

④ 调节电位器 R_P，使电路的电阻逐渐加大，电流逐渐减小，这时灯泡亮度变暗，最后熄灭。

⑤ 当改变电源 U_{CC1} 的方向，使晶闸管阳极与阴极之间承受反向电压，无论开关 K_2 是断开还是闭合，灯泡都不会亮。

实验结果表明：

① 晶闸管承受反向电压时，不论门极承受何种电压，晶闸管总处于关断状态。

② 晶闸管导通必须同时具备两个条件：承受正向阳极电压；承受正向门极电压。

③ 晶闸管一旦导通，门极便失去控制作用。

④ 晶闸管导通后，当减小电源电压或增大电路的电阻，使流过晶闸管的电流减小到某一数值时，晶闸管便会关断，这种维持晶闸管导通的最小电流称为维持电流。

晶闸管可以理解为一个受控制的二极管，具有单向导电性。晶闸管电流只能从阳极流向阴极，若加反向阳极电压，晶闸管处于反向阻断状态，只有极小的反向电流。但晶闸管与普通二极管不同之处在于它还具有正向导通的可控特性，当仅加上正向阳极电压时，晶闸管还不能导通，这称为正向阻断状态。只有同时加上正向门极电压、形成足够的门极电流时，晶闸管才能正向导通，而且一旦晶闸管导通之后，即使撤掉门极电压，也不会影响其正向导通的状态。

3. 晶闸管的伏安特性

晶闸管的伏安特性是指晶闸管阳极电压 U_{AK} 与阳极电流 I_A 之间的关系，在实际应用时常用实验曲线来表示它们之间的关系。晶闸管的伏安特性如图 2.7 所示，下面分别讨论其正向特性和反向特性。

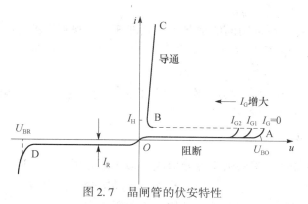

图 2.7 晶闸管的伏安特性

（1）正向特性

① 正向阻断状态。如果控制极不加信号，即 $I_G = 0$，阳极加正向电压 U_{AK}，此时晶闸管呈现很大电阻，只有微弱的电流，处于正向阻断状态，如图中的 OA 段。

② 负阻状态。当正向阳极电压 U_{AK} 增加到某一个值后，J_2 结发生击穿，正向导通电压迅速下降，出现了负阻特性，见曲线 AB 段。

③ 触发导通状态。如果控制极加上触发信号，阳极加正向电压 U_{AK}，晶闸管导通后的正向特性如图中 BC 段，与二极管的正向特性相似，即通过晶闸管的电流很大，导通压降很小，为 1V 左右。

（2）反向特性

① 反向阻断状态。当晶闸管加反向电压后，处于反向阻断状态，与二极管的反向特性相似，如图中 OD 段。

② 反向击穿状态。当反向电压增大到某一个值时，PN 结被击穿，反向电流急剧增加，晶闸管会造成永久性的损坏。

4. 晶闸管的主要参数

参数是选择电子元器件的依据。所以，除要了解晶闸管的特性、工作原理，还要了解晶闸管参数的含义，以便更好地对晶闸管进行选择。晶闸管的参数很多，下面介绍晶闸管的几个主要参数。

（1）额定通态电流 I_F

在规定的条件下，允许连续通过晶闸管阳极的工频正弦半波电流的平均值，称为额定通态电流 I_F，通常所说多少安的晶闸管就是指这个电流。因为晶闸管的过电流能力比较差，选择晶闸管时要留有一定的安全余量，一般情况下，在使用时可按以下公式选取。

$$I_F = (1.5 \sim 2) \frac{I_t}{1.57} \quad (I_t \text{ 为流过晶闸管电流的有效值})$$

（2）维持电流 I_H

在规定的环境温度和门极断开的情况下，维持晶闸管继续导通所需要的最小阳极电流称为维持电流。当晶闸管的阳极电流小于维持电流时,晶闸管关断。

(3) 正向阻断峰值电压 U_{DRM}

在门极断开和晶闸管正向阻断的情况下,允许加到晶闸管阳极与阴极之间的正向峰值电压,称为正向阻断峰值电压。

(4) 反向阻断峰值电压 U_{RRM}

在门极断开和晶闸管反向阻断的情况下,允许加到晶闸管阳极与阴极之间的反向峰值电压,称为反向阻断峰值电压。

(5) 额定电压 U_D

一般把 U_{DRM} 和 U_{RRM} 中较小的数值作为晶闸管的额定电压 U_D,在实际选择晶闸管额定电压值时,应考虑 2~3 倍的安全裕量。

5. 晶闸管的型号

国产晶闸管的型号命名主要由 4 部分组成,第一部分用字母"K"表示晶闸管,第二部分用字母表示晶闸管的类别,第三部分用数字表示晶闸管的额定通态电流值,第四部分用数字表示重复峰值电压级数。各部分的含义如表 2.3 所示。

表 2.3 国产晶闸管的型号

第一部分:主称		第二部分:类别		第三部分:额定通态电流		第四部分:重复峰值电压级数	
字母	含义	字母	含义	数字	含义	数字	含义
K	晶闸管(可控硅)	P	普通反向阻断型	1	1 A	1	100 V
				5	5 A	2	200 V
				10	10 A	3	300 V
				20	20 A	4	400 V
		K	快速反向阻断型	30	30 A	5	500 V
				50	50 A	6	600 V
				100	100 A	7	700 V
				200	200 A	8	800 V
		S	双向型	300	300 A	9	900 V
				400	400 A	10	1 000 V
				500	500 A	12	1 200 V
						14	1 400 V

例1:KP1-2(1 A 200 V 普通反向阻断型晶闸管)

K——晶闸管 P——普通反向阻断型 1——通态电流 1 A 2——重复峰值电压 200 V

例2:KS5-4(5 A 400 V 双向晶闸管)

K——晶闸管 S——双向管 5——通态电流 5 A 4——重复峰值电压 400 V

6. 单向晶闸管的极性及质量的检测

(1) 极性检测

选用万用表 R×100 Ω 挡或 R×1 kΩ 挡,分别测量各电极间的正、反向电阻。若测得其中两电极间阻值较大,调换表笔后其阻值较小,此时黑表笔所接电极为控制极(G),红表笔所接电极为阴极(K),余者为阳极(A)。

(2)质量检测

黑表笔接阳极(A),红表笔接阴极(K),黑表笔在保持和阳极(A)接触的情况下,再与控制极(G)接触,即给控制极加上触发电压。此时,单向晶闸管导通,阻值减小,表针偏转。然后,黑表笔保持和阳极(A)接触,并断开与控制极(G)的接触。若断开控制极(G)后,晶闸管仍维持导通状态,即表针偏转状况不发生变化,则晶闸管基本正常。

 自我测试

1. (单选题)晶闸管内部有( ) PN 结。
   A. 一个　　　　　B. 二个　　　　　C. 三个　　　　　D. 四个
2. (单选题)单结晶体管内部有( ) PN 结。
   A. 一个　　　　　B. 二个　　　　　C. 三个　　　　　D. 四个
3. (单选题)普通晶闸管的通态电流(额定电流)是用电流的( )来表示的。
   A. 有效值　　　　B. 最大值　　　　C. 平均值

扫一扫看答案

2.1.2 双向晶闸管

双向晶闸管是在普通晶闸管的基础上发展起来的,它可以代替两只反极性并联的单向晶闸管,而且仅用一个触发电路。双向晶闸管和普通晶闸管一样,有塑料封装型、螺栓型和平板压接型等几种不同的结构。塑料封装型元件的电流容量只有几安培,螺栓式电流容量为几十安培,大功率双向晶闸管都是平板型结构。小功率双向晶闸管的外形如图 2.8 所示。

1. 双向晶闸管的结构

双向晶闸管相当于两个单向晶闸管反向并联而成,它是一个 NPNPN 五层器件,引出 T_1、T_2、G 三个电极,分别为第一阳极(T_1)、第二阳极(T_2)、控制极(G)。双向晶闸管的阳极在不同极性下都具有导通和阻断能力,这个特点是普通晶闸管所没有的。双向晶闸管的结构及符号如图 2.9 所示。

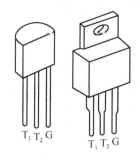

图 2.8 小功率双向晶闸管外形

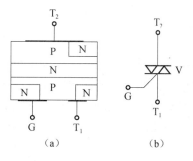

图 2.9 双向晶闸管结构与符号
(a)结构;(b)符号

2. 双向晶闸管的工作特点

双向晶闸管的第一阳极（T_1）和第二阳极（T_2）无论加正向电压或反向电压，都能触发导通，其触发方式有以下 4 种。

① Ⅰ+ 触发方式：特性曲线在第Ⅰ象限，T_2 为正，T_1 为负，G 对 T_1 为正。
② Ⅰ- 触发方式：特性曲线在第Ⅰ象限，T_2 为正，T_1 为负，G 对 T_1 为负。
③ Ⅲ+ 触发方式：特性曲线在第Ⅲ象限，T_2 为负，T_1 为正，G 对 T_1 为正。
④ Ⅲ- 触发方式：特性曲线在第Ⅲ象限，T_2 为负，T_1 为正，G 对 T_1 为负。

上面 4 种触发方式的灵敏度各不相同，其中Ⅲ+ 触发方式所需的门极功率相当大，在实际应用中一般选择Ⅰ+、Ⅰ-、Ⅲ- 的组合。双向晶闸管在电路中主要用来进行交流调压、交流开关、可逆直流调速等。

3. 极性判别及质量的检测

（1）判别极性

据双向晶闸管的结构可知，控制极（G）与第一阳极（T_1）较近，与第二阳极（T_2）较远。因此控制极（G）与第一阳极（T_1）间正、反向电阻都较小，而第二阳极（T_2）与控制极（G）间、第二阳极（T_2）与第一阳极（T_1）间的正、反向电阻均较大。这表明，如果测出某脚和任意两脚之间的电阻呈现高阻，则一定是 T_2 极。

区分出 T_2 后，将万用表置于 R×1Ω 挡，假设一脚为 T_1，并将黑表笔接在假设的 T_1 上，红表笔接在 T_2 上。保持红表笔与 T_2 相接触，红表笔再与 G 极短暂接触，即给 G 极一个负极性触发信号，双向晶闸管将导通，内电阻减小，这表明管子已导通，其导通方向为 T_1→T_2。在保持红表笔和 T_2 极相接触的情况下，断开 G 极，此时若电阻值保持不变，证明晶闸管能维持导通状态。然后将红黑表笔调换，即红表笔接在假设的 T_1 上，黑表笔接在 T_2 上。保持黑表笔与 T_2 相接触，黑表笔再与 G 极短暂接触，即给 G 极一个正极性触发信号，如果双向晶闸管也能导通，导通方向为 T_2→T_1。在保持黑表笔和 T_2 极相接触的情况下，断开 G 极，断开后晶闸管也应能维持导通状态，则该管具有双向触发特性，且上述假设正确。

（2）质量检测

双向晶闸管具有双向触发导通的能力，则该双向晶闸管正常。若无论怎样检测均不能使双向晶闸管触发导通，表明该管已损坏。

2.2 单结晶体管

要使晶闸管导通，除了阳极要承受正向电压外，门极还要加上合适的触发电压，改变触发脉冲输出时刻便可改变输出直流电压的大小。为控制极提供触发电压的电路叫触发电路，为了保证可靠地触发，触发电路必须满足一定的要求，如触发信号应有一定的宽度，并且触发脉冲上升沿要陡；触发信号应有足够的功率，并且必须与晶闸管的阳极电压同步；触发信号应能在一定的范围内进行移相，触发输出的漏电压小于 0.2 V 等。

触发电路的类型很多，由单结晶体管构成的触发电路输出的脉冲具有前沿陡、抗干扰能力强等特点，应用十分广泛。除此以外，单结晶体管还被广泛地用于振荡、双稳态、定时等电路中，其组成的电路具有电路简单，稳定性好等优点。

1. 单结晶体管的结构

单结晶体管是一种特殊的晶体管，它是在一块高电阻率的 N 型硅片的两端各引出一个电极，分别称为第一基极 b_1 和第二基极 b_2；在硅片另一侧掺入 P 型杂质，形成 PN 结，并引出一个铝质电极，称为发射极 e。单结晶体管的外形和普通三极管相似，也有三个电极，但不是三极管，而是具有三个电极的二极管，由于其内部只有一个 PN 结，所以称之为单结晶体管。单结晶体管的结构、符号及等效电路如图 2.10 所示。

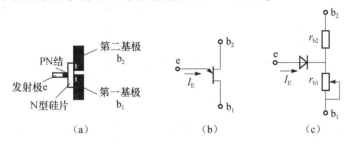

图 2.10 单结晶体管结构、符号及等效电路

在单结晶体管的符号中，有箭头表示的是发射极 e，箭头所指方向对应的基极为第一基极 b_1，表示经 PN 结的电流只流向 b_1 极，第二基极用 b_2 表示。

2. 单结晶体管的伏安特性

单结晶体管伏安特性如图 2.11 所示，从图中看出，单结晶体管的伏安特性分为 3 个区域，分别是截止区、饱和区、负阻区。

（1）截止区

当外加电压 u_{EB1} 小于峰点电压 U_P 时，单结晶体管的 PN 结承受反向电压，发射极上只有很小的反向电流通过，单结管处于截止状态，如图 2.11 中的 AP 段。

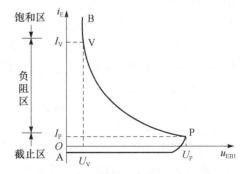

图 2.11 单结晶体管的伏安特性

（2）负阻区

当 u_{EB1} 大于 U_P 时，PN 结正偏，等效二极管导通，但这时 U_E 随 I_E 的增大而减小，呈现负阻效应，如图中的 PV 段曲线。

（3）饱和区

当 U_E 降低到谷点 V 以后，I_E 增加，U_E 也有所增加，呈现正电阻特性，单结晶体管进入饱和区，如图中的 VB 段曲线。一般单结晶体管 V 点所对应的谷点电压为 2～5 V。

从以上分析可知，当发射极电压等于峰点电压 U_P 时，单结晶体管导通，导通之后，当发射极电压减小到 $U_E < U_V$ 时，单结晶体管由导通变为截止。不同的单结晶体管有不同的 U_P 和 U_V，同一个单结晶体管，若电源电压 U_{BB} 不同，它的 U_P 和 U_V 也有所不同，在触发电路中常选用 U_V 低一些或 I_V 大一些的单结晶体管。

3. 单结晶体管的典型应用——张弛振荡电路

利用单结晶体管的负阻特性和 RC 元件充放电特性，可以构成张弛振荡电路，产生频率可调的脉冲信号，给晶闸管提供触发信号，这就是张弛振荡电路。张弛振荡器的电路图及波形如图2.12所示。

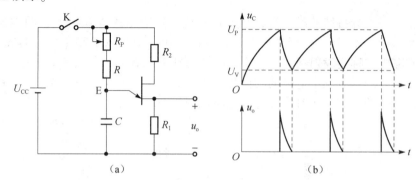

图2.12　单结晶体管张弛振荡器
(a) 电路；(b) 波形

下面分析单结晶体管张弛振荡器的工作原理。当合上开关K后，电源通过R_1、R_2加到单结管的两个基极上，同时又通过R、R_P向电容器C充电，电容的电压u_C按指数规律上升。当$u_C < U_P$时，单结管截止，输出端电压u_o近似为0。

当u_C达到峰点电压U_P时，单结管的e极和b_1极之间突然导通，电阻R_{b1}急剧减小，电容上的电压通过R_{b1}、R_1放电。由于R_{b1}、R_1都很小，放电速度很快，在R_1上形成一个脉冲电压u_o。

当u_C下降到谷点电压U_V时，e极和b_1极之间恢复阻断状态，单结管从导通跳变到截止，输出电压u_o下降到零，完成一次振荡。如此周而复始，就在电容C上形成了类似锯齿的锯齿波，在输出端R_1上形成了一系列的尖脉冲。

在张弛振荡电路中，如果改变电位器R_P，便可改变电容充放电的快慢，使输出的脉冲前移或后移，改变控制角α，从而控制了晶闸管导通的时刻。

输出端的电阻R_1一般取$50 \sim 100\ \Omega$为宜，如果R_1太大，有可能发生由于单结管的漏电流在R_1上产生的压降太大，而导致晶闸管误导通；如R_1太小，则放电太快，脉冲太窄且幅度小，不利于触发晶闸管。电容C一般取值为$0.1 \sim 0.47\ \mu F$，容量太小会造成触发功率不够，容量过大会使最小控制角增大，移相范围变小。R_2是温度补偿电阻，一般取$200 \sim 600\ \Omega$，可以使触发电路的工作点基本稳定。

上述的张弛振荡电路还不能直接用于晶闸管可控整流电路中，因为在实际应用中必须解决触发电路与主电路同步的问题，以保证晶闸管在每个周期的同一时刻触发，否则会产生失控现象。解决的方法是将主电路和触发回路接在同一电源上，使触发电路和主电路同步。

4. 单结晶体管管脚及好坏的判别

单结晶体管管脚的判别方法是：使用万用表的电阻挡，用黑表笔接触一个极，红表笔接触另外两个极，如果均导通（一般为几千欧），再改用红表笔接触这个极，黑表笔碰触另外两个极均不导通（一般为几十千欧），则这个极为发射极e。黑表笔接e，红表笔接两个基极，阻值较小的极为基极b_2。正常情况下，b_1和b_2之间有$2 \sim 15\ k\Omega$的电阻，e对b_1和b_2之间为单向导电。

单结晶体管好坏的判别方法是：在发射极开路的条件下，用万用表$R \times 100\ \Omega$或$R \times 1\ k\Omega$挡测量b_1和b_2之间的阻值应在$2 \sim 15\ k\Omega$，阻值过大或过小均不宜使用。

2.3 双向触发二极管

双向触发二极管也称为二端交流器件，与双向晶闸管同时问世。由于它结构简单、价格低廉，所以常用来触发双向晶闸管，也可构成电压保护电路、定时器、移相电路等。双向触发二极管的结构、符号及等效电路如图 2.13 所示。

双向触发二极管等效于基极开路、发射极与集电极对称的 NPN 晶体管，其正、反向伏安特性完全对称。当触发二极管两端的

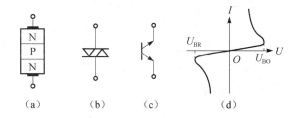

图 2.13 双向触发二极管
(a) 结构；(b) 符号；(c) 等效电路；(d) 伏安特性

电压 U 小于正向转折电压 U_{BO} 时，呈高阻态，当 $U > U_{BO}$ 时进入负阻区。同样，当 U 超过反向转折电压 U_{BR} 时，管子也能进入负阻区。双向触发二极管的耐压值大致分 3 个等级：20～60 V、100～150 V、200～250 V。

转折电压的对称性用 ΔU_b 表示。

$$\Delta U_b = U_{BO} - |U_{BR}|$$

在实际应用中，除根据电路的要求选取适当的转折电压 U_{BO} 外，还应选择转折电流 I_{BO} 小、转折电压偏差 ΔU_b 小的双向触发二极管。

双向触发二极管除用来触发双向晶闸管外，还常用在过压保护、定时、移相等电路。图 2.14 所示就是由双向触发二极管和双向晶闸管组成的过压保护电路，当瞬态电压超过双向触发二极管的 U_{BO} 时，双向触发二极管迅速导通并触发双向晶闸管也导通，使后面的负载免受过压损害。

图 2.15 所示是双向触发二极管与双向晶闸管构成的交流调压电路，各元件参数如图所示标注。通过调节电位器 R_P，可以改变双向晶闸管的导通角，从而改变通过灯泡的电

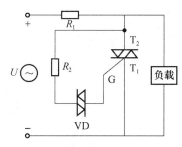

图 2.14 过压保护电路

流平均值，实现连续调压。如果将灯泡换电熨斗、电热褥就可以实现连续调温。该电路在双向晶闸管加散热器的条件下，负载功率可达 500 W。

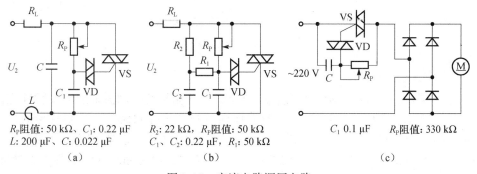

图 2.15 交流电路调压电路

2.4 可控整流电路

把交流电变成直流电的过程叫整流,在日常生活和工业生产中,很多电气设备需要大小可调的直流电源,如电动机的调速、同步电机的励磁、大功率的直流稳压电源、电镀、电焊等。由晶闸管组成的可控整流电路可以把交流电变成大小可控的直流电,达到直流电压可调的目的。具体的可控整流电路主要有单相半波可控整流电路、单相全波可控整流电路、单相桥式可控整流电路。

2.4.1 单相半波可控整流电路

单相半波可控整流电路如图 2.16 所示,电路由晶闸管 VS、负载 R_d 和单相变压器 T 组成,与二极管单相半波整流电路很相似,只是用晶闸管代替了单相半波整流电路中的二极管。变压器 T 用来变换电压,u_1、u_2 分别表示变压器初级和次级电压的瞬时值,u_g 表示晶闸管控制极上的脉冲电压,u_V 表示晶闸管两端电压的瞬时值,u_d 表示负载两端电压的瞬时值。设 $u_2 = U_2\sin \omega t$,下面简单分析其工作原理。

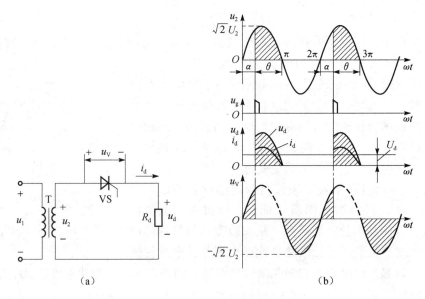

图 2.16 单相半波可控整流电路
(a) 电路;(b) 波形

1. 工作原理

正半周($\omega t = 0 \sim \pi$):晶闸管承受正向电压,但在晶闸管控制极未加触发脉冲之前是不导通的,负载 R_d 两端电压为零。当触发脉冲加到晶闸管的控制极后,晶闸管导通,由于晶闸管导通后的管压降很小,为 1 V 左右,与 u_2 的大小相比可以忽略,因此负载两端电压与 u_2 相似,并有相应的电流流过。当交流电压 u_2 过零值时,流过晶闸管的电流小于维持电流,晶闸管便自行关断,输出电压为零。

负半周（$\omega t = \pi \sim 2\pi$）：晶闸管承受反向电压，无论控制极加不加触发电压，晶闸管均不会导通，呈反向阻断状态，输出电压为零。

2. 控制角与导通角

晶闸管从承受正向电压的时刻起，到触发导通时所对应的电角度叫控制角，用 α 表示。晶闸管在一个周期内导通所对应的电角度叫导通角，用 θ 表示。显然，在单相半波可控整流电路中，$\theta = \pi - \alpha$，当 $\alpha = 0$ 时，导通角 $\theta = \pi$，称为全导通，α 的变化范围为 $0 \sim \pi$。由此可见，控制角 α 愈小，导通角 θ 愈大，只要改变触发脉冲加入时刻就可以改变控制角 α 的大小，负载上电压平均值也随之改变，从而达到调压的目的。

3. 有关的计算

在单相半波可控整流电路中，需要计算负载上电压和电流的平均值，以及晶闸管上所承受的最高正、反向电压，以给电路的设计提供依据。

负载电压平均值

$$U_d = \frac{1}{2\pi}\int_{\alpha}^{\pi} \sqrt{2}\, U_2 \sin\omega t\, d(\omega t)$$

$$= \frac{\sqrt{2}}{2\pi} U_2 (1+\cos\alpha)$$

$$= 0.45 U_2 \frac{(1+\cos\alpha)}{2}$$

当 $\alpha = 0$ 时，晶闸管全导通，相当于二极管单相半波整流电路，输出电压平均值最大可达 $0.45 U_2$；当 $\alpha = \pi$ 时，晶闸管全阻断，输出电压为零。

负载电流的平均值

$$I_d = \frac{U_d}{R_d} = 0.45 U_2 \frac{1+\cos\alpha}{2 R_d}$$

晶闸管上所承受的最高正向电压

$$U_{VM} = \sqrt{2} U_2$$

晶闸管上所承受的最高反向电压

$$U_{RM} = \sqrt{2} U_2$$

在设计电路时，各元件参数的选取要留有一定的安全裕量，晶闸管的额定电压应取其峰值电压的 2~3 倍。如果输入交流电压为 220 V，则其峰值电压为 311 V，应选择额定电压为 600 V 以上的晶闸管。

【例 2.1】 在单相半波可控整流电路中，输入的交流电压 U_2 为 220 V，负载的阻值为 30 Ω，控制角 α 为 60°，试求负载电压平均值、导通角 θ、晶闸管中通过电流的平均值以及晶闸管承受的峰值电压。

【解】

$$U_d = 0.45 U_2 \frac{(1+\cos\alpha)}{2} = 0.45 \times 220 \frac{(1+0.5)}{2} = 74.2$$

导通角 $\theta = 180° - \alpha = 120°$

晶闸管中通过的电流平均值为

$$I_d = \frac{U_d}{R} = \frac{74.2}{30} \approx 2.5(A)$$

晶闸管承受的峰值电压为

$$U_{VM} = U_{RM} = \sqrt{2}\,U_2 \approx 311\ V$$

自我测试

1．（单选题）晶闸管可控整流电路中的控制角 α 减小，则输出的电压平均值会（　　）。

  A．不变　　　　　　B．增大　　　　　　C．减小

2．（单选题）单相半波可控整流电路输出直流电压的平均值等于整流前交流电压的（　　）倍。

扫一扫看答案

  A．1　　　　　B．0.5　　　　　C．0.45　　　　　D．0.9．

3．（单选题）为了让晶闸管可控整流电感性负载电路正常工作，应在电路中接入（　　）。

  A．三极管　　　　　B．续流二极管　　　　　C．保险丝

4．（单选题）普通的单相半波可控整流装置中一共用了（　　）晶闸管。

  A．一只　　　　　B．二只　　　　　C．三只　　　　　D．四只

5．（判断题）单相半波可控整流电路中，两只晶闸管采用的是"共阳"接法。

  A．正确　　　　　　B．错误

2.4.2　单相桥式可控整流电路

单相桥式可控整流电路在实际中应用比较多，其电路形式有全控和半控两种。半控是指桥式整流电路中采用2个晶闸管和2个二极管作为整流元件，全控是指桥式整流电路中的4个整流管都采用晶闸管，在实用的单相桥式可控整流电路中，一般都采用半控电路，因为半控电路需要的晶闸管数量少，触发控制电路比较简单。单相半控桥式整流电路的电路图及波形如图2.17所示，下面简单介绍其工作原理。

1．工作原理

正半周（$\omega t = 0 \sim \pi$）：在 u_2 的正半周时，晶闸管 VS_1 和二极管 VD_2 承受正向电压。当 $\omega t = \alpha$ 时刻触发晶闸管 VS_1 使之导通，其电流回路为：变压器上端→VS_1→R_d→VD_2→变压器下端。这时 VS_2 和 VD_1 均承受反向电压而截止，当电源电压 u_2 过零时，晶闸管 VS_1 截止。

负半周（$\omega t = \pi \sim 2\pi$）：在 u_2 的负半周时，晶闸管 VS_2 和二极管 VD_1 承受正向电压，在 $\omega t = \pi + \alpha$ 时刻触发晶闸管 VS_2 使之导通，其电流回路为：变压器下端→VS_2→R_d→VD_1→变压器上端。这时 VS_1 和 VD_2 均承受反向电压而截止，当电源电压由负值 u_2 过零时，晶闸管 VS_2 阻断。

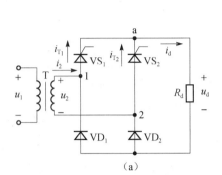
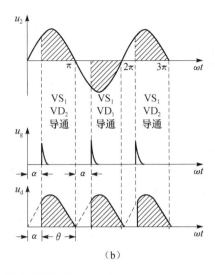

图 2.17 单相半控桥式整流电路

(a) 电路；(b) 波形

2. 有关的计算

从电路的波形图可以看出，单相桥式可控整流与单相半波可控整流相比，其输出电压的平均值要大一倍，有关的计算公式如下（电阻性负载）。

负载上电压的平均值

$$U_d = \frac{1}{\pi}\int_0^\pi \sqrt{2}U_2 \sin wt \mathrm{d}wt = \frac{0.9U_2(1+\cos\alpha)}{2}$$

负载电流的平均值

$$I_d = \frac{U_d}{R_L} = \frac{0.9U_2(1+\cos\alpha)}{2R_L}$$

流过整流元件的平均电流为

$$I_V = \frac{I_d}{2} = \frac{0.45U_2(1+\cos\alpha)}{2R_L}$$

晶闸管及整流二极管承受的最大正、反向电压相等，均为

$$U_{VM} = U_{RM} = \sqrt{2}U_2$$

可控整流电路负载的性质不同，电路的特点及有关的计算也不同。前面讨论的可控整流电路都是电阻性负载电路，其工作原理及计算都比较简单，但是在实际生产中，可控整流电路的负载多为电感性负载，如电动机的励磁线圈。电感性负载可控整流电路这里不再讨论，但应该注意的是，在电感性负载可控整流电路中，负载两端必须并联一个二极管，这个二极管叫续流二极管，其作用是为电感线圈提供一条放电通路，防止电感产生的感生电动势击穿整流器件。图 2.18 所示就是一个感性负载的半控桥式整流电路，VD 是续流二极管，用于保护整流元件。

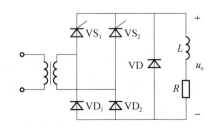

图 2.18 感性负载的半控桥式整流电路

本项目知识点

1. 当在单向晶闸管的阳极—阴极间加正向电压，同时要在控制极加适当的正向电压时，晶闸管触发导通后，控制极失去控制作用。当阳极电流小于晶闸管的维持电流时，晶闸管又重新阻断。

2. 晶闸管具有利用小触发信号控制大电流的特性，可以使用晶闸管组成可控整流电流，通过改变晶闸管的导通角 θ，可以将输入的交流电变换成可调的直流电。

3. 双向晶闸管可以看做是两个单向晶闸管正反向并联组成的器件，它具有正、反两个方向都能导通的特性，广泛用于交流开关电路中。

4. 利用具有负阻特性的单结晶体管可以组成张弛振荡器，作为单向晶闸管的触发电路。双向晶闸管常用双向触发二极管来触发。在实际应用中，需要解决主电路与触发电路的同步问题。

思考与练习

2.1 晶闸管触发导通后，取消控制极上的触发信号还能保持导通吗？已导通的晶闸管在什么情况下才会自行关断？

2.2 交流调压和可控整流有什么不同，试画出工作波形加以比较。

2.3 双向晶闸管的导通特点与单向晶闸管的导通特点有什么不同？

2.4 试画出如图 2.19 所示电路在门极电压波形作用下负载 R_L 两端电压的波形。

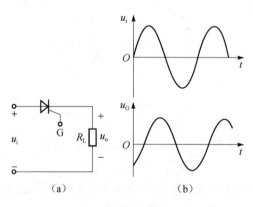

图 2.19
（a）电路；（b）波形

2.5 在单结晶体管的触发电路中，电容 C 一般在 0.1～1 μF 范围，如果取得太小或太大对晶闸管的工作有何影响？电阻 R_1 一般在 50～100 Ω，如果取得太小或太大，对晶闸管的触发有何影响？

2.6 一个单相半波可控整流电路（电阻性负载），输出直流电压 30 V，电流 15 A，由 220 V 电网供电，试选择晶闸管，并计算晶闸管的导通角。

2.7 有一单相半波可控整流电路，负载电阻 $R_L = 20\ \Omega$，直接由 220 V 电压供电，控制

角 $\alpha = 60°$,试计算整流电压和整流电流的平均值,并选择晶闸管。

2.8 有一单相半控桥式整流电路(电阻性负载),需要输出直流电压 $U_o = 0 \sim 50$ V,电流 $I_o = 0 \sim 8$ A,试确定变压器副边的电压,并选择合适的整流元件。

2.9 试分析图 2.20 所示电路的作用及工作原理。

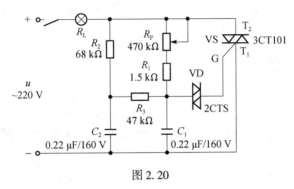

图 2.20

项目 3

扩音机电路的分析与制作

【学习目标】

能力目标

1. 能熟练使用电子焊接工具装接电子电路。
2. 能熟练使用电子仪器仪表调试电子电路。
3. 能对电路中的故障现象进行分析判断并加以解决。

知识目标

了解半导体三极管的结构,理解半导体三极管的电流放大作用;熟悉放大电路的组成和基本原理,掌握基本放大电路的分析方法。了解多级放大电路的组成和频率响应,理解常用功率放大电路的工作原理,掌握集成功放的应用。了解场效应管的结构及正确使用。

【实践活动】 扩音机电路的安装与调试

1. 工作任务单

① 小组制订工作计划。
② 读懂扩音机电路原理图,明确元件连接和电路连线。
③ 画出布线图。
④ 完成电路所需元件的购买与检测。
⑤ 根据布线图制作低频音频放大电路。
⑥ 完成扩音机电路功能检测和故障排除。
⑦ 完成电路详细分析及编写项目实训报告。

扩音机电路如图 3.1 所示。

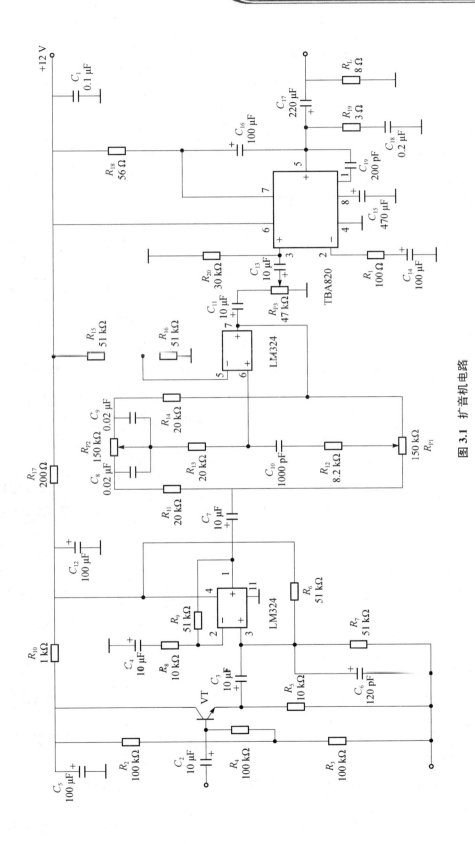

图 3.1 扩音机电路

2. 项目目标

① 增强专业意识，培养良好的职业道德和职业习惯。

② 熟悉扩音机电路各功能电路的组成与工作原理。

③ 正确使用电子焊接工具，完成扩音机电路的装接。

④ 正确使用电子仪器仪表，完成扩音机电路的调试。

3. 实训设备与器材

实训设备：模拟电路实验装置1台，万用表1台，示波器1台。

实训器件：电路所需元件名称、规格型号和数量见表3.1。

表3.1 低频音频放大电路的元件清单与相关调试设备

名 称	数 量	用途或代号	名 称	数 量	用途或代号
电阻器	共20个		220 μF/16 V	1	C_{17}
100 Ω	1	R_1	0.2 μF	1	C_{18}
100 kΩ	3	R_2、R_3、R_4	200 pF	1	C_{19}
10 kΩ	2	R_5、R_8	电位器	共3个	
51 kΩ	5	R_6、R_7、R_9、R_{15}、R_{16}	150 kΩ	2	R_{P1}、R_{P2}
1 kΩ	1	R_{10}	47 kΩ	1	R_{P3}
20 kΩ	3	R_{11}、R_{13}、R_{14}	三极管	共1个	
8.2 kΩ	1	R_{12}	9013	1	
200 Ω	1	R_{17}	电路板	1个	
56 Ω	1	R_{18}	电源插座	1副	接直流稳压电源
3 Ω	1	R_{19}	音频插座	1副	音频信号的输入与输出
30 kΩ	1	R_{20}	话筒及附件	1套	试机
电容器	共19个		8 Ω 扬声器	1个	试机
0.1 μF	1	C_1	装接工具	1套	电路装接
10 μF/16 V	6	C_2、C_3、C_4、C_7、C_{11}、C_{13}	直流稳压电源	1台	调试
100 μF/16 V	4	C_5、C_{12}、C_{14}、C_{16}	万用表	1块	检测
120 pF	1	C_6	双踪示波器	1台	调试
0.02 μF	2	C_8、C_9	函数信号发生器	1台	调试
1 000 pF	1	C_{10}	焊接线	2 m	电路焊接
470 μF/16 V	1	C_{15}	导线	若干	

4. 项目电路与说明

图3.1所示为低频音频放大电路的电路原理图，该电路由3大部分组成。

(1) 前置放大电路

由于话筒提供的信号非常弱，一般在音调控制级前加一个前置放大器。考虑到设计电路对频率响应及零输入时的噪声、电流、电压的要求,前置放大器选用由 PNP 晶体三极管构成的共集电极放大电路(射极跟随器),采用跟随器为引导,选用 LM324 集成运放构成同相放大器作为前级的电压放大。

(2) 音调控制电路

选用反馈型电路,虽然调节范围较小,但其失真小。调节 R_{P1}、R_{P2} 即可控制高音、低音的提升和衰减。

(3) 功率放大电路

采用 TBA820 功放集成电路,该电路由差分输入级,中间推动级,互补推挽功率放大输出级,恒流源偏置电路等组成,集成电路具有工作电压范围宽、静态电流小、外接元件少、电源滤波抑制比高的特点。

5. 项目电路的安装与调试

① 识别与检测元件。
② 元件插装与电路焊接。
③ 前置放大级静态工作点的调整。
④ 音调控制电路的检测。
⑤ 功率放大级的调试。
⑥ 试机。

LM324 是四运放集成电路,它采用 14 脚双列直插塑料封装。它的内部包含 4 组形式完全相同的运算放大器,除电源共用外,4 组运放相互独立,LM324 的引脚排列如图 3.2 所示。

由于 LM324 四运放电路具有电源电压范围宽、静态功耗小、可单电源使用、价格低廉等优点,因此被广泛应用在各种电路中。

TBA820 是单片集成的音频放大器,8 引线双列直插式塑料封装。电源电压范围:3~16 V;主要特点是:最低工作电源电压为 3 V,低静态电流,无交叉失真,低功率消耗,在 9 V 时的输出功率为 1.2 W,TBA820 的引脚排列如图 3.3 所示。

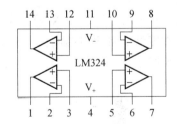

图 3.2 LM324 的引脚排列情况

图 3.3 TBA820 的引脚排列情况

6. 完成电路的详细分析及编写项目实训报告

① 电路的插装,焊接要严格执行工艺规范。
② 电容器、二极管的极性不能接错。
③ 电源插座的装连要细心,以免电源极性接错造成电路不能工作。
④ 调节时的步骤要正确,尤其调试条件要满足要求。

3.1 半导体三极管

半导体三极管有两大类型：双极型半导体三极管、场效应型半导体三极管。双极型半导体三极管是由两种载流子参与导电的半导体器件，它由两个 PN 结组合而成，是一种电流控制电流型器件。场效应型半导体三极管仅由一种载流子参与导电，是一种电压控制电流型器件。

3.1.1 结构和类型

1. 结构

双极型半导体三极管的结构示意和符号如图 3.4 所示。它有两种类型：NPN 型和 PNP 型。中间部分称为基区，相连电极称为基极，用 B 或 b 表示；一侧称为发射区，相连电极称为发射极，用 E 或 e 表示；另一侧称为集电区和集电极，用 C 或 c 表示。E-B 间的 PN 结称为发射结（Je），C-B 间的 PN 结称为集电结（Jc）。

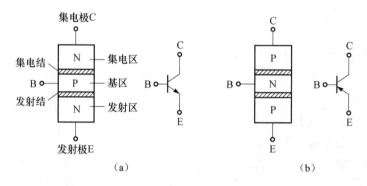

图 3.4 三极管的结构示意和符号
(a) NPN 型二极管；(b) PNP 型二极管

发射极的箭头代表发射结正偏时电流的实际方向。从外表上看两个 N 区（或两个 P 区）是对称的，实际上发射区的掺杂浓度大，集电区掺杂浓度低，且集电结面积大。基区要制造得很薄，其厚度一般在几个微米至几十个微米。图 3.5 所示为三极管实物。

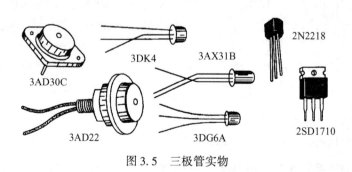

图 3.5 三极管实物

2. 分类

① 按管芯所用的半导体材料不同,分为硅管和锗管。硅管受温度影响小,工作较稳定。

② 按三极管内部结构分为 NPN 型和 PNP 型两类,我国生产的硅管多为 NPN 型,锗管多为 PNP 型。

③ 按使用功率分,有大功率管($P_c > 1$ W),中功率(P_c 在 0.5~1 W),小功率($P_c < 0.5$ W)。

④ 按照工作频率分,有高频管($f_r \geq 3$ MHz)和低频管($f_r \leq 3$ MHz)。

⑤ 按用途不同,分为普通放大三极管和开关三极管。

⑥ 按封装形式不同,分为金属壳封装管和塑料封装管、陶瓷环氧树脂封装管。

3.1.2 三极管的电流放大原理

1. 三极管放大的条件

① 三极管具有电流放大作用的外部条件:发射结正向偏置,集电结反向偏置。

对 NPN 型三极管来说,须满足:$U_{BE} > 0$,$U_{BC} < 0$ 即 $U_C > U_B > U_E$。

对 PNP 型三极管来说,须满足:$U_{BE} < 0$,$U_{BC} > 0$ 即 $U_C < U_B < U_E$。

② 三极管具有电流放大作用的内部条件:发射区的掺杂浓度大,集电区掺杂浓度低,且集电结面积大,基区要制造得很薄。图 3.6 所示分别为 NPN 型和 PNP 型三极管电路的双电源接法。采用双电源供电,在实际使用中很不方便,这时可将两个电源合并成一个电源 U_{CC},再将 R_b 阻值增大并改接到 U_{CC} 上。

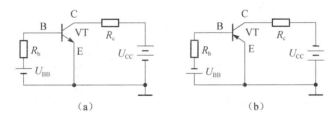

图 3.6 三极管的电源接法

2. 三极管的电流放大原理

以 NPN 型三极管为例讨论三极管的电流放大原理。结合图 3.7 说明其放大原理,电流在三极管内部的形成分成以下几个过程。

① 发射区向基区注入电子。由于发射结加正向偏置,使高掺杂的发射区向基区注入大量的电子,并从电源不断补充电子,形成发射极电流 I_E。

② 电子在基区的复合与扩散。注入基区中的电子,只有少量与基区的空穴复合,形成电流 I_B,而大量没有复合的电子继续向集电结扩散。

③ 集电区收集扩散过来的电子。由于集电结加反向偏置,有利于少数载流子的漂移,从发射区扩散到基区的电子

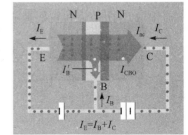

图 3.7 三极管内部载流子运动示意

成为基区的少数载流子被集电区收集形成 I_C。

可见三极管电流分配关系满足

$$I_E = I_B + I_C$$

三极管在制成后，三个区的厚薄及掺杂浓度便已确定，因此发射区所发射的电子在基区复合的百分数和到达集电极的百分数大体确定，即 I_C 与 I_B 存在固定的比例关系，用公式表示为 $I_C = \beta I_B$，β 为共发射极电流放大系数，β 值范围为 20~200。

如果基极电流 I_B 增大，集电极电流 I_C 也按比例相应增大；反之，I_B 减少时，I_C 也按比例减小，通常基极电流 I_B 的值为几十微安，而集电极电流为毫安级，两者相差几十倍以上。

由以上分析可知，利用基极回路的小电流 I_B，就能实现对集电极、发射极回路的大电流 I_C（I_E）的控制，这就是三极管"以弱控制强"的电流放大作用。

 小问答

想一想：能不能把两只二极管当做一只三极管用？

3.1.3 三极管的特性曲线

三极管的特性曲线是指三极管各极电压与电流之间的关系，通过坐标图描绘这种关系的曲线。

1. 三极管放大电路的 3 种组态

根据输入回路与输出回路共用的电极，三极管放大电路有 3 种组态，它们是共发射极、共集电极以及共基极，如图 3.8 所示。

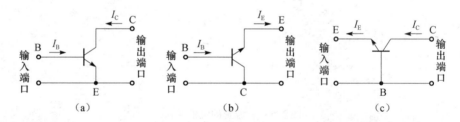

图 3.8　三极管电路的 3 种组态
(a) 共发射极；(b) 共集电极；(c) 共基极

2. 测量伏安特性曲线的电路图

图 3.9 所示为共发射极放大电路的伏安特性曲线测试电路图。

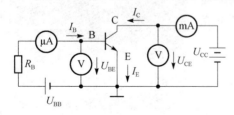

图 3.9　共发射极放大电路

(1) 输入特性曲线

$I_B = f(U_{BE}) \mid_{U_{CE}=常数}$。从输入特性曲线可以看出，只有当发射结电压 U_{BE} 大于死区电压时，输入回路才会产生电流 I_B。通常硅管死区电压为 0.5 V，锗管为 0.1 V。当三极管导通后，其发射结电压与二极管的管压降相同，硅管电压为 0.6~0.7 V，锗管为 0.2~0.3 V。

（2）输出特性曲线

$I_C = f(U_{CE})|_{I_B=常数}$。固定 I_B 值，每改变一个 U_{CE} 值得到对应的 I_C 值，由此绘出一条输出特性曲线。I_B 值不同，特性曲线也不同，所以特性曲线是一族曲线，如图 3.10 所示。

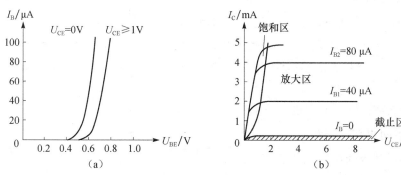

图 3.10　三极管特性曲线

(a) 输入特性曲线；(b) 输出特性曲线

① 放大区。发射结正偏，集电结反偏，$I_C = \beta I_B$，I_B 增值大（或减小），I_C 也按照比例增大（或减小），三极管具有电流放大作用，所以称这个区域为放大区。

② 饱和区。发射结正偏，集电结正偏，即 $U_{CE} < U_{BE}$，$\beta I_B > I_C$，$U_{CE} \approx 0.3$ V。I_C 不受 I_B 影响的控制，三极管失去电流放大作用。理想状态下，$U_{CE} = 0$ V。

③ 截止区。发射结、集电结反偏，三极管的发射结电压小于死区电压，基极电流 $I_B = 0$，集电极电流 I_C 等于一个很小的穿透电流 I_{CEO}。在截止区，三极管是不导通的。

例 3.1　测量三极管 3 个电极对地电位如图 3.11 所示，试判断三极管的工作状态。

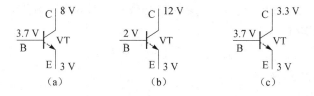

图 3.11　三极管工作状态判断

解：

图 3.11（a）所示为三极管发射结正偏，集电结反偏，故工作在放大区。

图 3.11（b）所示为三极管发射结和集电结均反偏，三极管工作在截止区。

图 3.11（c）所示为三极管发射结和集电结均正偏，三极管工作在饱和区。

3.1.4　三极管的应用

1. 在模拟电子技术上的应用

使三极管工作在放大状态，利用 I_B 对 I_C 的控制作用来实现电流放大。

2. 在数字电子技术上的应用

使三极管在饱和与截止状态之间互相转换。当控制信号为高电平时，三极管饱和导通，当控制信号为低电平时，三极管截止，此时三极管相当于一个受控制的开关。

3.1.5 三极管主要参数及其温度影响

1. 电流放大倍数

直流电流放大倍数 $\beta = I_C/I_B$；交流放大倍数 $\beta = \Delta I_C/\Delta I_B$。

注意：① 两者的定义不同，数值也不相等但却比较接近，故工程计算时可认为相等。

② 在不同工作点时的 β 值不相同，故一般给出三极管的 β 时要说明是指 I_C 和 U_{CE} 为何值时的 β。

③ β 的范围常在管顶上用色点表示。

2. 极间反向电流

（1）集电极基极间反向饱和电流 I_{CBO}

为发射极开路时，集电结的反向饱和电流。I_{CBO} 越小，管子性能越好。另外，I_{CBO} 受温度影响较大，使用时必须注意。

（2）集电极发射极间的反向饱和电流 I_{CEO}

也称为集电极发射极间穿透电流。I_{CEO} 对放大不起作用，还会消耗无功功率，引起管子工作不稳定，因此，希望 I_{CEO} 越小越好。I_{CEO} 与 I_{CBO} 关系是：$I_{CEO} = (1+\beta)I_{CBO}$。

3. 三极管的极限参数

① 集电极最大允许电流 I_{CM}。

② 集电极最大允许功率损耗 $P_{CM} = I_C U_{CE}$。

③ 反向击穿电压。$U_{(BR)CBO}$——发射极开路时的集电结反向击穿电压。$U_{(BR)EBO}$——集电极开路时发射结的反向击穿电压。$U_{(BR)CEO}$——基极开路时集电极和发射极间的击穿电压。

几个击穿电压有如下关系：

$$U_{(BR)CBO} > U_{(BR)CEO} > U_{(BR)EBO}$$

4. 三极管的温度特性

① 输入特性与温度的关系：$T\uparrow \rightarrow U_{BE}\downarrow$。

② 输出特性与温度的关系：温度每升高 10℃，I_{CBO} 近似增大一倍，温度每升高 1℃，β 要增加 0.5%~1%。

③ 温度对 $U_{(BR)CEO}$ 和 P_{CM} 的影响：$T\uparrow \rightarrow U_{(BR)CEO}$、$P_{CM}\downarrow$。

3.1.6 特殊三极管

1. 光电三极管

光电三极管也称为光敏三极管。当光照到三极管的 PN 结时，在 PN 结附近产生的电子—空穴对数量随之增加，集电极电流增大，集电极电阻减小，其等效电路和电路符号如图 3.12（a）所示。

2. 达林顿三极管

达林顿三极管又称复合管。这种复合管由两只输出功率大小不等的三极管按一定接线规律复合而成。根据内部两只三极管复合的不同，有4种形式的达林顿三极管。复合以后的极性取决于第一只三极管，例如，若第一只三极管是NPN型三极管，则复合以后的极性为NPN型。达林顿三极管主要作为功率放大管和电源调整管如图3.12（b）所示。

3. 带阻尼管的行输出三极管

这种三极管是将阻尼二极管和电阻封装在管壳内。在基极与发射极之间接入一只小电阻，可提高管子的反向耐压值。将阻尼二极管装在三极管的内部，减小了引线电阻，有利于改善行扫描线性和减小行频干扰。带阻尼管的行输出三极管主要用作电视机行输出三极管如图3.12（c）所示。

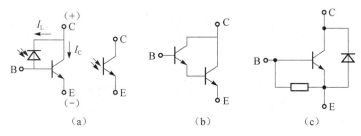

图3.12 光电三极管、达林顿三极管、带阻尼管的行输出三极管

三极管的简易判别

1. 三极管基极及类型的判别

将万用表拨到R×100或R×1 kΩ挡上。红笔表任意接触三极管的一个电极，黑笔表依次接触另外两个电极，分别测量它们之间的电阻值。若红表笔接触某个电极时，其余两个电极与该电极之间均为低电阻时，则该管为PNP型，而且红表笔接触的电极为B极。与此相反，若同时出现几十千欧至上百千欧大电阻时，则该管为NPN型，这时红表笔所接触的电极为B极。

当然也可以黑笔表为基准，重复上述测量过程。若同时出现低电阻的情况，则管子为NPN型；若同时出现高阻的情况，则该管为PNP型。

2. 电极C、E的判别

在判断出管型和基极的基础上，任意假定一个电极为C极，另一个为E极。对于PNP型管，令红表笔接C极，黑表笔接E极，再用手碰一下B、C极，观察一下万用表指针摆动的幅度。然后将假设的C、E极对调，重复上述的测试步骤，比较两次测量中指针的摆动幅度，测量时摆动幅度大，则说明假定的C、E极是对的。对于NPN型管，则令黑表笔接C极，红表笔接E极，重复上述过程。

自我测试

1. （单选题）欲使三极管具有电流放大能力，必须满足的外部条件是（   ）。
A. 发射结正偏、集电结正偏　　　　　　B 发射结反偏、集电结反偏

C. 发射结正偏、集电结反偏　　　　D. 发射结反偏、集电结正偏

2. （单选题）测得 NPN 型三极管上各电极对地电位分别为 $U_E=2.1V$，$U_B=2.8V$，$U_C=4.4V$，说明此三极管处在（　　）。

　　A. 放大区　　　　　　　　　　　　B. 饱和区
　　C. 截止区　　　　　　　　　　　　D. 反向击穿区

3. （判断题）用万用表测试三极管时，选择欧姆档 R×10K 档位。

　　A. 正确　　　　　　　　　　　　　B. 错误

4. （判断题）无论在什么情况下，三极管都具有电流放大能力。

　　A. 正确　　　　　　　　　　　　　B. 错误

5. （判断题）三极管的集电区和发射区类型相同，因此集电极和发射极可以互换使用。

　　A. 正确　　　　　　　　　　　　　B. 错误

扫一扫看答案

3.2　小信号放大电路

　　将微弱变化的电信号放大几百倍、几千倍甚至几十万倍之后去带动执行机构，对生产设备进行测量、控制或调节，完成这一任务的电路称为放大电路，简称放大器。在实际的电子设备中，输入信号是很微弱的，要将信号放大到足以推动负载做功，必须使用多级放大器进行多级放大。多级放大器由若干个单级放大器连接而成，这些单级放大器根据其功能和在电路中的位置，可划分为输入级放大、中间级放大和输出级放大，输入级和中间级放大主要完成信号的电压幅值放大（即小信号电压放大电路），输出级放大主要完成功率放大（即功率放大电路）。

3.2.1　小信号放大电路的结构

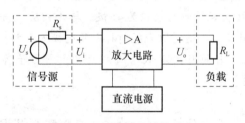

图 3.13　放大电路结构示意

　　图 3.13 所示为放大电路结构示意图。

　　放大电路功能主要用于放大微弱信号，输出电压或电流在幅度上得到了放大，输出信号的能量得到了加强。

　　放大电路的实质：输出信号的能量实际上是由直流电源提供的，只是经过三极管的控制，使之转换成信号能量，提供给负载。

3.2.2　小信号放大电路的主要技术指标

1. 放大倍数

　　输出信号的电压和电流幅度得到了放大，所以输出功率也会有所放大。对放大电路而言有电压放大倍数、电流放大倍数和功率放大倍数，它们通常都是按正弦量定义的。放大倍数定义式中各有关量如图 3.14 所示。

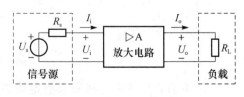

图 3.14　放大倍数的定义

电压放大倍数、电流放大倍数及功率放大倍数的定义分别为

$$\dot{A}_V = \frac{\dot{U}_o}{\dot{U}_i}, \quad \dot{A}_I = \frac{\dot{I}_o}{\dot{I}_i}, \quad \dot{A}_P = \frac{\dot{P}_o}{\dot{P}_i} = \dot{A}_V \dot{A}_I$$

2. 输入电阻 R_i

输入电阻 R_i 越大，信号源的衰减越小，反之衰减越大，故 R_i 越大越好。输入电阻定义如图 3.15 所示，其计算公式如下。

$$R_i = \dot{U}_i / \dot{I}_i$$

3. 输出电阻 R_o

输出电阻用于表明放大电路带负载的能力，R_o 越大，表明放大电路带负载的能力越差，反之则越强。R_o 的计算公式如下：

$$R_o = \dot{U}_o / \dot{I}_o$$

图 3.16 所示为从输出端加假想电源求 R_o。

注意：放大倍数、输入电阻、输出电阻通常都是在正弦信号下的交流参数，只有在放大电路处于放大状态且输出不失真的条件下才有意义。

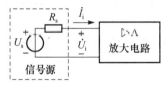

图 3.15 输入电阻的定义

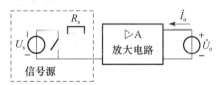

图 3.16 输出电阻的定义

4. 通频带

在实际应用中，放大器的输入信号往往不是单一频率的，而是含有不同频率的谐波信号。在不同频率时，放大器的放大倍数也是不相同的。当输入信号的频率下降，耦合电容和旁路电路的容抗变大，产生交流压降，结果使放大倍数下降。当输入信号频率较高时，由于三极管的极间电容影响和电流放大系数下降，使放大倍数也下降。放大倍数随频率变化的关系特性曲线称为频率特性。图 3.17 所示为共射放大电路的频率特性，当放大倍数下降到中频时放大倍数的 0.707 倍时，所对应的频率分别称为下限频率 f_L 和上限频率 f_H。上限频率与下限频率之差称为放大器的通频带 f_{BW}。

$$f_{BW} = f_H - f_L$$

3.2.3 共射极基本放大电路的组成及工作原理

图 3.18 所示为共射极基本放大电路。

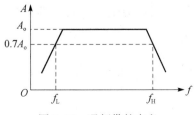

图 3.17 通频带的定义

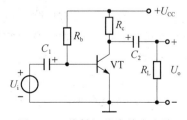

图 3.18 共射极基本放大电路

1. 组成

① 晶体管 VT。放大元件，用基极电流 i_B 控制集电极电流 i_C。

② 电源 U_{CC}。使晶体管的发射结正偏，集电结反偏，晶体管处在放大状态，同时也是放大电路的能量来源，提供电流 I_B 和 I_C。U_{CC} 一般在几伏到十几伏之间。

③ 偏置电阻 R_b。用来调节基极偏置电流 I_B，使晶体管有一个合适的工作点，阻值一般为几十千欧到几百千欧。

④ 集电极负载电阻 R_c。为集电极负载电阻，将集电极电流 i_C 的变化转换为电压的变化，以获得电压放大，阻值一般为几千欧。

⑤ 耦合电容 C_1、C_2。隔直流通交流的作用。为了减小传递信号的电压损失，C_1、C_2 应选得足够大，一般为几微法至几十微法，通常采用电解电容器。

2. 工作原理

(1) 静态和动态

静态和动态定义如下：

静态——$u_i=0$ 时，放大电路的工作状态，也称直流工作状态，主要的指标参数有 I_B、I_C 和 U_{CE}，称为静态工作点，用 Q 表示。

动态——$u_i \neq 0$ 时，放大电路的工作状态，也称交流工作状态，主要指标参数有 R_i、R_o、$\dot{A}_u$。

放大电路建立正确的静态工作状态，是保证动态正常工作的前提。分析放大电路必须要正确地区分静态和动态，正确区分直流通路和交流通路。

(2) 直流通路和交流通路

直流通路，即能通过直流电流的路径。交流通路，即能通过交流电流的路径，如图 3.19 所示。

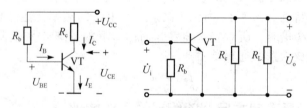

图 3.19　基本放大器直流通路及其交流通路

画交流通路的原则是：直流电源和耦合电容对交流相当于短路。这是因为按叠加原理，交流电流流过直流电源时，没有压降。设 C_1、C_2 足够大，对信号而言，其上的交流压降近似为零，故在交流通路中，可将耦合电容短路。

(3) 放大原理

在放大电路中，交、直流一起叠加输入进行放大，合适的直流输入是为了保证交流输入放大不失真，放大信号波形如图 3.20 所示。

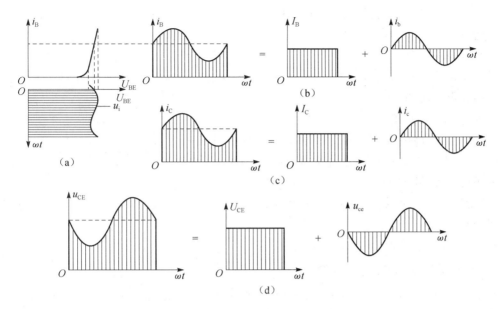

图 3.20 放大器各极的电压电流波形

自我测试

1. （单选题）基本放大电路中，经过三极管的信号有（　　）。
   A. 直流成分　　　B. 交流成分　　　C. 交直流成分均有
2. （判断题）放大电路中的输入信号和输出信号的波形总是反相关系。
   A. 正确　　　　　B. 错误
3. （判断题）共射极基本放大电路的输出电压与输入电压的相位相反，为反相关系。
   A. 正确　　　　　B. 错误
4. （判断题）放大电路中的所有电容器，起的作用均为通交流隔直流。
   A. 正确　　　　　B. 错误

扫一扫看答案

3.2.4 共射极基本放大电路的分析

1. 静态分析（求静态工作点）

放大电路的静态分析有计算法和图解分析法两种。
（1）计算分析法
根据直流通路，可对放大电路的静态进行计算。

$$I_B = \frac{U_{CC} - U_{BE}}{R_b}$$

$$I_C = \beta I_B$$

$$U_{CE} = U_{CC} - I_C R_c$$

在测试基本放大电路时,往往测量3个电极对地的电位 U_B、U_E 和 U_C 即可确定三极管的工作状态。

(2) 图解分析法

放大电路静态时的图解分析如图 3.21 所示,直流负载线的确定方法如下。

① 由直流负载列出方程式 $U_{CE} = U_{CC} - I_C R_c$。

② 在输出特性曲线 U_{CE} 轴及 i_C 轴上确定两个特殊点——U_{CC} 和 U_{CC}/R_c,即可画出直流负载线。

③ 在输入回路列方程式 $U_{BE} = U_{CC} - I_B R_b$。

④ 在输入特性曲线上,作出输入负载线,两线的交点即是 Q。

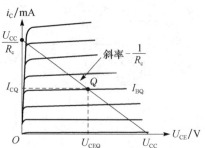

图 3.21 放大电路图解分析法

⑤ 得到 Q 点的参数 I_{BQ}、I_{CQ} 和 U_{CEQ}。

2. 动态分析(求动态工作指标)

当放大电路输入信号后,电路中的电压、电流均将在静态值的基础上,发生相应于输入信号的变化。

(1) 图解分析法

① 根据 u_i 在输入特性上求 i_B、u_{BE} 的波形,如图 3.22 所示。

② 根据 i_B 在输出特性曲线上求 i_C、u_{CE} 的波形。

(a) 不接 R_L 时的情况,如图 3.23 所示。

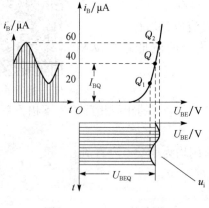

图 3.22 i_B、u_{BE} 的波形

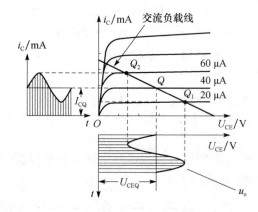

图 3.23 i_C、u_{CE} 的波形

结论:输入电压 u_i 通过电路被放大了,且放大后形状不变。

输出电压 u_o 与输入电压 u_i 的相位相反,为倒相关系。

(b) 接 R_L 时的情况,如图 3.24 所示。接 R_L 时,输出负载变为 R_L 和 R_c 相并联,故把 R_L 和 R_c 相并联后的等效负载称为放大电路的交流负载,用 $R'_L = R_L // R_c$ 表示。

结论:R_L 接入不会影响 Q 点的变化(因直流通路与 R_L 无关,故其静态的3个值不会变化)。交流负载线与直流负载线必在 Q 点相交。

R_L 接入后输出电压的动态范围减小。

③ 静态工作点对输出波形失真的影响。对一个放大电路来说,要求输出波形失真尽可

能小，若静态工作点的位置选择不当时，将会出现严重的非线性失真。

饱和失真：由于放大电路的工作点达到了三极管的饱和区而引起的非线性失真，如图 3.25 所示。其原因为：Q 点选得过高。消除方法为：增大 R_b 的值。

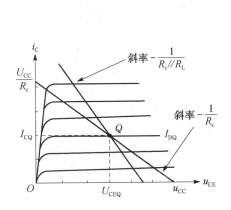

图 3.24　交、直流负载线

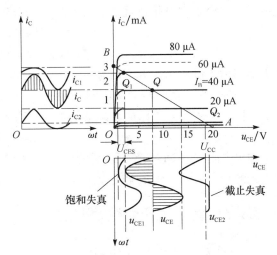

图 3.25　放大电路的非线性失真

截止失真：由于放大电路的工作点达到了三极管的截止区而引起的非线性失真。其原因为：Q 点选得过低。消除方法为：调小 R_b 的值。

（2）计算分析法（放大器性能指标的估算）——微变等效电路分析法

由于微变等效电路是针对小信号电压来说的，而小信号电压属于交流量，故我们用相量的形式来表示，则共射极基本放大电路和其微变等效电路如图 3.26 所示。

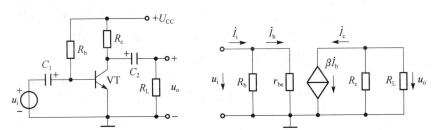

图 3.26　共射极放大电路及其微变等效电路

电压放大倍数 $\dot{A}_u = \dfrac{u_o}{u_i} = \dfrac{-\beta R'_L i_b}{i_b r_{be}} = \dfrac{-\beta(R_c // R_L)}{r_{be}}$

r_{be} 为晶体管的输入电阻，工程上常用下式来估算。

$$r_{be} = 300 + \frac{26(\text{mV})}{I_B(\text{mA})}(\Omega)$$

$\dot{A}_u$ 为负值，则说明输入电压与输出电压的相位相反。

若无 R_L 时，电压放大倍数 $\dot{A}'_u = -\dfrac{\beta R_c}{r_{be}}$。

因 $R'_L < R_L$，所以不接负载时电路的放大倍数比接负载时的大，即接上负载后放大倍数

下降了。

① 放大器的输入电阻。放大器的输入电阻是指从放大器的输入端向右看进去的等效电阻，若把一个内阻为 R_s 的信号源加至放大器的输入端时，放大器就相当于信号源的一个负载电阻，这个负载电阻也就是放大器的输入电阻 R_i。

$$R_i = R_b \,//\, r_{be}$$

电路的输入电阻越大，从信号源取得的电流越小，则内阻消耗的电压也就越小，从而使放大器的输入电压越接近于信号源电压，因此一般总是希望得到较大的输入电阻。

② 放大器的输出电阻。对于负载而言，放大电路相当于信号源，可以将它进行戴维南等效，则戴维南等效电路的内阻就是输出电阻 R_o。

$$R_o = R_c$$

输出电阻 R_o 越小，带负载后的电压 U_o 越接近于等效电压源的电压 U_o'，故用 R_o 来衡量放大器的带负载能力。R_o 越小则放大器的带负载能力越强。

3.2.5 静态工作点稳定电路

1. 温度对静态工作点的影响

温度 $T\uparrow \to I_C\uparrow$，从而使输出特性曲线上移，造成 Q 点上移。对于前面的电路（固定偏置信号放大电路）而言，静态工作点由 I_{BQ}、I_{CQ} 和 U_{CEQ} 决定，这 3 个参数中 I_{BQ} 几乎不随温度而变化，但 I_{CQ} 与 U_{CEQ} 却受温度影响。当 $T\uparrow$ 时会使 $I_C\uparrow$，从而使输出特性曲线上移，造成 Q 点上移。严重时将可能使三极管进入饱和区而失去放大能力。为此，需要改进偏置电路，当温度升高时，能够自动减少 I_B，从而又使 $I_C\downarrow$，I_C 返回原值，保持 Q 点基本稳定。

2. 改进措施：采取分压式偏置稳定电路

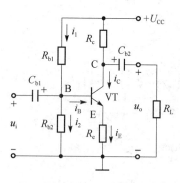

图 3.27 分压式偏置稳定电路

分压式偏置稳定电路与固定偏置电路的区别在于基极与发射极多了一个偏置电阻 R_{b2} 和发射极电阻 R_e。电路如图 3.27 所示，该电路具有以下特点。

① 利用电阻 R_{b1} 和 R_{b2} 分压来稳定基极电位。设流经电阻 R_{b1} 和 R_{b2} 的电流为 I_1 和 I_2，则有 $I_1 = I_2 + I_{BQ}$，当 $I_1 \gg I_{BQ}$ 时，$I_1 \approx I_2$，则有

$$U_B \approx \frac{R_{b2}}{R_{b1} + R_{b2}} U_{CC}$$

即基极电位 U_B 由电压 U_{CC} 经电阻 R_{b1} 和 R_{b2} 分压所决定，与温度 T 无关。

② 利用发射极电阻来获得反映电流 I_E 变化的信号反馈到输入端，从而实现工作点稳定。原理：$T\uparrow \to I_C\uparrow \to I_E\uparrow \to U_E\uparrow = I_E R_e\uparrow \to U_{BE}\downarrow = U_B - U_E\uparrow \to I_B\downarrow \to I_C\downarrow$，可见本电路稳压的过程实际是由于加了 R_e 形成了负反馈过程。

分压式偏置稳定电路的微变等效电路如图 3.28 所示。

(1) 电压放大倍数

$$\dot{A}_u = \frac{u_o}{u_i} = -\frac{\beta(R_c \,//\, R_L)}{r_{be} + (1+\beta)R_e}$$

(2) 输入电阻

① 不考虑 R_b 时，$R_i' = [r_{be} + (1+\beta)R_e]$。

② 考虑 R_b 时，$R_i = R_{b1} // R_{b2} // R_i' = R_{b1} // R_{b2} // [r_{be} + (1+\beta)R_e]$。

(3) 输出电阻 $R_o = R_c$

结论：分压式偏置稳定电路可使工作点得到稳定，但却使电压放大倍数下降了。电路的改进措施为：加旁路电容 C_e，如图 3.29 所示。

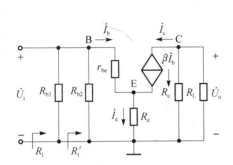

图 3.28　分压偏置微变等效电路

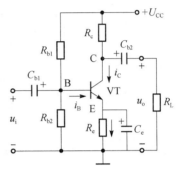

图 3.29　加旁路电容 C_e

C_e 将 R_e 短路，R_e 对交流不起作用，电路的电压放大倍数增加了。

$$\dot{A}_u = \frac{u_o}{u_i} = \frac{-\beta R_L' i_b}{i_b r_{be}} = -\frac{\beta(R_c // R_L)}{r_{be}}$$

3.2.6　共集电极放大电路

共集电极放大电路如图 3.30 所示，它是通过集电极直接（或者通过一个小的限流电阻）与电源相连，而负载接在发射极。即放大电路的输入端仍为基极，输出端为发射极，而集电极是输入和输出回路共有的交流地端。所以，称为共集电极放大电路，也叫"射极输出器"。

1. 静态工作点

由直流通路列出基极回路电压方程

$$U_{CC} = I_{BQ}R_b + U_{BEQ} + I_{EQ}R_e$$
$$= I_{BQ}R_b + U_{BEQ} + (1+\beta)I_{BQ}R_e$$

所以
$$I_{BQ} = \frac{U_{CC} - U_{BEQ}}{R_b + (1+\beta)R_e}$$
$$I_{EQ} = (1+\beta)I_{BQ}$$
$$U_{CEQ} = U_{CC} - I_{EQ}R_e$$

2. 电压放大倍数

根据图 3.31 (d) 微变等效电路，列出回路电压方程

$$\dot{U}_o = \dot{I}_e R_L' = (1+\beta)\dot{I}_b R_L'$$

其中
$$R_L' = R_e // R_L$$
$$\dot{U}_i = \dot{I}_b r_{be} + \dot{I}_e R_L' = \dot{I}_b [r_{be} + (1+\beta)R_L']$$

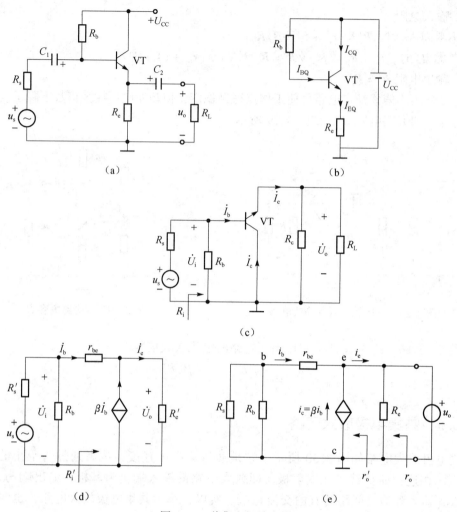

图 3.30 共集电极放大器

(a) 原理图；(b) 直流通路；(c) 交流通路；(d) 微变等效电路；(e) 求输出电阻的微变等效电路

所以电压放大倍数

$$\dot{A}_u = \frac{\dot{U}_o}{\dot{U}_i} = \frac{(1+\beta)\dot{I}_b R'_L}{\dot{I}_b[r_{be}+(1+\beta)R'_L]} = \frac{(1+\beta)R'_L}{r_{be}+(1+\beta)R'_L}$$

因为 $r_{be} \ll (1+\beta)R_L$，所以共集电极放大器的电压放大倍数小于1但接近于1，输出电压与输入电压大小几乎相等，相位相同，表现出具有良好的电压跟随特性。故共集电极放大器又称射极跟随器。

3. 输入电阻 R_i

由微变等效电路得

$$R'_i = \frac{\dot{U}_i}{\dot{I}_b} = \frac{\dot{I}_b r_{be} + \dot{I}_e R'_L}{\dot{I}_b} = r_{be}+(1+\beta)R'_L$$

$$R_i = R_b \mathbin{/\mkern-5mu/} R'_i = R_b \mathbin{/\mkern-5mu/} [r_{be}+(1+\beta)R'_L]$$

R_i 可达几十千欧至几百千欧，所以共集电极电路的输入电阻很大。

4. 输出电阻 R_o

求输出电阻时,将信号源短路($u_s=0$),保留信号源内阻 r_s,去掉 R_L,同时在输出端接上一个信号电压 U_o,产生电流 I_o,则

$$\dot{I}_o = \dot{I}_b + \beta\dot{i}_b + \dot{I}_e$$

$$= \frac{\dot{U}_o}{r_{be} + R_s // R_b} + \frac{\beta \dot{U}_o}{r_{be} + R_s // R_b} + \frac{\dot{U}_o}{R_e}$$

式中

$$\dot{I}_b = \frac{\dot{U}_o}{r_{be} + R_s // R_b}$$

由此求得

$$R_o = \frac{U_o}{I_o} = \frac{R_e[r_{be} + (R_s // R_b)]}{(1+\beta)R_e + [r_{be} + (R_s // R_b)]}$$

一般

$$(1+\beta)R_e \gg r_{be} + R_s // R_b$$

所以

$$R_o \approx \frac{r_{be} + R_s // R_b}{\beta}$$

可见,共集电极电路的输出电阻是很小的,一般在几十欧到几百欧。

【例 3.3】 在如图 3.30(a)所示的共集电极放大电路中,已知 $U_{CC}=12$ V,$R_e=3$ kΩ,$R_b=100$ kΩ,$R_L=1.5$ kΩ,信号源内阻 $R_s=500$ Ω,三极管的 $\beta=50$,$r_{be}=1$ kΩ,求静态工作点、电压放大倍数、输入和输出电阻。

解:(1) 静态工作点,忽略 U_{BE},得

$$I_{BQ} \approx \frac{U_{CC}}{R_b + (1+\beta)R_e} = \frac{12}{100 + (1+50)\times 3} = 48(\mu A)$$

$$I_{EQ} = (1+\beta)I_{BQ} = 51 \times 48 \approx 2.4(mA)$$

$$U_{CEQ} = U_{CC} - I_{EQ}R_e = 12 - 2.4 \times 3 = 4.8(V)$$

(2) 电压放大倍数 $\dot{A}_u$

由于

$$R_L' = R_e // R_L = 3 // 1.5 = 1(k\Omega)$$

所以

$$\dot{A}_u = \frac{(1+\beta)R_L'}{r_{be} + (1+\beta)R_L'} = \frac{51 \times 1}{1 + 51 \times 1} \approx 0.98$$

(3) 输入电阻

$$R_i' = r_{be} + (1+\beta)R_L' = 1 + 51 \times 1 = 52(k\Omega)$$

$$R_i = R_b // R_i' = 100 // 52 \approx 33(k\Omega)$$

输出电阻

$$R_o = \frac{r_{be} + R_s // R_b}{\beta} = \frac{1 + 0.5 // 100}{50} \approx 30(\Omega)$$

5. 共集电极放大电路的特点

综上分析,共集电极电路具有以下特点。

① 电压放大倍数小于1但接近于1,输出电压与输入电压同相位,即电压跟随。
② 虽然没有电压放大能力,但具有电流放大和功率放大能力。
③ 输入电阻高,输出电阻低。

6. 共集电极放大电路的作用

共集电极放大电路（也称射极跟随器），具有较高的输入电阻和较低的输出电阻，这是射极跟随器最突出的优点。射极跟随器常用作为多级放大器的第一级或最末级，也可用于中间隔离级。用做输入级时，其高的输入电阻可以减轻信号源的负担，提高放大器的输入电压。用做输出级时，其低的输出电阻可以减小负载变化对输出电压的影响，并易于与低阻负载相匹配，向负载传送尽可能大的功率。

静态工作点的调试

静态工作点设定非常重要，它关系到放大电路能否获得最大的不失真输出。静态工作点由 R_b、R_c 和 U_{CC} 决定。一般来说，放大电路的 U_{CC} 和 R_c 是固定不可调的，因此静态工作点的设定实际上就是通过调节 R_b（或确定 R_b）来获得最大不失真输出。调整静态工作点，常用的方法有两种：一种是实验法，另一种是近似估算法。

1. 实验法

连接好电路，接通电源后，用示波器观察输出端波形，逐渐加大输入信号 U_i，直到输出波形的正负半周同时出现失真，否则须反复调节 R_b，使其满足这一要求。然后去掉信号源，测出相应的直流电压和电流，也就确定了静态工作点，然后取下 R_b，测出 R_b 的大小，用一个与之接近的电阻代替即可。

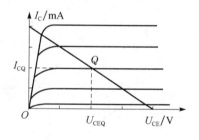

图 3.31 三极管输出特性

2. 近似估算法

在晶体三极管输出特性（如图 3.31 所示）上，画出直流负载线，将静态工作点设置在直流负载线的中点就能获得最大不失真输出。这时易得

$$I_{BQ} = \frac{U_{CC}}{2\beta R_c}$$

代入公式 $I_{BQ}R_b + U_{BEQ} - U_{CC} = 0$ 可得

$$R_b = \frac{U_{CC} - U_{BEQ}}{I_{BQ}} \approx \frac{U_{CC}}{\frac{U_{CC}}{2\beta R_c}} = 2\beta R_c$$

 自我测试

1. （单选题）分压式偏置的共发射极放大电路中，若 U_B 点电位过高，电路易出现（　　）。
   A. 截止失真　　　　　　　　B. 饱和失真
   C. 晶体管被烧损
2. （单选题）射极输出器的输出电阻小，说明该电路的（　　）。
   A. 带负载能力强　　　　　　B. 带负载能力差
   C. 减轻前级或信号源负荷

扫一扫看答案

3. （单选题）基极电流 i_B 的数值较大时，易引起静态工作点 Q 接近（   ）。
A. 截止区　　　　B. 饱和区　　　　C. 死区

3.3　多级信号放大电路

3.3.1　多级放大电路的组成

多级放大电路如图 3.32 所示，其由输入级、中间级、输出级组成。

输入级：多级信号放大电路的第一级，要求输入电阻高，它的任务是从信号源获取更多的信号。

中间级：信号放大，提供足够大的电压放大倍数（由共射极电路实现）。

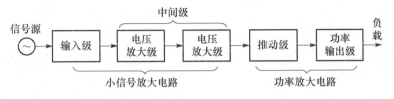

图 3.32　多级放大电路

输出级：要求输出电阻很小，有很强带负载能力（由共集电极电路实现）。

3.3.2　级间的耦合方式

两个单级放大电路之间的连接方式，称为耦合方式。

1. 阻容耦合方式

（1）电路图

将放大电路前一级输出端通过电容与后一级输入端相连接的耦合方式叫做"阻容耦合"。如图 3.33（a）所示，为两级阻容耦合放大器，每一级的放大电路由分压式偏置稳定电路来构成，属于共射放大电路，级与级之间通过电容 C_2 来耦合，由于电容具有"通交隔直"作用，所以第一级的输出信号可以通过电容 C_2 传送到第二级，作为第二级的输入信号，但各级的静态工作点互不相关，各自独立。

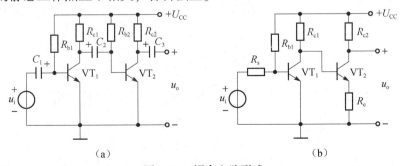

图 3.33　耦合电路形式
（a）阻容耦合；（b）直接耦合

(2) 特点

通过电容 C 耦合，体积小、重量轻，各级的静态工作点互不相关，各自独立。注意：阻容耦合方式不适合传送缓慢变化的信号。由于缓慢变化的信号在很小的时间间隔内相当于直流状态，而电容具有隔直通交的作用，所以对于缓慢变化的信号当其通过电容时会受到很大的衰减，故阻容耦合方式不适合传送缓慢变化的信号。

2. 直接耦合方式

(1) 电路图

如图 3.33 (b) 所示，第一级放大电路与第二级放大电路通过导线直接耦合起来，且两级放大电路都属于共射放大电路。从电路图可看出，直接耦合不仅可以放大交流信号，也可以放大直流信号，但由于各级的直流通路互相沟通，故各级的静态工作点是互相联系的，不是独立的。

(2) 特点

用导线耦合，交流、直流都可放大，适用于集成化产品，但各级的静态工作点不是独立的，这将给 Q 点的调试带来不方便。

3. 变压器耦合方式

通过变压器耦合，能实现阻抗、电压和电流的变换，此变换是针对交流信号而言的。缺点是体积大、重量重、价格高，且不能传送变化缓慢或直流信号。其电路可阅读有关资料。

3.3.3 多级放大电路的分析

图 3.33 (a) 所示的两级阻容耦合放大电路中，在分析第一级时，要考虑到后级的输入电阻是前级的负载电阻；在分析第二级时，要考虑到前级的输出电阻是后级的信号源内阻。

1. 放大器的输入电阻和输出电阻

以两级阻容耦合放大电路为例，讲解多级放大电路输入电阻和输出电阻的计算。

① 输入电阻。为第一级的输入电阻，即：$R_i = R_{i1} = R_{b1} // r_{be1}$。

② 输出电阻。为最后一级的输出电阻，即：$R_o = R_{o2} = R_{c2}$。

2. 放大倍数及其表示方法

(1) 放大倍数（增益）的倍数值表示法

在两级放大电路中，前一级的输出电压是后一级的输入电压，则两级放大器的电压放大倍数为

$$\dot{A}_u = \frac{\dot{U}_{o2}}{\dot{U}_i} = \frac{\dot{U}_{o2}}{\dot{U}_{o1}} \cdot \frac{\dot{U}_{o1}}{\dot{U}_i} = \dot{A}_{u1} \cdot \dot{A}_{u2}$$

即两级放大器的电压放大倍数等于第一、二级电压放大倍数的乘积。则 n 级放大器的电压放大倍数为

$$\dot{A}_u = \dot{A}_{u1} \cdot \dot{A}_{u2} \cdots \dot{A}_{un}$$

注意：在计算各级的电压放大倍数时，要考虑到后级对前级的影响，即后级的输入电阻是前级的负载电阻，则两级放大器的电压放大倍数为

$$\dot{A}_u = \dot{A}_{u1} \cdot \dot{A}_{u2} = -\frac{\beta_1(R_{c1} /\!/ R_{i2})}{r_{be1}} \times \left[-\frac{\beta_2 R_{c2}}{r_{be2}}\right]$$

(2) 增益的分贝表示法（放大倍数用分贝来表示时常称为增益）

功率增益为

$$A_P(\text{dB}) = 10\lg\left|\frac{P_o}{P_i}\right|\text{dB}$$

电压增益为 $A_u(\text{dB}) = 20\lg\left|\frac{U_o}{U_i}\right|\text{dB}$，且当输出量大于输入量时，$A_u(\text{dB})$ 取正值；当输出量小于输入量时，$A_u(\text{dB})$ 取负值；当输出量等于输入量时，$A_u(\text{dB})$ 为 0。

该方法的优点：计算和使用方便，可将多级放大器的乘、除关系转化为对数的加减关系。

自我测试

1．（单选题）多级放大电路中，第一级电压放大 10 倍，第二级放大 5 倍，总电压放大倍数为（　　）。
A．10　　　　B．5　　　　C．15　　　　D．50

2．（单选题）多级放大电路中，下列哪种耦合方式的静态工作点不是独立的。（　　）
A．阻容耦合　　B．直接耦合

扫一扫看答案

3．（单选题）多级放大电路中，下列哪种耦合方式不能放大变化比较缓慢的输入信号。（　　）
A、阻容耦合　　B．直接耦合

3.4　功率放大器

一个完整的放大电路一般由多级单管放大电路组成。比如音频放大器，在完成放大工作时，先由小信号放大电路对输入信号进行电压放大，然后再由功率放大器对信号进行功率放大，以推动扬声器工作。这种以功率放大为目的的放大电路，叫做功率放大器。本书重点介绍 OCL 功率放大器、OTL 功率放大器和 BTL 功率放大器的工作原理。

3.4.1　功率放大器的要求

功率放大器简称功放，它和其他放大电路一样，也是一种能量转换电路。但是它们的任务是不相同的，电压放大电路属小信号放大电路，其主要用于增强电压或电流的幅度，而功率放大器的主要任务是为了获得一定的不失真的输出功率，一般在大信号状态下工作，然后输出信号驱动负载。例如，驱动扬声器，使之发出声音；驱动电机伺服电路，驱动显示设备的偏转线圈控制电机运动状态。对功率放大器的要求有以下几点。

1．要求足够大的输出功率

为了获得足够大的输出功率，要求功放电路的电压和电流都有足够大的输出幅度，所以，功放管工作在接近极限的状态下。

2. 效率要高

负载所获得的功率都是由直流电源来提供的。对于小信号的电压放大器来说，由于输出功率比较小，电源供给的功率较小，效率问题还不突出；而对功率放大器来说，由于输出功率大，需要电源提供的能量也大，所以效率问题就变得突出了，功率放大器的效率是指负载上的信号功率与电源的功率之比。效率越高，放大器的效率就越好。

3. 非线性失真要小

功率放大电路是在大信号状态下工作，所以输出信号不可避免地会产生非线性失真，而且输出功率越大，非线性失真往往越严重，这使输出功率和非线性失真成为一对矛盾。在实际应用时不同场合对这两个参数的要求是不同的，例如，在功率控制系统中，主要以输出足够的功率为目的，对线性失真的要求不是很严格，但在测量系统、偏转系统和电声设备中非线性失真就显得非常重要了。

4. 功放管要采取散热保护

在功率放大电路中，功放管承受着高电压大电流，其本身的管耗也大。在工作时，管耗产生的热量使功放管温度升高，当温度太高时，功放管容易老化，甚至损坏。通常把功放管做成金属外壳，并加装散热片。同时，功放管承受的电压高、电流大，这样损坏的可能性也比较大，所以常采取过载保护措施。

3.4.2 低频功放的种类

按照功率放大器与负载之间的耦合方式不同，可分为：变压器耦合功率放大器；电容耦合功率放大器，也称为无输出变压器功率放大器，即 OTL 功率放大器；直接耦合功率放大器，也称为无输出电容功率放大器，即 OCL 功率放大器；桥接式功率放大器，即 BTL 功率放大器。

根据功放电路是否集成，可分为：分立元件式功率放大器和集成功率放大器。

按照三极管静态工作点选择的不同可分为：甲类功率放大器、乙类功率放大器、甲乙类功率放大器。

（1）甲类功率放大器

三极管工作在正常放大区，且 Q 点在交流负载线的中点附近。输入信号的整个周期都被同一个晶体管放大，所以静态时管耗较大，效率低（最高效率也只能达到50%）。前面我们学习的晶体管放大电路基本上都属于这一类。

（2）乙类功率放大器

工作在三极管的截止区与放大区的交界处，且 Q 点为交流负载线和 $i_B=0$ 的输出特性曲线的交点。输入信号的一个周期内，只有半个周期的信号被晶体管放大，因此，需要放大一个周期的信号时，必须采用两个晶体管分别对信号的正负半周放大。在理想状态下静态管耗为零，效率很高，但会出现交越失真。

（3）甲乙类功率放大器

工作状态介于甲类和乙类之间，Q 点在交流负载线的下方，靠近截止区的位置。输入信号的一个周期内，有半个多周期的信号被晶体管放大，晶体管的导通时间大于半个周期，小于一个周期。甲乙类功率放大器也需要两个互补类型的晶体管交替工作才能完成对整个信号周期的放大。其效率较高,并且消除了交越失真,普遍使用。

3.4.3 集成功率放大电路

集成功率放大电路由输入级、中间级、推动级、输出级、保护电路及偏置电路等组成。集成功率放大器常采用的电路有:OTL 电路、OCL 电路和 BTL 电路 3 种。下面以音频功率放大器为例进行分析。

1. OTL 功率放大器

图 3.34 所示为 OTL 功率放大器基本原理。

(1) 特点

两只输出管是串联供电的,在电源电压较高时,可有较大的输出功率。

因为输出端有电容隔直,所以不必设置扬声器保护电路,但由于输出端有隔直电容的存在,使放大器的低频难以进一步展宽。

输出端的静态工作电压为电源电压的一半,这是检修中的一个重要参数。

(2) 基本工作原理

这里通过信号正半周、信号负半周来分析。

① 信号正半周。输入信号为正半周时,VT_1 导通,VT_2 截止,VT_1 由电源供电。输出信号电流 i_{C1} 的路径是:电源正极→VT_1 的集电极→VT_1 的发射极→电容器 C→扬声器→电源负极。扬声器放出信号正半周的声音,如图 3.34 中实线所示。

② 信号负半周。输入信号为负半周时,VT_2 导通,VT_1 截止,VT_2 由电容器 C 供电。输出信号电流 i_{C2} 的路径是:电容器 C 的正极→VT_2 的发射极→VT_2 的集电极→扬声器→电容器 C 的负极。扬声器放出信号负半周的声音,如图 3.34 中虚线所示。由于两只功放管的电路完全对称,所以输入信号的正、负半周得到了均等的放大。

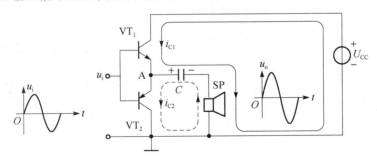

图 3.34 OTL 功率放大电路

(3) 典型 OTL 功放电路

图 3.35 所示为典型的 OTL 功率放大电路,其放大原理介绍如下。

① 输入信号 u_i 为负半周时。信号 u_i 经 C_1 耦合加在 VT_1 的基极,经 VT_1 放大后由集电极输出。由于三极管的倒相作用,集电极输出的是正极性信号,使 C、D 点电位升高,根据三极管的放大原理可知,此时 VT_2 导通,VT_3 截止。信号经 VT_2 放大后,从 VT_2 的发射极输出。从 VT_2 输出的信号电流 i_{C2} 由电源 $+U_{CC}$ 提供能源。i_{C2} 从 VT_2 的发射极出发,经输出耦合

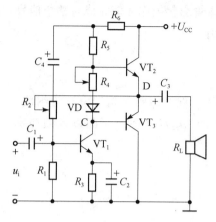

图 3.35 典型 OTL 功率放大电路

电容 C_3、自上而下通过扬声器 SP 形成回路，同时对 C_3 充电。

② 输入信号 u_i 为正半周时。u_i 经 C_1 耦合加在 VT_1 的基极，经 VT_1 放大后由集电极输出。由于三极管的倒相作用，集电极输出的是负极性信号，使 C、D 点电位下降。根据三极管的放大原理可知，此时 VT_2 截止，VT_3 导通，从 VT_3 输出的信号电流 i_{C3} 由耦合电容 C_3 提供能源。i_{C3} 从 VT_3 的发射极出发，经 VT_3 的集电极自下而上通过扬声器形成回路。

2. 复合管的功率放大器

互补对称功率放大器要求功放管互补对称，但在实际情况中，要使互补的 NPN 管和 PNP 管配对是比较困难的，为此常常采用复合管的接法来实现互补，以解决大功率管互补配对困难的问题。同时，由于功放需要输出足够大的功率，这就要求功放管必须是一对大电流、高耐压的大功率管，而且推动级必须要输出足够大的激励电流。复合管的接法可以满足这一要求。

（1）复合管

按一定原则将两只或两只以上的放大管连接在一起，组成的一个等效放大管称为复合管，如图 3.36 所示。

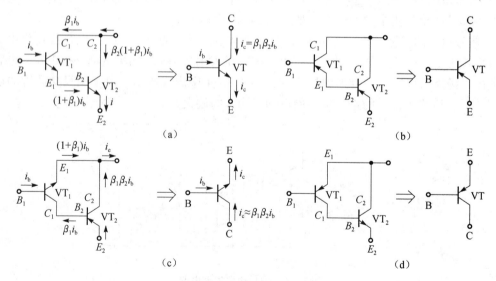

图 3.36 复合管连接方法

复合管的主要特点：复合管的电流放大系数大大提高，总的电流放大系数是两单管电流放大系数的乘积，即 $\beta = \beta_1 \beta_2$；由复合管组成的放大器的输入电阻提高很大。复合管的缺点是穿透电流较大，因而其温度稳定性变差。

复合管连接规律：在复合时，第一个管子为小功率管，第二个管子为大功率管。复合管的导电极性是由第一个管子的极性来决定的。复合管内部各晶体管的各极电流方向都符合原来的极性，并符合基尔霍夫电流定律。

（2）复合管的功率放大器

图 3.37 所示是采用复合管的互补对称功率放大器，其原理和图 3.36 相同，VT_2 和 VT_4 复合成一个 NPN 型三极管，VT_3 和 VT_5 复合成一个 PNP 型管。图中 R_6、R_7 分别为 VT_2、VT_3 的电流负反馈电阻，同时，也可以说为 VT_4、VT_5 提供基极偏置，有的也把 R_6、R_7 称为复合管的泻透电阻。R_8 和 C_4 组成移相网络，用于改善输出的负载特性。

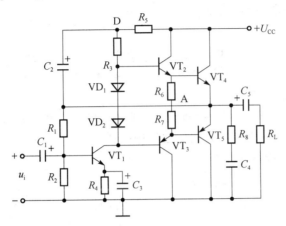

图 3.37 采用复合管的互补对称功放器

图 3.38 所示是采用复合管的准互补对称功率放大器，图中 VT_2 和 VT_4 复合成一个 NPN 型三极管，VT_3 和 VT_5 复合成一个 PNP 型管。由于 VT_4 和 VT_5 都为 NPN 型管，不是互补型管，但两个复合管是互补的，把这种情况的功率放大器称为准互补对称功率放大器。

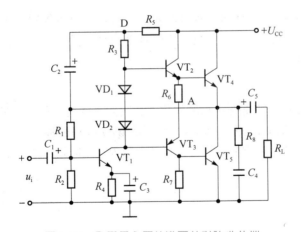

图 3.38 采用复合管的准互补对称功放器

3. OCL 功率放大器

OCL 的含义是没有输出电容。OCL 功率放大器是在 OTL 功率放大器的基础上发展起来的一种全频带直接耦合低频功率放大器，在高保真扩音系统中得到了广泛的应用。

（1）特点

与 OTL 功率放大器相比，具有以下特点。

① 省去了输出电容，使放大器的低频特性范围增大。

② 由于没有隔直流的输出电容，所以必须设置扬声器保护电路。

③ 采用正、负两组电源供电，使电路的结构复杂了一些。

④ 输出端的静态工作电压为零。这也是检修中的一个重要参数。

（2）基本工作原理

OCL 功放电路的两只输出管是参数相同的异极性管，上管是 NPN 型，下管是 PNP 型。该电路有两组电源：正电源和负电源。

其基本工作原理为：

① 当信号正半周输入时，VT_1 导通、VT_2 截止，VT_1 由正电源供电。输出信号电流 i_{C1} 的路径是：VT_1 的集电极→VT_1 的发射极→自左而右通过扬声器→地。扬声器放出信号正半周的声音，如图 3.39 中实线所示。

② 当信号负半周输入时，VT_2 导通、VT_1 截止，VT_2 由负电源供电。输出信号电流 i_{C2} 的路径是：VT_2 的集电极→地→自右向左通过扬声器→VT_2 的发射极。扬声器放出信号负半周的声音，如图 3.39 中虚线所示。

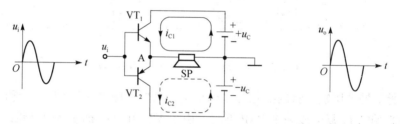

图 3.39 OCL 功放电路基本原理图

由于两功放管的电路完全对称，所以输入信号的正、负半周得到了均等的放大。该电路的功放输出端与扬声器直接耦合，实现了高保真全频带放大。

4. BTL 功率放大器

（1）电路

BTL 功率放大器是桥接式推挽电路的简称，也叫双端推挽电路。它是在 OCL、OTL 功放的基础上发展起来的一种功放电路。图 3.40 所示是 BTL 电路的原理图。BTL 电路的结构，如图 3.41 所示。4 个功放管连接成电桥形式，负载电阻 R_L 不接地，而是接在电桥的对角线上。

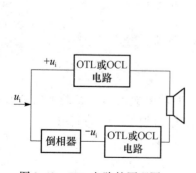

图 3.40 BTL 电路的原理图

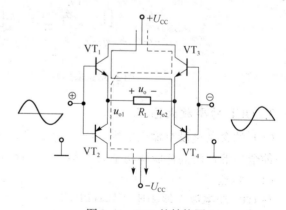

图 3.41 BTL 的结构图

(2) 工作原理

从电路结构上来看，两个 OCL 电路的输出端分别接在负载的两端。电路在静态时，两个输出端保持等电位，这时负载两端电位相等，无直流电流流过负载。在有信号输入时，两输入端分别加上了幅度相等、相位相反的信号。在输入正半周时，VT_1、VT_4 导通，VT_2、VT_3 截止。导通电流由正电源→VT_1→负载 R_L→VT_4→负电源，电流流向如图中实线所示，负载得到了正半周波形。

在输入负半周时，VT_2、VT_3 导通，VT_1、VT_4 截止。导通电流由正电源→VT_3→负载 R_L→VT_2→负电源，电流流向如图中虚线所示，负载得到负半周波形。4 只功率放大管以推挽方式轮流工作，共同完成了对一个周期信号的放大。VT_1 导通时，VT_4 也导通，在这半个周期内，负载两端的电位差为 $2\Delta u_{o1}$。在理想情况下，VT_1 导通时 u_{o1} 从 "0" 上升到 U_{CC} 即 $\Delta u_{o1} = U_{CC}$；而 VT_4 导通时 u_{o2} 从 "0" 下降到 $-U_{CC}$，即 $\Delta u_{o2} = -U_{CC}$。这样，负载上的电位差为 $\Delta U_L = 2U_{CC}$。在另半个周期内，VT_2 和 VT_3 导通，负载上的电位为 $\Delta U_L = 2U_{CC}$，即 BTL 电路负载上的正弦波最大峰值电压为电源电压的两倍。由于输出功率与输出电压的平方成正比，因此在同样条件下，BTL 的输出功率为 OTL 或 OCL 电路的 4 倍。

BTL 功率放大器可以由两个完全相同的 OTL 或 OCL 电路按图 3.41 所示的方式组成一个 BTL 电路。由图可见，BTL 电路需要的元件比 OTL 或 OCL 电路多一倍，因此用分立元件来构成 BTL 电路就显得复杂，成本也比较高。根据电桥平衡原理，BTL 电路左右两臂的三极管分别配对即可实现桥路的对称。这种同极性、同型号间三极管的配对显然比互补对管的配对更加容易也更加经济，特别适宜制作输出级为分立元件的功放。

 小技能

复合管功率放大器的保护式调试和维修

1. 调试和维修复合管功率放大器时，为了减少大功率管损害，一般把大功率管先不接入电路。由前面复合管的知识可知，此时功放电路仍然可以进行功率放大，只是这时的输出功率较小。注意这时信号不要太大，以免损害复合管中的小功率管。最后，在保证电路能正常工作后，方可接入大功率功放管。

2. 在调试和维修那些无负载保护的 OCL 电路时，可以在输出端和扬声器之间接入一个电容，以达到保护扬声器的作用。

 自我测试

1. （单选题）功放电路易出现的失真现象是（　　）。
   A. 饱和失真　　　B. 截止失真　　　C. 交越失真
2. （单选题）大小相等，方向相同的信号是（　　）。
   A. 差模信号　　　B. 共模信号
3. （单选题）功放首先考虑的问题是（　　）。
   A. 管子的工作效率　B. 不失真问题　　C. 管子的极限参数

扫一扫看答案

3.5 负反馈放大器

3.5.1 反馈的概念与判断

1. 集成运算放大器的基本知识

集成运算放大器由输入级、中间级、输出级以及偏置电路 4 部分组成,如图 3.42 所示。集成运算放大器的电路符号,如图 3.43 所示。

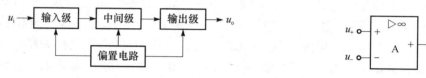

图 3.42 集成运算放大器组成　　　图 3.43 集成运放符号

集成运放具有两个输入端和一个输出端。在两个输入端中,一个是同相输入端,标注 "+",表示信号单独从同相输入端输入时,输出电压与之同相;另一个为反相输入端,标注 "−" 号,表示信号单独从反相输入端输入时,输出电压与之反相。图中 "▷" 表示信号传递的方向;"A" 为运放标志;"∞" 表示理想情况下运放的开环电压放大倍数为无穷大。

2. 反馈的概念

将放大电路输出回路的信号(电压或电流)的一部分或全部,通过一定形式的电路(称作反馈网络)回送到输入回路中,从而影响(增强或削弱)净输入信号,这种信号的反送过程称为反馈。输出回路中反送到输入回路的那部分信号称为反馈信号。图 3.44 所示为反馈例子,图中输出电压信号 u_o 通过电阻 R_f 送回集成运放的反相输入端形成反馈。

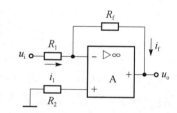

图 3.44 反馈放大器举例

3. 反馈极性的判断

在判断反馈的类型之前,首先应看放大器的输出端与输入端之间有无电路连接,以便由此确定有无反馈。不同类型的反馈电路,其性质是不同的。因此,在分析实际反馈电路时,必须首先判别其属于哪种反馈类型。如果反馈信号使净输入信号加强,这种反馈就称为正反馈;反之,若反馈信号使净输入信号减弱,这种反馈就称为负反馈。

通常采用瞬时极性判别法来判别实际电路的反馈极性的正、负。这种方法是首先假定输入信号在某一瞬时对地而言极性为正,然后由各级输入、输出之间的相位关系,分别推出其他有关各点的瞬时极性(用 "⊕" 表示电位升高,用 "⊖" 表示电位降低),最后判别反映到电路输入端的作用是加强了输入信号还是削弱了输入信号。如使输入信号加强了为正反馈,使输入信号削弱了为负反馈。瞬时极性的具体判断方法是:对三极管来说如果信号由基极输入,如果从集电极输出,极性相反;如果从发射极输出,极性相同。对集成运放来说,如果信号从反相输入端输入,则输出端极性相反;如果信号从同相输入端输入,则输出端极性相同。

现在用瞬时极性法判断图 3.45 中各图反馈的极性。在图 3.45(a)中反馈元件是 R_f,设输入信号瞬时极性为 +,由共射电路集基反相,知 VT_1 集电极(也是 VT_2 的基极)电位为 ⊖,而 VT_2 集电极电位为 ⊕,电路经 C_2 的输出端电位为 ⊕,经 R_f 反馈到输入端后使原输入信号得到加强(输入信号与反馈信号同相),因而由 R_f 构成的反馈是正反馈。在图 3.45(b)中,反馈元件是 R_e,当输入信号瞬时极性为 ⊕ 时,基极电流与集电流瞬时增加,使发射极电位瞬时为 ⊕,结果净输入信号被削弱,因而是负反馈。同样,亦可用瞬时极性法判断出,图 3.45(c)、(d)中的反馈也为负反馈。

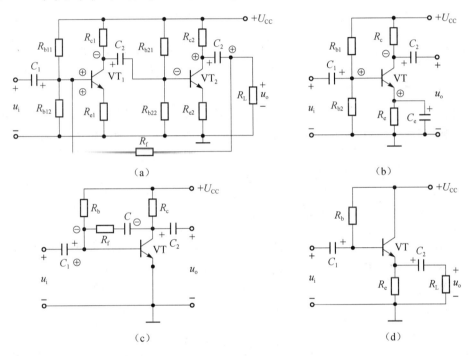

图 3.45 用瞬时极性法判断反馈极性

分析发现,当输入信号与反馈信号在不同节点时,如果两者极性相同,为负反馈;极性相反,为正反馈。当输入信号与反馈信号在相同节点时,如果两者极性相同,为正反馈;极性相反,为负反馈。

4. 直流反馈与交流反馈

如果反馈信号中只有直流成分,即反馈元件只能反映直流量的变化,这种反馈就叫直流反馈;如果反馈信号中只有交流部分,即反馈元件只能反映交流量的变化,这种反馈就叫做交流反馈。应当说明,有些情况下,反馈信号中既有直流成分,又有交流成分,这种反馈则称为交直流反馈。

例如,如图 3.45(c)中的反馈信号通道仅通交流,不通直流,故为交流反馈。而图 3.45(b)中反馈信号的交流成分被 C_e 旁路掉,在 R_e 上产生的反馈信号只有直流成分,因此是直流反馈。

5. 电压反馈与电流反馈

如果反馈信号取自输出电压，称为电压反馈［如图3.45（a）所示］，其反馈信号正比于输出电压；如果反馈信号取自输出电流，称为电流反馈［如图3.45（b）所示］，其反馈信号正比于输出电流。

电压、电流反馈的判别常采用负载电阻 R_L 短路法来进行判断。假设将负载 R_L 短路使输出电压为零，即 $u_o=0$，而 $i_o\neq 0$。此时若反馈信号也随之为零，则说明反馈与输出电压成正比，为电压反馈；若反馈依然存在，则说明反馈量不与输出电压成正比，应为电流反馈。图3.45（a）中，令 $u_o=0$，反馈信号随之消失，故为电压反馈。而图3.45（b）中令 $u_o=0$，反馈信号依然存在，故为电流反馈。

6. 串联反馈与并联反馈

如果反馈信号在放大器输入端以电压的形式出现，那么在输入端必定与输入电路相串联，这就是串联反馈。如果反馈信号在放大器输入端以电流的形式出现，那么在输入端必定与输入电路相并联，这就是并联反馈。

可以根据反馈信号与输入信号在基本放大器输入端的连接方式来判断串联、并联反馈。如果反馈信号与输入信号是串接在基本放大器输入端的不同节点则为串联反馈，如果反馈信号与输入信号是并接在基本放大器输入端同一节点，则为并联反馈。由此可知图3.45（a）、(b)、(c)、(d) 分别为并联反馈、串联反馈、并联反馈、串联反馈。

3.5.2 负反馈的4种组态

将放大器输出端取样方式的不同以及放大器输入端叠加方式的不同两个方面组合考虑，负反馈放大器可以分为电流串联、电流并联、电压串联、电压并联4种类型。

下面就以具体的反馈电路为例，对这4种类型的负反馈放大器性能进行分析判断，找出其中的一些规律。

1. 电压串联负反馈

图3.46所示电路是一个电压串联负反馈的例子。图中反馈信号（反馈回反相输入端）与输入信号（从同相输入端输入）是串接在基本放大器输入端的不同节点则为串联反馈。当令 $u_o=0$ 时，u_f 随之消失，故为电压反馈。按照瞬时极性法，设同相输入信号瞬时极性为 $\oplus$，则运放输出信号为 $\oplus$，经反馈元件 R_f 回传至同相输入端亦为 $\oplus$，结果使运放的净输入信号减小，因此这种反馈的极性为负反馈（当输入信号与反馈信号在不同节点时，如果两者极性相同，为负反馈）。综合上述，如图3.46电路的反馈为电压串联负反馈。

2. 电压并联负反馈

图3.47所示电路是一个电压并联负反馈电路。反馈元件为 R_f，跨接在输出与输入回路之间，将放大器的输出电压引到反相输入端。当令 $u_o=0$ 时，u_f 随之消失，故是电压反馈。反馈信号与输入信号是并接在运放反相输入端同一节点，则为并联反馈。

根据瞬时极性法，设输入电压在反相输入端的瞬时极性为 $\oplus$，则运放输出电压的瞬时极性为 $\ominus$，通过反馈电阻 R_f 反馈回来的极性为 $\ominus$，输入信号与反馈信号极性相反并且在同一节点叠加，净输入信号减少，故为负反馈。

综上所述，图 3.47 电路是一个电压并联负反馈放大器。

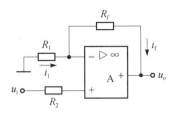
图 3.46 电压串联负反馈

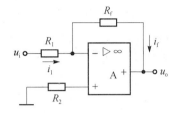
图 3.47 电压并联负反馈电路

3. 电流串联负反馈

图 3.48 所示电路是一个电流串联负反馈放大器。图中 R_{e1} 和 R_{e2} 是反馈元件，它们是反馈元件，它介于输入和输出回路之间，构成联系。

如令输出电压为零，反馈电压 u_f 依然存在，因而是电流反馈。反馈信号与输入信号不在同一节点，因而是串联反馈。设某瞬时输入电压极性为 +，发射极极性也为 +，根据前述"输入信号与反馈信号在不同节点时，如果两者极性相同，为负反馈"，故为负反馈。因此，这是一个电流串联负反馈放大器。

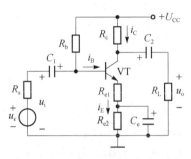
图 3.48 电流串联负反馈放大器

4. 电流并联负反馈

图 3.49 所示电路是一个电流并联负反馈放大器。图中 R_f 是反馈元件，它将第二级（VT_2）的输出回路与第一级（VT_1）的输入回路联系起来，构成反馈通道。

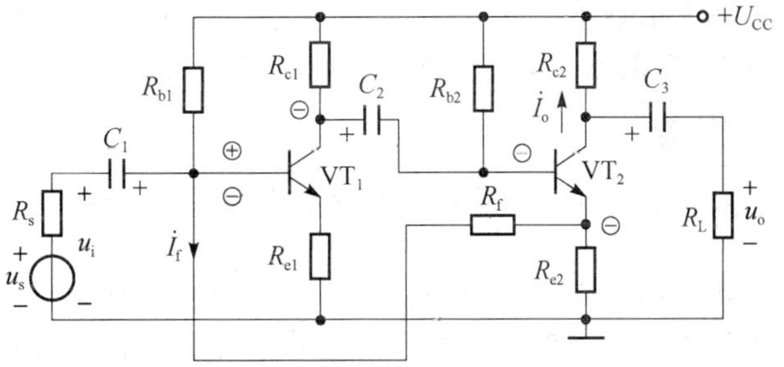

如将负载短路，输出电压为零，反馈仍然存在，故为电流反馈。反馈信号与原输入信号在同一节点，故为并联反馈。

设输入电压瞬时极性为 ⊕，由 VT_1 的反相作用，其集电极电位即 VT_2 基极电位降低，VT_2 的发射极电位亦低，因而使反馈电流增加，导致净输入电流减少，故为负反馈。因而这是一个电流并联负反馈放大器。

图 3.49 电流并联负反馈放大器

3.5.3 反馈放大电路的一般表达式

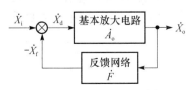
图 3.50 反馈放大器组成框图

为了实现反馈，必须有一个既连接输出回路又连接输入回路的中间环节，称为反馈网络。反馈网络一般由电阻、电容组成。反馈放大器可用方框图加以说明，如图 3.50 所示。为了表示更一般的规律，图中用相量符号表示有关电量。其中 $\dot{X}_i$，$\dot{X}_o$，$\dot{X}_f$ 分别表示放大器的输入信号、输出信号和反馈信号，它们可以是电压，也可以是电流。⊗表示 $\dot{X}_i$ 与 $\dot{X}_f$ 两个信号的叠加，$\dot{X}_d$ 则是 $\dot{X}_i$ 与 $\dot{X}_f$ 叠加后得到的净输入信号。$\dot{A}$ 为开环放大器的放大倍数，亦称开环增益，$\dot{A} = \dot{X}_o / \dot{X}_d$。开环放大器可以是单级放大，也可以是多级放大。$\dot{F}$ 称为反馈网络的反馈系数，$\dot{F} = \dot{X}_f / \dot{X}_o$。

在图 3.50 所表示的反馈放大器方框图中，放大器的开环放大倍数为

$$\dot{A} = \dot{X}_o / \dot{X}_d$$

反馈系数为

$$\dot{F} = \dot{X}_f / \dot{X}_o$$

闭环放大倍数为

$$\dot{A}_f = \dot{X}_o / \dot{X}_i$$

放大器的净输入信号为

$$\dot{X}_d = \dot{X}_i - \dot{X}_f$$

由上述 4 个式子，可得

$$\dot{A}_f = \dot{X}_o / \dot{X}_i = \frac{\dot{X}_o}{\dot{X}_d + \dot{X}_f} = \frac{\dot{X}_o / \dot{X}_d}{1 + \dot{X}_f / \dot{X}_d} = \frac{\dot{A}}{1 + \dot{A}\dot{F}}$$

此式即负反馈放大器放大倍数的一般表达式，又称为基本关系式。它反映了闭环放大倍数与开环放大倍数及反馈系数之间的关系。式中 $1 + \dot{A}\dot{F}$ 称为反馈深度，$1 + \dot{A}\dot{F}$ 的值越大，则负反馈越深。放大器在中频范围内，各参数均为实数，上式可写成

$$A_f = \frac{A}{1 + AF}$$

此式表明，闭环放大倍数 A_f 是开环放大倍数 A 的 $1/(1 + AF)$。可见，反馈深度表示了闭环放大倍数下降的倍数。当反馈深度 $|1 + AF| \geq 10$ 时，闭环放大倍数即降到开环放大倍数的 1/10 以下。这时可认为电路处于深度负反馈。满足这个条件的放大器叫做深度负反馈放大器。

3.5.4 负反馈对放大器性能的影响

放大器引入负反馈后，会使放大倍数有所下降，但其他性能却可以得到改善，例如，能减小放大倍数、提高放大器增益的稳定性、展宽通频带、减小非线性失真、改变输入电阻和输出电阻等。下面分别加以讨论。

1. 减小放大倍数

根据前述，负反馈放大电路放大倍数为：$A_f = \dfrac{A}{1 + AF}$。负反馈时，$1 + AF$ 总是大于 1，所以引进负反馈后，放大倍数减小为原来的 $1/(1 + AF)$。

2. 提高放大倍数的稳定性

放大器的放大倍数取决于晶体管及电路元件的参数，当元件老化或更换、电源不稳、负载变化以及环境温度变化时，都会引起放大倍数的变化。因此，通常要在放大器中加入负反馈以提高放大倍数的稳定性。

将闭环放大倍数公式对 A 求导

$$\frac{dA_f}{dA} = \frac{1}{1 + AF} - \frac{AF}{(1 + AF)^2} = \frac{1 + AF - AF}{(1 + AF)^2} = \frac{1}{(1 + AF)^2}$$

从而可得

$$\frac{\mathrm{d}A_\mathrm{f}}{A_\mathrm{f}} = \frac{1}{1+AF} \cdot \frac{\mathrm{d}A}{A}$$

上式表明，负反馈放大器的闭环放大倍数的相对变化量 $\mathrm{d}A_\mathrm{f}/A_\mathrm{f}$ 仅为开环放大倍数相对变化量 $\mathrm{d}A/A$ 的 $1/(1+AF)$。同时此式表明，虽然负反馈的引入使放大倍数下降了 $(1+AF)$ 倍，但放大倍数的稳定性却提高了 $(1+AF)$ 倍。

例 3.4 某负反馈放大器，其 $A=10^4$，反馈系数 $F=0.01$，计算 A_f 为多少。若因参数变化使 A 变化 10%，则 A_f 的相对变化量为多少？

解：$A_\mathrm{f} = \dfrac{A}{1+AF} = \dfrac{10^4}{1+10^4\times 0.01} \approx 100$

$$\frac{\mathrm{d}A_\mathrm{f}}{A_\mathrm{f}} = \frac{1}{1+AF} \cdot \frac{\mathrm{d}A}{A} = \frac{1}{1+10^4\times 0.01}\times(\pm 10\%) \approx \pm 0.1\%$$

计算结果表明，负反馈使闭环放大倍数下降了约 100 倍，而放大倍数的稳定性却提高了约 100 倍（由 10% 变至 0.1%）。负反馈越深，稳定性越高。

3. 展宽通频带

由于电路电抗元件的存在，以及三极管本身结电容的存在，造成了放大器放大倍数随频率而变化。即中频段放大倍数扩大，而高频段和低频段放大倍数随频率的升高或降低而减小。这样，放大器的通频带就比较窄，如图 3.51 中 f_BW 所示。

引入负反馈后，就可以利用负反馈的自动调整作用将通频带展宽。具体来讲，在中频段，由于放大倍数大，输出信号大，反馈信号也大，使净输入信号减少得也多，即使中频段放大倍数有较明显的降低。而在高频段和低频段，放大倍数较小，输出信号小，在反馈系数不变的情况下，其反馈信号也小，使净输入信号减少的程度比中频段要小，即使高频段和低频段放大倍数降低得少。这样，就从总体上使放大倍数随频率的变化减少了，幅频特性变得平坦，上限频率升高、下限频率下降，通频带得以展宽，如图 3.51 中 f_BWF 所示。

4. 减小非线性失真

非线性失真是由放大器件的非线性所引起的。一个无反馈的放大器虽然设置了合适的静态工作点，但当输入信号较大时，也可使输出信号产生非线性失真。例如，输入标准的正弦波，经基本放大器放大后产生非线性失真，输出波形 $\dot{X}_\mathrm{i}$。假如为前半周大后半周小，如图 3.52（a）所示。如果引入负反馈，如图 3.52（b）所示，失真的输出波形就会反馈到输入

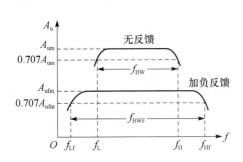

图 3.51　负反馈展宽通频带

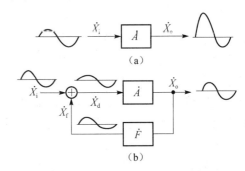

图 3.52　负反馈减小非线性失真示意

回路。在反馈系数不变的情况下，反馈信号 $\dot{X}_f$ 也是前半周大后、半周小，与无反馈时的 $\dot{X}_o$ 的失真情况相似。在输入端，反馈信号 $\dot{X}_f$ 与输入信号 $\dot{X}_i$ 叠加，使净输入信号 $\dot{X}_d$（= $\dot{X}_i$ − $\dot{X}_f$）变为前半周小，后半周大的波形，这样的净输入信号经基本放大器放大，就可以抵消基本放大器的非线性失真，使输出波形前后半周幅度趋于一致，接近输入的正弦波形，从而减小了非线性失真。

应当说明，负反馈可以减小的是放大器非线性所产生的失真，而对于输入信号本身固有的失真并不能减小。此外，负反馈只是"减小"非线性失真，并非完全"消除"非线性失真。

5. 对输入、输出电阻的影响

（1）对输入电阻的影响

负反馈对输入电阻的影响如图 3.53 所示。

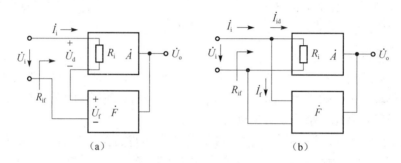

图 3.53 负反馈对输入电阻的影响

负反馈对输入电阻的影响仅与反馈信号在输入回路出现的形式有关，而与输出端的取样方式无关。也就是说，无论是电压反馈还是电流反馈对输入电阻都不会产生影响。对于串联负反馈，由于反馈信号 $\dot{U}_f$ 串入输入回路中，对 $\dot{U}_i$ 起分压作用，所以在 $\dot{U}_i$ 一定的条件下，串联负反馈的输入电流比无反馈时小，即此时输入电阻比无反馈时大了。对于并联负反馈，由于反馈信号 $\dot{I}_f$ 和输入信号 $\dot{I}_i$ 并联于输入回路，对 $\dot{I}_i$ 起分流作用，所以在净输入信号 $\dot{I}_{id}$ 一定的条件下，并联负反馈的输入电流 $\dot{I}_i$ 将增大，即此时输入电阻比无反馈时小了。

（2）对输出电阻的影响

前已指出，电压负反馈具有稳定输出电压的作用。这就是说，电压负反馈放大器具有恒压源的性质。因此引入电压负反馈后的输出电阻 R_{of} 比无反馈时的输出电阻 R_o 减小了。相应地，电流负反馈具有稳定输出电流的作用。这就是说，电流负反馈放大器具有恒流源的性质。因此，引入电流负反馈后的输出电阻 R_{of} 要比无反馈时增大。

负反馈对输出电阻的影响仅与反馈信号在输出回路中的取样方式有关，而与在输入端的叠加形式无关。也就是说，无论是串联反馈还是并联反馈对输出电阻都不会产生影响。还应指出，这里所说的 R_{of} 并不包含末级放大器的集电极负载电阻 R_c，而仅仅是指从三极管集电极向里看进去的电阻。这类放大器实际的总输出电阻应为 R_{of} 与 R_c 并联。综合上述，可将负反馈对放大器输入、输出电阻的影响列于表 3.2 中。

表 3.2　负反馈对输入、输出电阻的影响

电阻类别＼负反馈类型	电压串联	电压并联	电流串联	电流并联
输入电阻	增大	减小	增大	减小
输出电阻	减小	减小	增大	增大

自我测试

1. （单选题）使净输入信号减小的反馈属于（　　）。
   A. 正反馈　　　　B. 负反馈
2. （判断题）放大器加入负反馈，将提高放大倍数。
   A. 正确　　　　　B. 错误
3. （判断题）负反馈电路减小非线性失真。
   A. 正确　　　　　B. 错误

扫一扫看答案

3.6　集成运算放大器

集成运算放大器简称为集成运放，早期主要应用于信号的运算方面，所以又把它称为运算放大器。其内部实质是一种性能优良的多级直接耦合放大电路。它是一种通用性较强的多功能器件。这种电路是通过把一些特定的半导体器件、电阻器及连接导线集中制造在一块半导体基片上，以实现某种功能的电子器件。由于其体积小、成本低、工作可靠性高、易组装调试，其应用已不再局限在信号的运算方面，几乎在所有的电子技术领域都有应用。

3.6.1　集成运算放大器概述

1. 集成运放主要技术指标

为了描述集成运放的性能，方便正确地选用和使用集成运放，必须明确它的主要参数意义。下面介绍常用的集成运放主要参数。

① 开环差模电压放大倍数 A_{od}。它是指集成运放在开环（无反馈电路）的情况下的差模电压放大倍数。这个值越大越好，理想集成运放的开环差模电压放大倍数为无穷大。

② 差模输入电阻 R_{id}。差模输入电阻 R_{id} 是指运放两输入端在输入差模信号时所呈现的阻抗，其值越大，对上一级放大器或信号源的影响就越小，在理想情况下其值应为无穷大。

③ 输出电阻 R_{od}。运算放大器在开环工作时，在输出端对地看进去的等效电阻即输出电阻，其大小反映运算放大器带负载的能力，越小带负载能力越强。在理想情况下其值应为零。

④ 共模抑制比 K_{CMR}。共模抑制比为开环差模电压放大倍数与开环共模电压放大倍数之比。通常其比值越大，运放抑制共模信号的能力越强。在理想情况下其值应为无穷大。

在分析集成运放时,常常将它看成理想运算放大器,这样可以简化分析过程,并且计算产生的误差也很小。

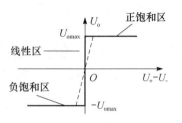

图 3.54 集成运放的传输特性

2. 理想集成运放传输特性

集成运放的电压传输特性如图 3.54 所示,由于集成运放的电压放大倍数很大,线性区十分接近纵轴,理想情况下可认为与纵轴重合。

① 在深度负反馈作用下,运放工作在线性区。理想情况下,因为 $A_{uo} = \dfrac{u_o}{u_{id}} = \dfrac{u_o}{u_+ - u_-} \to \infty$,而 u_o 是一个有限值,故 $u_+ = u_-$,称为虚短,即两个输入之间的电压为零,但不是真正短路;又因为集成运放的输入阻抗 $R_{id} \to \infty$,从而 $i_+ = i_- = 0$,称为虚断,即输入端相当于断路,但不是真正断开。

② 在开环或正反馈状态下,工作在非线性区即饱和区。输出电压是一个恒定的值,可正可负。若 $u_+ > u_-$,则输出 $u_o = +U_{omax}$;若 $u_+ < u_-$,则输出 $u_o = -U_{omax}$。

在非线性区内,运放的差模输入电压 $u_+ \neq u_-$ 可能较大,即 $u_+ \neq u_-$,此时"虚短"现象不复存在。

在非线性区,虽然运放两个输入端的电位不等,但因为理想运放的 $R_{id} \to \infty$,故仍可认为理想运放的输入电流等于零,即 $i_+ = i_- = 0$。此时,"虚断"仍然成立。

3.6.2 集成运算放大器的线性应用

集成运算放大器和外接电阻、电容构成比例运算、加法和减法运算、微分和积分运算等基本运算电路,这些运算电路都存在负反馈电路,因此都工作在线性区。在分析这些电路时,可利用运放在线性区的"虚短"和"虚断"的特点进行分析,推导出相应的运算公式。

1. 反相比例运算电路

反相比例运算电路又叫反相放大器,如图 3.55 所示。输入电压 u_i 经 R_1 加到集成运放的反相输入端,输出电压 u_o 经 R_f 反馈至反相输入端,形成深度的电压并联负反馈,运放工作在线性区。其同相输入端经电阻 R_2 接地。

根据的"虚短"和"虚断"的特点,$u_+ = u_-$ 且 $u_+ = 0$,故 $u_- = 0$。这表明运放反相端与地端等电位,但不是真正接地,称为"虚地"。因此有

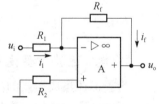

图 3.55 反相比例运算电路

$$i_1 = \frac{u_i}{R_1}, \quad i_f = -\frac{u_o}{R_f}$$

又因为 $i_+ = i_- = 0$,$i_1 = i_f$

可得到

$$u_o = -\frac{R_f}{R_1} u_i$$

可见,输出电压与输入电压之比即电压放大倍数 A_{uf} 是一个定值。如果 $R_f = R_1$,则 $u_o = -u_i$,电路成为一个反相器。静态时为了使输入级偏置电流平衡并在运算放大器两个输入端的外接

电阻上产生相等的电压降,以消除零漂,平衡电阻 R_2 须满足 $R_2 = R_1 /\!/ R_f$。

[**例 3.5**] 在图 3.56 中,已知 $R_f = 400 \text{ k}\Omega$,$R_1 = 20 \text{ k}\Omega$,求电压放大倍数 A_{uf} 及平衡电阻 R_2 的值。

解: $A_{uf} = -\dfrac{R_f}{R_1} = -\dfrac{400}{20} = -20$

$R_2 = R_1 /\!/ R_f = \dfrac{20 \times 400}{20 + 400} \approx 13.3 \text{ k}\Omega$

2. 同相比例运算电路

如图 3.56 所示为同相比例运算电路。输入电压 u_i 经 R_2 加到集成运放的同相输入端,其反相输入端经 R_1 接地。输出电压 u_o 经 R_f 和 R_1 分压后,取 R_1 上的分压作为反馈信号加到运放的反相输入端,形成负反馈,运放工作在线性区。R_2 为平衡电阻,其值为 $R_2 = R_f /\!/ R_1$。

根据 $u_+ = u_-$,$i_+ = i_- = 0$,有

$$u_i = u_+ = u_- = \dfrac{R_1}{R_1 + R_f} u_o$$

$$u_o = \left(1 + \dfrac{R_f}{R_1}\right) u_i$$

u_o 与 u_i 的比例关系 $1 + \dfrac{R_f}{R_1}$ 是一个定值,且总大于等于 1,输出电压和输入电压同相,电压放大倍数 A_{uf} 只取决于电阻 R_f 和 R_1,而与集成运放内部各参数无关。

如果在同相比例运算电路中,使电阻 $R_f = 0$ 或 $R_1 = \infty$(开路),$u_o = u_i$,就得到如图 3.57 所示的电路,输出电压等于输入电压,并且相位相同,这种电路称为电压跟随器。

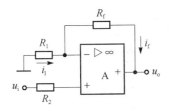

图 3.56 同相比例运算电路

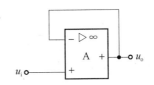

图 3.57 电压跟随器

3. 加法运算电路

加法运算电路如图 3.58 所示,电路对多个输入信号求和。它是在反相比例运算电路的基础上,在反相输入端增加输入信号,电路中以两个输入信号为例进行分析和计算。

如果有更多的输入信号,用同样方法也可以进行分析和计算。

由于 $u_+ = u_- = 0$,则各支路电流分别为

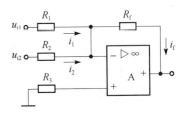

图 3.58 加法运算电路

$$i_1 = \dfrac{u_{i1}}{R_1}, \quad i_2 = \dfrac{u_{i2}}{R_2}, \quad i_f = -\dfrac{u_o}{R_f}$$

因 $i_+ = i_- = 0$ 则 $i_1 + i_2 = i_f$，即

$$\frac{u_{i1}}{R_1} + \frac{u_{i2}}{R_2} = -\frac{u_o}{R_f}$$

所以

$$u_o = -\left(\frac{R_f}{R_1}u_{i1} + \frac{R_f}{R_2}u_{i2}\right)$$

式中，当 $R_1 = R_2 = R$ 时，有

$$u_o = -\frac{R_f}{R}(u_{i1} + u_{i2})$$

平衡电阻 $R_3 = R_1 /\!/ R_2 /\!/ R_f$。

因为集成运算放大器工作在线性区，应用叠加原理也可得到上述结论。读者可自行推导。

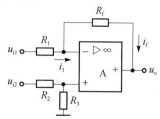

图 3.59 减法运算电路

4. 减法运算电路

减法运算电路如图 3.59 所示，电路所完成的功能是对反相输入端和同相输入端的输入信号进行比例减法运算。分析电路可知，它相当于由一个同相比例放大电路和一个反相比例放大器组合而成。

当输入信号 u_{i1} 单独作用时，电路相当于反相比例运算放大器，这时输出信号为

$$u_{o1} = -\frac{R_f}{R_1}u_{i1}$$

当输入信号 u_{i2} 单独作用时，电路相当于同相比例运算放大器，这时输出信号为

$$u_- = u_+ = \frac{R_3}{R_2 + R_3}u_{i2}$$

$$u_{o2} = \left(1 + \frac{R_f}{R_1}\right)u_- = \left(1 + \frac{R_f}{R_1}\right)\frac{R_3}{R_2 + R_3}u_{i2}$$

当两个输入端同时输入信号 u_{i1} 和 u_{i2} 时，由叠加原理可得

$$u_o = \left(1 + \frac{R_f}{R_1}\right)\frac{R_3}{R_2 + R_3}u_{i2} - \frac{R_f}{R_1}u_{i1}$$

若有 $R_1 = R_2$，$R_3 = R_f$，则输出电压为

$$u_o = \frac{R_f}{R_1}(u_{i2} - u_{i1})$$

由此可见，只要适当选择电路中的电阻，就可使输出电压与两输入电压的差值成比例。

例 3.6 图 3.60 所示为电压放大倍数连续可调的运放电路。已知 $R_1 = R_2 = 10\text{ k}\Omega$，$R_f = 20\text{ k}\Omega$，$R_P = 20\text{ k}\Omega$。求电压放大倍数的调节范围。

解： 当滑动变阻器的滑片调至最上端时，运放的同相输入端接地，电路成为单一的反相比例运算，这时电压放大倍数为

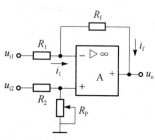

图 3.60 例 3.6 电路

$$A_{uf} = -\frac{R_f}{R_1} = -\frac{20}{10} = -2$$

当滑动变阻器的滑片调至最下端时,这时电路成为减法运算电路,这时电压放大倍数为

$$A_{uf} = \frac{u_o}{u_{i2} - u_{i1}} = \frac{R_f}{R_1} = 2$$

因此电压放大倍数的调节范围是 $-2 \sim 2$。

5. 积分运算电路

图 3.61 所示是积分运算电路,它是在反相比例运算电路的基础上把电阻 R_f 用电容 C_f 代替作为负反馈元件。

由虚短 $u_+ = u_- = 0$,以及虚断 $i_+ = i_- = 0$ 可得

$$i_1 = i_C = \frac{u_i}{R_1}$$

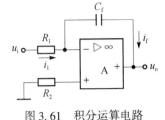

图 3.61 积分运算电路

输出电压 u_o 等于电容两端的电压,即

$$u_o = -u_C = -\frac{1}{C_f}\int i_f dt = -\frac{1}{R_1 C_f}\int u_i dt$$

上式表明,u_o 与 u_i 的积分成比例。式中的负号表示两者的相位反相,$R_1 C_f$ 称为积分时间常数,用 τ 表示,其值大小反映积分强弱。τ 越小,积分作用越强;τ 越大,积分作用越弱。电路中平衡电阻 $R_2 = R_1$。

积分电路可以方便地将方波转换成锯齿波。在控制和测量系统中得到广泛应用。

6. 微分运算电路

将积分运算电路的 R_1 和 C_f 位置互换就构成微分运算电路,如图 3.62 所示。由"虚短"和"虚断"概念可知

$$u_+ = u_- = 0$$

$$i_C = i_f = \frac{0 - u_o}{R_f}$$

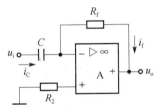

图 3.62 微分运算电路

故 $u_o = -i_C R_f$。

而 $i_C = C\frac{du_C}{dt}$,电容电压 $u_C = u_i$,故

$$u_o = -R_f C\frac{du_i}{dt}$$

可见,输出电压与输入电压对时间的微分成比例,实现了微分运算。$R_f C$ 为微分时间常数。

由于微分电路对输入信号中的快速变化分量敏感,易受外界信号的干扰,尤其是高频信号干扰,使电路抗干扰能力下降。一般在电阻 R_f 上并联一个很小容量的电容器,增强高频负反馈量,来抑制高频干扰。

3.6.3 集成运放的非线性应用——电压比较器

当运算放大器工作于开环状态,由于开环电压放大倍数很高,即使输入端有一个非常微小的差值信号,也会使集成运放达到饱和,所以运算放大器工作在非线性区。电压比较器是最常见的由工作在非线性区的集成运算放大器组成。

电压比较器是将输入电压与基准电压进行大小比较,并将比较结果以高电平或低电平的形式输出。这样,比较器的输入是连续变化的模拟信号,而输出是数字电压波形。电压比较器经常应用在波形变换、信号发生、模/数转换等电路中。

1. 基本电压比较器

图 3.63 所示为基本电压比较器的电路和电压传输特性。

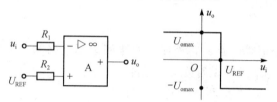

图 3.63　电压比较器电路及其电压传输特性

由理想集成运放的非线性区的特点可知:

当输入电压 $u_i > U_{REF}$ 时,$u_o = -U_{omax}$;当输入电压 $u_i < U_{REF}$ 时,$u_o = U_{omax}$。由此可看出输出电压具有两个稳定值,同时可作出电压比较器的输入/输出电压关系曲线,也叫电压传输特性曲线,如图 3.63 所示。

如果把 R_2 左端接地,即 $U_{REF} = 0$,这时电路成为过零电压比较器。其电路和电压传输特性如图 3.64 所示。过零比较器能将输入的正弦波转换成矩形波,如图 3.65 所示。

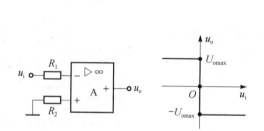

图 3.64　过零电压比较器电路及其电压传输特性

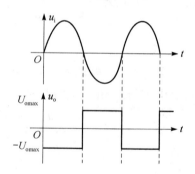

图 3.65　过零电压比较器波形

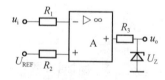

图 3.66　输出端采用稳压管限幅电路

有时为了获取特定输出电压或限制输出电压值,在输出端采取稳压管限幅,如图 3.66 所示。

当输入电压 u_i 大于基准电压 U_{REF} 时,U_Z 正向导通,不考虑二极管正向管压降时,输出电压 $u_o = 0$。

当输入电压 u_i 小于基准电压 U_{REF} 时,U_Z 反向导通限幅,不考虑二极管正向管压降时,输出电压 $u_o = U_Z$。因此,输出电压被限制在 $0 \sim U_Z$。

为了保护运算放大器,防止因输入电压过高而损坏运放,在运放的两输入端之间并联入两个二极管进行限幅,使过大的电压或干扰不能进入电路,如图 3.67 所示。

为了防止电源反接造成故障,可在电源引线上串入保护二极管,使得当电源极性接反时,二极管处于截止状态,如图 3.68 所示。

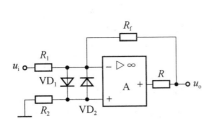
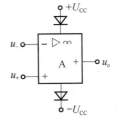

图 3.67　输入端保护　　　　　图 3.68　电源极性保护

2. 滞回电压比较器

基本电压比较器电路比较简单，当输入电压在基准电压值附近有干扰的波动时，将会引起输出电压的跳变，可能致使电路的执行电路产生误动作。为了提高电路的抗干扰能力，常常采用滞回电压比较器。

滞回电压比较器电路如图 3.69 所示。因电路中引入一个正反馈，故作为基准电压的同相输入端电压不再固定，而是随输出电压而变，运放工作在非线性区。

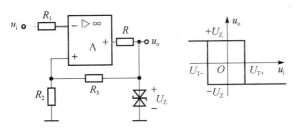

图 3.69　滞回电压比较器及其电压传输特性

当输出电压为正最大值 U_Z 时，同相输入端电压为

$$u_+ = \frac{R_2}{R_2 + R_3} U_Z$$

即当输入电压升高到这个值时，比较器发生翻转。此时输出电压由正的最大值跳变为负的最大值。把比较器的输出电压从一个电平跳变到另一个电平时所对应的输入电压值称为门限电压，又称阈值电压或转折电压。

把输出电压由正的最大值跳变为负的最大值，所对应的门限电压称为上限门限电压。它的值为

$$U_{T+} = \frac{R_2}{R_2 + R_3} U_Z$$

把输出电压由负的最大值跳变为正的最大值，所对应的门限电压称为下限门限电压 U_{T-}。当输出电压为负最大值 $-U_Z$ 时，下限门限电压为

$$U_{T-} = -\frac{R_2}{R_2 + R_3} U_Z$$

即当输入电压下降到这个值时，比较器发生翻转，此时输出电压由负的最大值跳变为正的最大值。

电路的输出和输入电压变化关系，如图 3.69 右图所示。

当输入电压 u_i 升高到 U_{T+} 之前，输出电压 $u_o = U_Z$，当升高到 U_{T+} 时，电路发生翻转，输出电压 $u_o = -U_Z$，此后 u_i 再增大时，u_o 不再改变。如果这时 u_i 下降，在没有下降到下限门限电压 U_{T-} 之前，输出电压 $u_o = -U_Z$，只有下降到下限门限电压 U_{T-} 时电路才能翻转，输出电压 $u_o = U_Z$。

把上、下限门限电压之差称为回差电压 U_H 或迟滞电压，通过改变 R_2 和 R_f 的大小来改变门限电压和回差电压的大小。从图中可知，传输特性曲线具有滞后回环特性，滞回电压比较器因此而得名。它又称为施密特触发器。

下面讨论滞回电压比较器的抗干扰作用。

通过上述知识可知，当输入电压在两个门限电压之间时，比较器的输出没有变化。只要干扰信号的幅度小于回差电压，则干扰信号对输出不产生影响，如图 3.70 所示。应用这一特点滞回电压比较器还经常用于矩形波整形。在工程上，可以根据使用环境的要求和干扰情况，调节回差电压，以兼顾电路的抗干扰能力和灵敏度的要求。

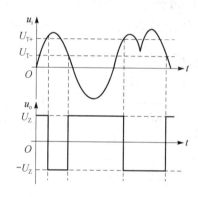

图 3.70　滞回电压比较器抗干扰举例

自我测试

1. （单选题）理想运放的两个重要结论是（　　）。
   A. 虚短与虚地　　　　　　　　B. 虚断与虚短
   C. 断路与短路

2. （单选题）集成运放一般分为两个工作区，它们分别是（　　）。
   A. 正反馈与负反馈　　　　　　B. 线性与非线性
   C. 虚断和虚短

扫一扫看答案

3. （单选题）理想运放的开环放大倍数 A_{u0} 为 ∞，输入电阻为（　　），输出电阻为 0。
   A. ∞　　　　　B. 0　　　　　C. 不定

4. （判断题）集成运放不但能处理交流信号，也能处理直流信号。
   A. 正确　　　　　B. 错误

5. （判断题）集成运放在开环状态下，输入与输出之间存在线性关系。
   A. 正确　　　　　B. 错误

3.7 场效应管简介

场效应管是利用电场效应来控制半导体多数载流子导电的单极型半导体器件。它不仅具有一般半导体三极管体积小、重量轻、耗电省、寿命长的特点，而且还具有输入阻抗高，噪声低、热稳定性好、抗干扰能力强和制造工艺简单的优点，因此在大规模集成电路中得到广泛的应用。

场效应半导体三极管（简称场效应管）是只有一种载流子参与导电的半导体器件，是一种用输入电压控制输出电流的半导体器件。根据参与导电的载流子来划分，它有电子作为载流子的 N 沟道器件和空穴作为载流子的 P 沟道器件。

从结构来划分，它有结型场效应三极管 JFET 和绝缘栅型场效应三极管 IGFET 之分。IGFET 也称金属-氧化物-半导体三极管 MOSFET，本书主要介绍后者。

3.7.1 绝缘栅场效应管的结构及工作原理

1. 结构

绝缘栅场效应管（MOSFET）分为：增强型（N 沟道、P 沟道）、耗尽型（N 沟道、P 沟道）。

N 沟道增强型 MOSFET 的结构和符号如图 3.71 所示。

电极 D 称为漏极，相当双极型三极管的集电极；G 称为栅极，相当于基极；S 称为源极，相当于发射极。

根据图 3.71，N 沟道增强型 MOSFET 基本上是一种左右对称的拓扑结构，它是在 P 型半导体上生成一层 SiO_2 薄膜绝缘层，然后用光刻工艺扩散两个高掺杂的 N 型区，从 N 型区引出电极，一个是漏极 D，一个是源极 S。在源极和漏极之间的绝缘层上镀一层金属铝作为栅极 G。P 型半导体称为衬底，用符号 B 表示。

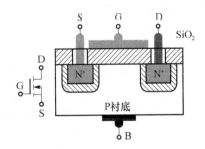

图 3.71 N 沟道增强型 MOSFET 的结构和符号

2. 工作原理

（1）栅源电压 U_{GS} 的控制作用

当 $U_{GS}=0$ V 时，漏源之间相当于两个背靠背的二极管，在 D、S 之间加上电压不会在 D、S 间形成电流。

当栅极加有电压时，若 $0<U_{GS}<U_{GS(th)}$（$U_{GS(th)}$ 称为开启电压）时，通过栅极和衬底间的电容作用，将靠近栅极下方的 P 型半导体中的空穴向下方排斥，出现了一薄层负离子的耗尽层。耗尽层中的少子将向表层运动，但数量有限，不足以形成沟道，将漏极和源极沟通，所以仍然不足以形成漏极电流 I_D。

进一步增加 U_{GS}，当 $U_{GS}>U_{GS(th)}$ 时，由于此时的栅极电压已经比较强，在靠近栅极下方的 P 型半导体表层中聚集较多的电子，可以形成沟道，将漏极和源极沟通。如果此时加有漏源电压，就可以形成漏极电流 I_D。在栅极下方形成的导电沟道中的电子，因与 P 型半导

体的载流子空穴极性相反，故称为反型层。随着 U_{GS} 的继续增加，I_D 将不断增加。在 $U_{GS}=0$ 时 $I_D=0$，只有当 $U_{GS}>U_{GS(th)}$ 后才会出现漏极电流，这种 MOS 管称为增强型 MOS 管。U_{GS} 对漏极电流的控制关系可用"$i_D=f(U_{GS})|_{U_{DS}=常数}$"这一曲线描述，称为转移特性曲线，如图 3.72 所示。

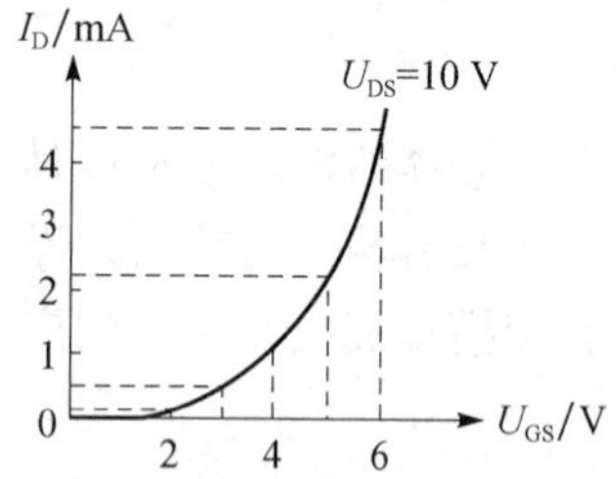

转移特性曲线的斜率 g_m 的大小反映了栅源电压对漏极电流的控制作用。g_m 的量纲为 mA/V，所以 g_m 也称为跨导，跨导的定义式如下：

$$g_m = \Delta I_D / \Delta U_{GS}|_{U_{DS}=常数}$$

（2）漏源电压 U_{DS} 对漏极电流 I_D 的控制作用

当 $U_{GS}>U_{GS(th)}$，且固定为某一值时，分析漏源电压 U_{DS} 对漏极电流 I_D 的影响。U_{DS} 的不同变化对沟道的影响如图 3.72 所示。根据此图可以有如下关系。

$$U_{DS} = U_{DG} + U_{GS} = -U_{GD} + U_{GS}$$
$$U_{GD} = U_{GS} - U_{DS}$$

图 3.72 转移特性曲线

当 U_{DS} 为 0 或较小时，相当 $U_{GD}>U_{GS(th)}$，沟道分布如图 3.73（a）所示，此时 U_{DS} 基本均匀降落在沟道中，沟道呈斜线分布。在紧靠漏极处，沟道达到开启的程度以上，漏源之间有电流通过。

当 U_{DS} 增加到使 $U_{GD}=U_{GS(th)}$ 时，沟道如图 3.73（b）所示。这相当于 U_{DS} 增加使漏极处沟道缩减到刚刚开启的情况，称为预夹断，此时的漏极电流 I_D 基本饱和。当 U_{DS} 增加到 $U_{GD}<U_{GS(th)}$ 时，沟道如图 3.73（c）所示。此时预夹断区域加长，伸向 S 极。U_{DS} 增加的部分基本降落在随之加长的夹断沟道上，I_D 基本趋于不变。

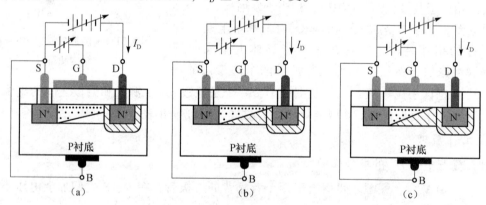

图 3.73 漏源电压 U_{DS} 对沟道的影响

当 $U_{GS}>U_{GS(th)}$，且固定为某一值时，U_{DS} 对 I_D 的影响，即"$I_D=f(U_{DS})|_{U_{GS}=常数}$"这一关系曲线如图 3.74 所示。这一曲线称为漏极输出特性曲线。

N 沟道耗尽型 MOSFET 的结构和符号如图 3.75（a）所示，它是在栅极下方的 SiO_2 绝缘层中掺入了大量的金属正离子。所以当 $U_{GS}=0$ 时，这些正离子已经感应出反型层，形成了沟道。于是，只要有漏源电压，就有漏极电流存在。当 $U_{GS}>0$ 时，将使 I_D 进一步增加。$U_{GS}<0$ 时，随着 U_{GS} 的减小漏极电流逐渐减小，直至 $I_D=0$。对应 $I_D=0$ 的 U_{GS} 称为夹

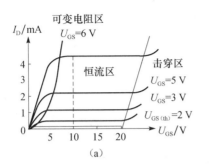
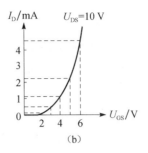

图 3.74 漏极输出特性曲线和转移特性曲线

断电压，用符号 $U_{GS(off)}$ 表示，有时也用 U_P 表示。N 沟道耗尽型 MOSFET 的转移特性曲线如图 3.75（b）所示。

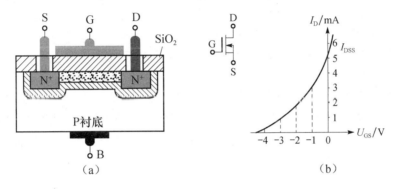

图 3.75 N 沟道耗尽型 MOSFET 的结构和转移特性曲线

P 沟道 MOSFET 的工作原理与 N 沟道 MOSFET 完全相同，只不过导电的载流子不同，供电电压极性不同而已。这如同双极型三极管有 NPN 型和 PNP 型一样。

3.7.2 场效应三极管的参数和型号

1. 场效应三极管的参数

① 开启电压 $U_{GS(th)}$（或 U_T）。开启电压是 MOS 增强型管的参数，栅源电压小于开启电压的绝对值，场效应管不能导通。

② 夹断电压 $U_{GS(off)}$（或 U_P）。夹断电压是耗尽型 FET 的参数，当 $U_{GS} = U_{GS(off)}$ 时，漏极电流为零。

③ 饱和漏极电流 I_{DSS}。耗尽型场效应三极管，当 $U_{GS} = 0$ 时所对应的漏极电流即饱和漏极电流。

④ 输入电阻 R_{GS}。场效应三极管的栅源输入电阻的典型值，对于结型场效应三极管，反偏时 R_{GS} 约大于 10^7 Ω，对于绝缘栅场型效应三极管，$R_{GS} = 10^9 \sim 10^{15}$ Ω。

⑤ 低频跨导 g_m。低频跨导反映了栅极电压对漏极电流的控制作用，这一点与电子管的控制作用十分相像。g_m 可以在转移特性曲线上求取，单位是 mS（毫西门子）。

⑥ 最大漏极功耗 P_{DM}。最大漏极功耗可由 $P_{DM} = U_{DS} I_D$ 决定，与双极型三极管的 P_{CM} 相当。

2. 场效应三极管的型号

场效应三极管的型号，现行有两种命名方法。其一是与双极型三极管相同，第三位字母 J 代表结型场效应管，O 代表绝缘栅场效应管。第二位字母代表材料，D 是 P 型硅，反型层是 N 沟道；C 是 N 型硅 P 沟道。例如，3DJ6D 是结型 N 沟道场效应三极管，3DO6C 是绝缘栅型 N 沟道场效应三极管。

第二种命名方法是 CS××，CS 代表场效应管，×× 以数字代表型号的序号，用字母代表同一型号中的不同规格。例如，CS14A、CS45G 等。

3.7.3 场效应管的正确使用

① 根据电路的要求，选择合适的管型和性能参数。

② 对于低压小信号放大电路，应主要考虑小功率场效应管的跨导、输入阻抗、夹断电压及输出阻抗等；对于大功率电路，主要考虑场效应管的极限参数，使用时严禁超过其极限参数。

③ 使用场效应管时各极必须加正确的工作电压。

④ MOS 场效应管在保管或运输过程中，应将 3 个电极短接并用金属包装屏蔽，以防 G 极被感应电动势击穿。

⑤ 焊接 MOS 场效应管时，应断电焊接，且先焊 S 极，后焊 G 极，最后焊 D 极。

⑥ 有些场效应晶体管将衬底引出，故有 4 个引脚，这种管子漏极与源极可互换使用。

⑦ 场效应管的代换应遵循的原则：管型相同，参数特性相近，形体相似。这样才能保证原电路的性能不变，且易安装。

 小技能

结型场效应管的检测

根据结型场效应管的 PN 结正反向电阻的不同，可用万用表对其进行 3 个电极的判别。将万用表拨至 R×1K 挡，用黑表笔接任一个电极，红表笔依次触碰其他两个极。若两次测得的阻值较小且近似相等，则黑表笔所接的电极为栅极 G，另外两个电极分别是源极 S 和漏极 D，且管子为 N 沟道型管。结型场效应管的漏极和源极原则上可互换。

如果用红表笔接管子的一个电极，黑表笔分别触碰另外两个电极，若两次测得的阻值较小且近似相等，则红表笔所接的电极为栅极 G，且管子是 P 沟道型管。

【任务训练1】 三极管的识别与检测

1. 任务训练目标

① 熟悉三极管的封装外形和型号。

② 会识读三极管的型号。

③ 会借助资料查阅三极管的主要参数。

④ 能用万用表检测三极管。

2. 实训设备

① 万用表 1 块。

② 3DG6A、9018H、3AX31 型三极管各 1 个,型号未知的三极管 1 个。

3. 实训内容与步骤

(1) 识读三极管的型号

① 根据封装外形,确定引脚名称。

② 借助资料,查找 3DG6A、9018H、3AX31 型三极管的主要参数,并记录如下。

3DG6A:_____。

9018H:_____。

3AX31:_____。

③ 明确各三极管的管型与材料,填写表 3.3。

表 3.3 三极管的识别与检测

型 号	B、E 间阻值		B、C 间阻值		C、E 间阻值		判断三极管的管型、材料及好坏
	正向	反向	正向	反向	正向	反向	
3DG6A							
9018H							
3AX31							

(2) 三极管的检测

① 已知型号。分别测试 3DG6A、9018H、3AX31 的两极间正、反向电阻,并将测试结果填入表 3.3。

② 型号未知。

(a) 用万用表的欧姆挡判别基极。

(b) 确定管型。

(c) 判别集电极和发射极。

4. 实训注意事项

① 在测试三极管的正、反向电阻(尤其反向电阻)时,一定要避免人体电阻的介入,以免误差过大。

② 如果弯折引脚,一定要注意弯折点与引脚根部的距离不少于 1.5 mm,以免引脚根部断掉。

③ 在测三极管两极间的电阻时,引脚要刮除氧化层,防止表笔跟引脚接触不良,且刮引脚时应在引脚根部留出一定距离(一般为 3 mm 左右)。

【任务训练2】 晶体管共射极单管放大器的安装与测试

1. 任务训练目标

① 进一步熟悉常用电子仪器及模拟电路实验设备的使用。

② 学会放大器静态工作点的调试方法，分析静态工作点对放大器性能的影响。

③ 掌握放大器电压放大倍数、输入电阻、输出电阻及最大不失真输出电压的测试方法。

2. 实验原理

由于电子器件性能的分散性比较大，因此在设计和制作晶体管放大电路时，离不开测量和调试技术。在设计前应测量所用元器件的参数，为电路设计提供必要的依据，在完成设计和装配以后，还必须测量和调试放大器的静态工作点和各项性能指标。一个优质放大器，必定是理论设计与实验调整相结合的产物。因此，除了学习放大器的理论知识和设计方法外，还必须掌握必要的测量和调试技术。

放大器的测量和调试一般包括：放大器静态工作点的测量与调试，消除干扰与自激振荡及放大器各项动态参数的测量与调试等。

(1) 放大器静态工作点的测量与调试

① 静态工作点的测量。测量放大器的静态工作点，应在输入信号 $u_i = 0$ 的情况下进行，即将放大器输入端与接地端短接，然后选用量程合适的直流毫安表和直流电压表，分别测量晶体管的集电极电流 I_C 以及各电极对地的电位 U_B、U_C 和 U_E。一般实验中，为了避免断开集电极，可以采用测量电压 U_E 或 U_C，然后算出 I_E 或 I_C 的方法，例如，只要测出 U_E，即可用 $I_C \approx I_E = \dfrac{U_E}{R_e}$ 算出 I_C（也可根据 $I_C = \dfrac{U_{CC} - U_C}{R_c}$，由 U_C 确定 I_C），同时也能算出 $U_{BE} = U_B - U_E$。

为了减小误差，提高测量精度，应选用内阻较高的直流电压表。

② 静态工作点的调试。放大器静态工作点的调试是指对管子集电极电流 I_C（或 U_{CE}）的调整与测试。

静态工作点是否合适，对放大器的性能和输出波形都影响很大。若工作点偏高，放大器输出易产生饱和失真，即 u_o 的负半周将被削底，如图 3.76（a）所示；若工作点偏低，放大器输出易产生截止失真，即 u_o 的正半周将被缩顶（一般截止失真不如饱和失真明显），如图 3.76（b）所示。这些情况都不符合不失真放大的要求。所以在选定工作点以后还必须进行动态调试，即在放大器的输入端加入一定的输入电压 u_i，检查输出电压 u_o 的大小和波形是否失真。若波形失真，则应重新调节静态工作点。

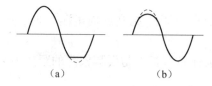

图 3.76 静态工作点对 u_o 波形失真的影响

(a) 饱和失真波形；(b) 截止失真波形

电路参数 U_{CC}、R_c、R_b（R_{b1}、R_{b2}）R_e 都会引起静态工作点的变化，但通常多采用调节偏置电阻 R_{b2} 的方法来改变静态工作点，如减小 R_{b2} 则可使静态工作点提高等。

需要说明的是，前述的工作点"偏高"或"偏低"不是绝对的，应该是相对于所放大的信号的幅度而言。若输入信号幅度很小，即使工作点较高或较低也不一定会出现失真。所以确切地说，产生输出 u_o 波形失真是信号幅度与静态工作点设置配合不当所致。如需满足较大信号幅度的要求，静态工作点最好尽量靠近交流负载线的中点。

(2) 放大器动态指标测试

放大器动态指标包括电压放大倍数、输入电阻、输出电阻、最大不失真输出电压（动态范围）和通频带等。

① 电压放大倍数 A_u 的测量。调整放大器到合适的静态工作点，然后加入电压 u_i，在输出电压 u_o 不失真的情况下，用交流毫伏表测出 u_i 和 u_o 的有效值 U_i 和 U_o，则

$$A_u = \frac{U_o}{U_i}$$

② 输入电阻 R_i 的测量。为了测量放大器的输入电阻，按图3.77所示电路在被测放大器的输入端与信号源之间串入一已知电阻 R。在放大器正常工作的情况下，用交流毫伏表测出 U_s 和 U_i，则根据输入电阻的定义可得

$$R_i = \frac{U_i}{I_i} = \frac{U_i}{\frac{U_R}{R}} = \frac{U_i}{U_s - U_i}R$$

在测试中应注意，电阻 R 的值不宜取得过大或过小，以免产生较大的测量误差，通常取 R 与 R_i 为同一数量级为好，本实验可取 $R = 5.1\ \text{k}\Omega$。

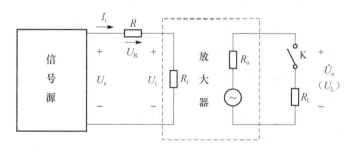

图3.77 输入、输出电阻测量电路

③ 输出电阻 R_o 的测量。按图3.77电路，在放大器正常工作情况下，测出输出端不接负载电阻 R_L 时的空载输出电压 U_o 和接入负载电阻后的输出电压 U_L，根据

$$U_L = \frac{R_L}{R_o + R_L}U_o$$

即可求出 $R_o = \left(\dfrac{U_o}{U_L} - 1\right)R_L$

在测试中应注意，必须保持 R_L 接入前后输入信号的大小不变。

④ 最大不失真输出电压 U_{OPP} 的测量（最大动态范围）。

如上所述，为了得到最大动态范围，应将静态工作点调在交流负载线的中点。为此在放大器正常工作情况下，同时相配合调节 R_P（改变静态工作点）和输入信号的幅度，用示波器观察输出 u_o 的波形，当逐步增大输入信号的幅度，输出波形同时出现削底和缩顶失真（如图3.78所示）现象，此时再渐渐减小输入信号的幅度，使削底和缩顶失真同时消除，说明静态工作点的波形基本调在交流负载线的中点。总之，反复相配合调节输入信号和静态工作点，使输出波形幅度最大且无明显失真时，则认为此时放大器已有最大不失真输出电压 U_{OPP}（最大动态范围），其值可由已校准的示波器直接读出 U_{OPP} 来；也可用交流毫伏表测出

U_o（有效值），则动态范围 $U_{OPP}=2U_o$。

⑤ 放大器幅频特性的测量。

放大器的幅频特性是指放大器的电压放大倍数 A_u 与输入信号频率 f 之间的关系曲线。单管阻容耦合放大电路的幅频特性曲线如图 3.79 所示。A_{um} 为中频电压放大倍数，通常规定电压放大倍数随频率变化下降到中频电压放大倍数的 $\sqrt{2}/2$ 倍，即 $0.707A_{um}$ 所对应的频率分别称为下限频率 f_L 和上限频率 f_H，则通频带 $f_{BW}=f_H-f_L$。

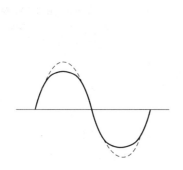

图 3.78　静态工作点正常，
输入信号太大引起的失真

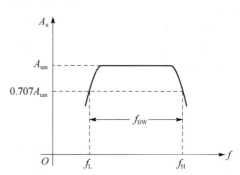

图 3.79　幅频特性曲线

测量放大器的幅频特性就是测量不同频率信号时的电压放大倍数 A_u。为此，可采用前述测 A_u 的方法，每改变一个信号频率，测量其相应的电压放大倍数，测量时应注意取点要恰当，在低频段与高频段（特别是 A_u 开始下降的转折点附近）应多测几点，在中频段可以少测几点。此外，在改变输入信号频率时，要注意保持信号的幅度不变，（即保持放大器输入信号的幅度不变），且输出波形不能失真。

3. 实验仪器和器材

（1）直流稳压电源（+12 V）

（2）函数信号发生器

（3）双踪示波器

（4）交流毫伏表

（5）直流电压表

（6）直流毫安表

（7）频率计

（8）万用电表

（9）晶体三极管 3DG6 或 9011，$\beta=50\sim100$

（10）电阻器、电容器若干

4. 实验内容及步骤

实验电路如图 3.80 所示。为防止干扰，各仪器的公共端必须连接在一起，同时信号源、交流毫伏表和示波器的信号线应采用专用电缆或屏蔽线，屏蔽线的外包金属网应接在公共地端上。

（1）调试静态工作点

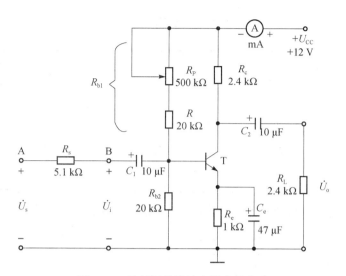

图 3.80 共射极单管放大器实验电路

接通直流电源前,先将 R_P 调至最大,函数信号发生器输出旋钮旋至零。接通 +12 V 电源、调节 R_P,使 $I_C = 2$ mA(即 $U_E \approx 2.0$ V),用直流电压表测量 U_B、U_E、U_C 及用万用表测量 R_{b2} 值,记入表 3.4 中。

表 3.4 静态工作点的调试 $I_C = 2$ mA

测量值				计算值		
U_B/V	U_E/V	U_C/V	R_{b2}/kΩ	U_{BE}/V	U_{CE}/V	I_C/mA

(2)测量电压放大倍数

在放大器的输入端加入频率为 1 kHz 的正弦信号 u_s,调节函数信号发生器的输出旋钮使放大器的输入电压 $U_i \approx 10$ mV,同时用示波器观察放大器输出电压 u_o 波形,在波形不失真的条件下用交流毫伏表测量下述 3 种情况下的 u_o 值,并用双踪示波器观察 u_o 和 u_i 的相位关系,记入表 3.5 中。

表 3.5 电压放大倍数的测量 $I_C = 2$ mA

R_c/kΩ	R_L/kΩ	U_i/V	U_o/V	A_u/倍	观察记录一组 u_i 和 u_o 波形图
2.4	∞				
1.2	∞				
2.4	2.4				

(3)观察静态工作点对输出波形失真的影响

置 $R_c = 2.4$ kΩ,$R_L = 2.4$ kΩ,$U_i = 0$,调节 R_P 使 $I_C = 2$ mA,测出 U_{CE} 值,再逐渐加大输入信号,使输出电压 u_o 足够大且不失真,记录下 u_i 值。然后保持输入信号幅度不变,分别增大和减小 R_P,使输出波形出现失真,绘出失真波形,并测出失真情况下的 I_C 和 U_{CE} 值,记入表 3.6 中。每次测量 I_C 和 U_{CE} 值时都要将信号源的输出旋钮旋至零。

表 3.6 　静态工作点对输出波形失真的影响

$R_c = 2.4$ kΩ　　$R_L = \infty$　　$U_i = $　　mV

I_C/mA	U_{CE}/V	u_o 波形	失真情况	管子工作状态	失真原因
2.0					

（4）测量最大不失真输出电压

置 $R_c = 2.4$ kΩ，$R_L = 2.4$ kΩ，调节输入信号的幅度和电位器 R_P，使输出电压最大且不失真，用示波器和交流毫伏表测量 U_{OPP} 及 U_o 值，记入表 3.7 中。

表 3.7 　测量最大不失真输出电压　　　　　　　$R_c = 2.4$ kΩ　$R_L = 2.4$ kΩ

I_C/mA	U_{im}/mV	U_{om}/V	U_{OPP}/V

（5）测量输入电阻和输出电阻

置 $R_c = 2.4$ kΩ，$R_L = 2.4$ kΩ，$I_C = 2$ mA。输入 $f = 1$ kHz 的正弦信号，在输出电压 u_o 不失真的情况下，用交流毫伏表测出 U_s、U_i 和 U_L 记入表 3.8。保持 U_s 不变，断开 R_L，测量输出电压 U_o，也记入表 3.8 中。

表 3.8 　测量输入电阻和输出电阻

$I_C = 2$ mA　$R_c = 2.4$ kΩ　$R_L = 2.4$ kΩ

U_s/mV	U_i/mV	R_i/kΩ		U_L/V	U_o/V	R_o/kΩ	
		测量计算值	理论计算值			测量计算值	理论计算值

（6）测量幅频特性曲线

取 $R_c = 2.4$ kΩ，$R_L = 2.4$ kΩ，$I_C \approx 2.0$ mA。同时配合调节输入信号 u_i 幅度和电位器 R_P，使输出 u_o 最大且不失真，记录下 u_i 值。然后保持输入信号的幅度不变，改变信号源频率 f，逐点测出相应的输出电压 u_o，记入表 3.9 中。

表 3.9 　测量幅频特性曲线　　　　　　　　　　　　　　　$U_i = $　　mV

f/kHz				1.0				
U_o/V								
$A_u = U_o/U_i$								

为了使信号源频率 f 取值合适，实验操作的方法是：先在音频的典型中频频率 1.0 kHz 向低频端逐渐降低频率，注意观察输出电压 U_o，当它开始降低时注意记录输入信号的频率 f，然后继续调低输入信号的频率 f，使输出电压 U_o 下降到 1.0 kHz 时的 0.707 倍时，再记录此时输入信号的频率（注意保持输入信号的幅值不变），在这区间多取几个输入信号的频率点，再往下调低频率取几个点，记录下对应的输出电压 U_o，记入表 3.9 中；高频端仿效低频端的测试操作方法操作。然后根据实验数据，参照相关实验原理绘出幅

频特性曲线。

5. 实验报告

① 列表整理测量结果,并把实测的静态工作点、电压放大倍数、输入电阻、输出电阻的值与理论计算值比较(取一组数据进行比较),分析产生误差的原因。

② 总结 R_c、R_L 及静态工作点对放大器电压放大倍数、输入电阻、输出电阻的影响。

③ 讨论静态工作点变化对放大器输出波形的影响。

④ 分析讨论在调试过程中出现的问题。

6. 思考题

① 阅读教材中有关单管放大电路的内容并估算实验电路的性能指标。

假设图 3.80 中所用晶体管的 $\beta = 100$,$R_{b1} = 20 \text{ k}\Omega$,$R_{b2} \approx 60 \text{ k}\Omega$,$R_c = R_L = 2.4 \text{ k}\Omega$。试估算放大器的静态工作点,电压放大倍数 A_u,输入电阻 R_i 和输出电阻 R_o。

② 为什么实验中要采用测 U_B、U_E,再间接算出 U_{BE} 的方法?能否用直流电压表直接测量晶体管的 U_{BE}?

③ 当调节偏置电阻 R_{b2},使放大器输出波形出现饱和或截止失真时,晶体管的管压降 U_{CE} 怎样变化?

④ 变静态工作点对放大器的输入电阻 R_i 有否影响?改变外接负载电阻对输出电阻 R_o 是否有影响?

⑤ 在测量 A_u、R_i 和 R_o 时怎样选择输入信号的幅度和频率?

【任务训练 3】 射极跟随器的安装与测试

1. 任务训练目标

① 掌握射极跟随器的特性及测试方法。

② 进一步学习和掌握放大器各项参数的测试方法。

2. 任务训练仪器和器材

(1) 直流稳压电源(±12 V)

(2) 函数信号发生器

(3) 双踪示波器

(4) 交流毫伏表

(5) 直流电压表

(6) 频率计

(7) DG12(或 9013)×1($\beta = 50 \sim 100$)

(8) 电阻器、电容器若干

3. 任务训练内容及步骤

(1) 按图 3.81 所示连接电路

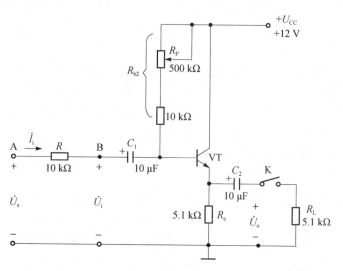

图 3.81 射极跟随器

(2) 静态工作点的调整

接通 +12 V 电源,在 B 点加入 $f=1$ kHz 正弦信号 u_i,输出端用示波器监视输出电压 u_o 波形,反复配合调整 R_P 及信号源的输出幅度,使输出电压 u_o 波形最大且不失真。然后置 $u_i=0$,用直流电压表测量晶体三极管各电极对地电位,将测得数据记入表 3.10。

表 3.10 静态工作点的测试

U_B/V	U_E/V	U_C/V	I_E/mA

在测试过程中应保持 R_P 值不变(即保持静态工作点 I_{BQ} 不变)。

(3) 测量电压放大倍数 A_u

接入负载 $R_L=1$ kΩ,在 B 点加入 $f=1$ kHz 正弦信号 u_i,配合调整 R_P 及信号源的输出幅度,使输出电压 u_o 波形最大且不失真。用交流毫伏表测量 U_i、U_o 值,记入表 3.11 中。

表 3.11 电压放大倍数的测试

U_i/V	U_L/V	A_u/倍	备 注

(4) 测量输出电阻 R_o

维持上述步骤操作,用交流毫伏表测量接有负载($R_L=1$ kΩ)时的输出电压 U_L,再断开负载(注意:不能使 u_o 失真,否则减小 u_i 后重测),测量空载时的输出电压 U_o,记入表 3.12 中,再根据 $R_o=\left(\dfrac{U_o}{U_L}-1\right)R_L$ 算出 R_o,也记入表 3.12 中。

表 3.12 输出电阻 R_o 的测试

U_L/V	U_o/V	R_o/kΩ	备 注

(5) 测量输入电阻 R_i

在 A 点加入 $f=1$ kHz 正弦信号 u_s，配合调整 R_P 及信号源的输出幅度，使输出电压 u_o 波形最大且不失真。用交流毫伏表分别测出 A、B 点对地的输入电压 U_s、U_i，记入表 3.13 中，根据 $R_i = \dfrac{U_i}{I_i} = \dfrac{U_i}{U_s - U_i} R$ 计算出 R_i 也记入表 3.13 中。

表 3.13　输入电阻 R_i 的测试

U_s/V	U_i/V	R_i/kΩ	备 注

(6) 测试跟随特性

接入负载 $R_L = 1$ kΩ，在 B 点加入 $f=1$ kHz 正弦信号 u_i，配合调整 R_P 及信号源的输出幅度，使输出电压 u_o 波形最大且不失真。用交流毫伏表分别测出 U_i 和 U_L 值，记入表 3.14 中。

表 3.14　测试跟随特性

U_i/V			备 注
U_L/V			

*(7) 测试频率响应特性

同时配合调节输入信号 u_i 幅度和电位器 R_P，使输出 u_o 最大且不失真，记录下 u_i 值。然后保持输入信号的幅度不变，改变信号源频率 f，逐点测出相应的输出电压 u_o，记入表 3.15 中，再根据实验数据作出频率响应特性曲线。

表 3.15　测试频率响应特性　　　　　　　　　　　　$U_i =$ 　　mV

f/kHz				1.0					
U_L/V									

4. 完成产品

① 整理实验数据，并画出曲线 $U_L = f(U_i)$ 及 $U_L = f(f)$ 曲线。
② 分析射极跟随器的性能和特点。

5. 思考题

射极跟随器有什么用途？

【任务训练4】　集成运算放大器的线性应用电路测试

1. 任务训练目标

(1) 识别集成运算放大器 LM358 的型号、封装外形和管脚分布。
(2) 验证集成运算放大器完成的各种运算功能。

2. 任务训练设备与器件

实训设备：模拟电路实验装置 1台

实训器件：集成运算放大器 LM358 1片、100 kΩ 电阻一只、10 kΩ 电阻两只、10 kΩ 电位器一只

3. 任务训练内容及步骤

（1）反相比例运算电路

按照图 3.82 连接实验电路，接通 +5 V 和 -5 V 电源，输入端对地短路，进行调零和消振，按照表 3.16 的要求输入直流信号，用直流电压表测量对应的输出电压，记入表 3.16 中。

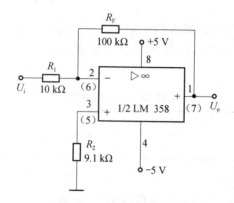

图 3.82 反相比例运算电路

表 3.16 反相比例运算电路

输入电压 U_i/V	+0.1	+0.2	+0.3
输出电压 U_o/V			
电压放大倍数 U_o/U_i			

（2）同相比例运算电路

按照图 3.83 连接实验电路，接通 +5 V 和 -5 V 电源，输入端对地短路，进行调零和消振，按照表 3.17 的要求输入直流信号，用直流电压表测量对应的输出电压，记入表 3.17 中。

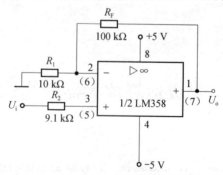

图 3.83 同相比例运算电路

表 3.17　同相比例运算电路

输入电压 U_i/V	+0.1	+0.2	+0.3
输出电压 U_o/V			
电压放大倍数 U_o/U_i			

(3) 反相加法运算电路

按照图 3.84 连接实验电路,接通 +5 V 和 -5 V 电源,输入端对地短路,进行调零和消振,按照表 3.18 的要求输入直流信号,用直流电压表测量对应的输出电压,记入表 3.18 中。

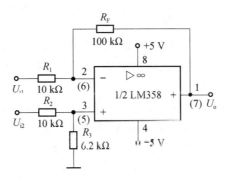

图 3.84　反相加法运算电路

表 3.18　反相加法运算电路

输入电压 U_{i1}/V	0.1	0.2	0.3
输入电压 U_{i2}/V			
输出电压 U_o/V			
电压放大倍数 $U_o/(U_{i1}+U_{i2})$			

4. 实训注意事项

(1) 接插集成块时,要认清定位标记,不得插反。
(2) 电源极性绝对不允许接错,集成块 LM358 输入端和输出端不允许直接连接电源端。
(3) 测量当中,反相比例运算电路和反相加法运算电路输出电压测量值为负值,当发现电压表指针读不出,说明电压为负值,这时就要交换红黑表笔,再测量。

5. 实验报告

(1) 整理实验数据,将实测数据与理论计算结果进行比较,分析产生误差的原因。
(2) 分析讨论研究实验操作过程中出现的现象和问题。

6. 思考题

在反相加法运算电路中,若选定 $U_{i2}=-1$ V,当考虑到集成运算放大器的最大输出幅度(±12 V)时,$|U_{i1}|$ 的大小不应超过多少伏?

本项目知识点

1. 三极管是由两个 PN 结构成的半导体器件,它分为 NPN 型和 PNP 型两大类。三极管具有电流放大作用,其实质是电流控制作用。

2. 通常使用输入、输出特性来描述三极管的性能。从特性曲线上可以划分成饱和区、放大区和截止区。当发射结加正向电压、集电结加反向电压时,三极管处于放大状态。

3. 对放大电路的基本要求是能实现对信号的不失真放大。只有建立合适的静态工作点,使三极管处于放大状态,电路才能实现对信号的不失真放大。

4. 共集电极放大器虽然没有电压放大能力,但具有输入电阻大、输出电阻小的优点,常用于多级放大器的输入级、中间级和输出级。

5. 多级放大器的级间耦合方式有阻容耦合、直接耦合和变压器耦合 3 种。多级放大器的电压放大倍数等于各单级放大器放大倍数的乘积;输入电阻为第一级放大器的输入电阻;输出电阻为最后一级放大器的输出电阻。

6. 当信号的频率下降或升高时,放大器的电压放大倍数会下降,这种关系称为幅频特性。

7. 功率放大器的主要作用是向负载提供足够大的交流功率,以推动执行装置。要求功率放大器输出足够大的功率、效率高、非线性失真小,并能保证三极管能可靠地工作。功率放大器的主要指标有输出功率、效率、管耗等。

8. 集成功率放大器具有制造成本低、体积小、重量轻、工作稳定、外围元件少和调试方便等特点,所以应用非常广泛。

9. 放大电路中引入负反馈,以减小放大倍数为代价,改善了放大器的许多性能指标。

10. 负反馈对放大电路的影响是多方面的:交流负反馈减小了放大倍数,但提高了其稳定性,展宽了通频带,减小了电路内部引起的非线性失真和噪声的影响,可改变输入、输出电阻。

11. 集成运放的两个工作区:线性区和非线性区。当集成运放电路有深度负反馈时其工作在线性区,否则,工作在非线性区。

12. 集成运放工作在线性区的特点是:输出电压与输入电压成正比;两输入端电位相等;两输入端输入电流为零。

13. 集成运放工作在非线性区的特点是:输出电压具有两值性;两输入端电位不相等;两输入端输入电流为零。

14. 场效应管是一种电压控制型器件,有绝缘栅型和结型两种类型,每种类型又分为 P 沟道和 N 沟道两种。绝缘栅场效应管还可以分增强型和耗尽型两种。

15. 与半导体三极管相比,场效应管放大电路具有很高的输入电阻,但其电压放大倍数较低。

思考与练习

一、填空题

3.1 设 u_+ 和 u_- 分别是运算放大器同相端和反相端的电位,i_+ 和 i_- 分别是运算放大器同相端和反相端的电流。我们把 $u_+ = u_-$ 的现象称为_____；把 $i_+ = i_- = 0$ 的现象称为_____。

3.2 为了稳定静态工作点，在放大电路中应引入_____负反馈；若要稳定放大倍数，改善非线性失真等性能，应引入_____负反馈。

3.3 三极管由两个 PN 结组成，具有_____和_____特性；NPN 型三极管工作于放大区时三个极的电位关系为 U_C _____ U_B _____ U_E。

3.4 放大电路要设计合适的静态工作点，如果静态工作点过高容易出现_____失真；静态工作点过低容易出现_____失真。

3.5 两级放大电路中，第一级电压放大倍数为60，第二级电压放大倍数为80，则总的放大倍数为_____。

3.6 共集电极放大器的特点是电压放大倍数_____，输入电阻很_____，输出电阻很_____。

3.7 通常采用_____判别法判别反馈电路的反馈极性。若反馈信号加强了输入信号，则为_____反馈；反之为_____反馈。

二、判断题（正确的打√，错误的打×）

3.8 只有电路既放大电流又放大电压，才称其有放大作用。（ ）

3.9 可以说任何放大电路都有功率放大作用。（ ）

3.10 放大电路中输出的电流和电压都是由有源元件提供的。（ ）

3.11 电路中各电量的交流成分是交流信号源提供的。（ ）

3.12 放大电路必须加上合适的直流电源才能正常工作。（ ）

3.13 由于放大的对象是变化量，所以当输入信号为直流信号时，任何放大电路的输出都毫无变化。（ ）

3.14 只要是共射放大电路，输出电压的底部失真都是饱和失真。（ ）

3.15 在功率放大电路中，输出功率越大，功放管的功耗越大。（ ）

3.16 功率放大电路的最大输出功率是指在基本不失真情况下，负载上可能获得的最大交流功率。（ ）

3.17 当 OCL 电路的最大输出功率为 1 W 时，功放管的集电极最大耗散功率应大于 1 W。（ ）

3.18 功率放大电路与电压放大电路、电流放大电路的共同点是：
都使输出电压大于输入电压。（ ）
都使输出电流大于输入电流。（ ）
都使输出功率大于信号源提供的输入功率。（ ）

3.19 功率放大电路与电压放大电路的区别是：
前者比后者电源电压高。（ ）
前者比后者电压放大倍数数值大。（ ）
前者比后者效率高。（ ）
在电源电压相同的情况下，前者比后者的最大不失真输出电压大。（ ）

3.20 功率放大电路与电流放大电路的区别是：
前者比后者电流放大倍数大。（ ）

前者比后者效率高。（ ）
在电源电压相同的情况下，前者比后者的输出功率大。（ ）

三、问答题

3.21 三极管电流放大作用的实质是什么？

3.22 试述 NPN 型管 PNP 型管的异同。

3.23 某三极管的 1 脚流出的电流为 2.04 mA，2 脚流进的电流 2 mA，3 脚流进的电流为 0.04 mA，试判断各引脚名称和管型。

3.24 有两只三极管，一只管子的 $\beta=200$、$I_{CEO}=200$ μA，另一只管子的 $\beta=50$、$I_{CEO}=10$ μA，其他参数大致相同，通常应选用哪只管子？为什么？

3.25 已知某放大电路中三极管各电极电位如下：试确定各电位对应的电极以及三极管类型。

(1) 5 V、1.2 V、0.5 V   (2) 6 V、5.8 V、1 V
(3) 9 V、8.3 V、2 V   (4) −8 V、−0.2 V、0 V

3.26 三极管任意断了一个引脚，剩下两个电极能当二极管使用吗？

3.27 某三极管的极限参数为 $P_{CM}=250$ mW，$I_{CM}=60$ mA，$U_{CEO}=100$ V。

(1) 如果 $U_{CE}=12$ V，集电极电流 $I_C=25$ mA，问管子能否正常工作？为什么？

(2) 如果 $U_{CE}=3$ V，集电极电流 $I_C=75$ mA，问管子能否正常工作？为什么？

3.28 基本放大器由哪几个部分组成？各部分的作用是什么？

3.29 三极管放大器的分析方法有哪几种？各有什么特点？

3.30 什么是放大器的静态工作点？为什么要设置静态工作点？

3.31 多级放大器有哪几种耦合方式？各有什么特点？

3.32 两级放大器中，若 $A_{u1}=50$，$A_{u2}=60$，问总的电压放大倍数是多少？折算成分贝是多少？

3.33 当 NPN 型三极管放大器输入正弦信号时，由示波器观察到的输出波形如图 3.85 所示，试判断这是什么类型的失真？如何才能消除这种失真？

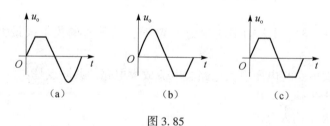

图 3.85

3.34 在图 3.86 所示的共发射极基本放大器中，已知三极管的 $\beta=50$。

(1) 画出电路的直流通路。

(2) 计算电路的静态工作点。

(3) 若要求 $I_{CQ}=0.5$ mA，$U_{CEQ}=6$ V，请重新配置 R_b 和 R_c 的值。

(4) 若 $R_L=6$ kΩ，求电压放大倍数、输入电阻和输出电阻。

3.35 分压式偏置电路如图 3.87 所示，已知三极管的 $U_{BE}=0.6$ V。试求：

(1) 放大电路的静态工作点、电压放大倍数、输入和输出电阻。

(2) 如果将发射极电容 C_e 开路，重新计算电压放大倍数、输入电阻和输出电阻。

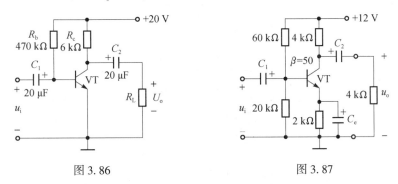

图 3.86　　　　　　　　　图 3.87

3.36　共集电极放大电路如图 3.88 所示。已知 $\beta=50$，$R_b=100$ kΩ，$R_e=2$ kΩ，$R_L=2$ kΩ，$R_s=1$ kΩ，$U_{CC}=12$ V，$U_{BE}=0.6$ V，试求：

（1）电压放大倍数 A_u；

（2）输入电阻；

（3）输出电阻。

3.37　在图 3.89 所示的两级阻容耦合放大器中，$U_{CC}=20$ V，$R_{b11}=100$ kΩ，$R_{b12}=24$ kΩ，$R_{c1}=15$ kΩ，$R_{e1}=5.1$ kΩ，$R_{b21}=33$ kΩ，$R_{b22}=6.8$ kΩ，$R_{c2}=7.5$ kΩ，$R_{e2}=2$ kΩ，$r_{be1}=r_{be2}=1$ kΩ，$R_L=5$ kΩ，$\beta_1=60$，$\beta_2=120$，求总的电压放大倍数、输入电阻和输出电阻。

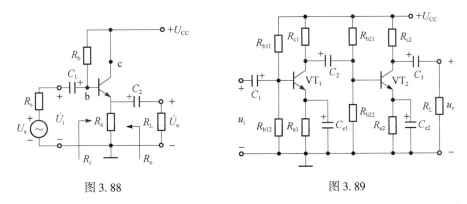

图 3.88　　　　　　　　　图 3.89

3.38　电路如图 3.90 所示，集成运放输出电压的最大幅值为 ±14 V，当 u_{i1} 和 u_{i2} 均为 u_i 且为 0.1 V、0.5 V、1.0 V、1.5 V 时，请将 u_{o1} 和 u_{o2} 填入表 3.19 中。

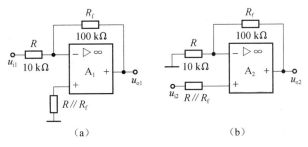

图 3.90

表 3.19

u_i/V	0.1	0.5	1.0	1.5
u_{o1}/V				
u_{o2}/V				

3.39 在图 3.91 中，运算电路的输入输出关系是什么？并求出 R_1，R_2 的值。

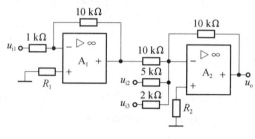

图 3.91

3.40 在图 3.92（a）所示电路中，已知输入电压 u_i 的波形如图 3.92（b）所示，当 $t=0$ 时 $u_o=0$。试画出输出电压 u_o 的波形。

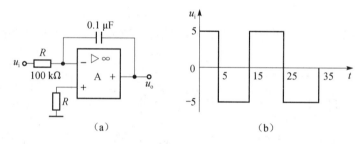

（a）　　　　　　　　　　　（b）

图 3.92

3.41 在图 3.93 所示同相比例运算电路中，已知 $R_1 = 10\ \text{k}\Omega$，$R_f = 47\ \text{k}\Omega$，$u_i = 100\ \text{mV}$，试求其输出电压 u_o。

3.42 在图 3.94 所示反相比例运算电路中，已知输入电压 $u_i = -20\ \text{mV}$，$R_f = 125\ \text{k}\Omega$，$R_1 = 25\ \text{k}\Omega$，试求其输出电压 u_o。

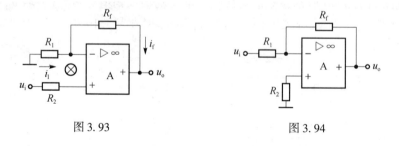

图 3.93　　　　　　　　　　　图 3.94

3.43 在图 3.95 所示电路中存在哪种类型的反馈？

3.44 在图 3.96 所示电路中存在哪种类型的反馈？

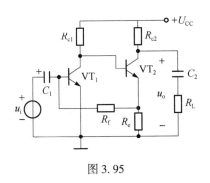
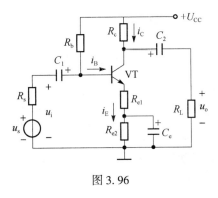

图 3.95　　　　　　　　　　　图 3.96

项目 4 音频信号发生器的分析与制作

【学习目标】

能力目标

1. 会计算正弦波振荡电路及方波发生器的振荡频率；会用瞬时极性法分析各类正弦波振荡电路的类型。
2. 能完成音频信号发生器的制作与调试。

知识目标

1. 了解振荡与自激振荡的概念、产生振荡的条件，掌握各种振荡电路的结构、工作原理、频率计算、各类振荡电路适用频率的范围，掌握振荡电路的应用。
2. 了解 RC 串并联及 LC 并联谐振网络的选频特点及其组成振荡电路的基本结构。

音频信号发生器实物如图 4.1 所示。

图 4.1 音频信号发生器实物

【实践活动】 音频信号发生器的制作

1. 工作任务单

① 小组制订工作计划。
② 认识并掌握文氏电桥振荡器原理图,明确元器件连接和电路连线。
③ 画出布线图。
④ 完成电路所需元器件的购买与检测。
⑤ 根据布线图制作文氏电桥振荡电路。
⑥ 完成电路功能检测和故障排除。
⑦ 通过小组讨论完成电路的详细分析及编写项目报告。

音频信号发生器如图4.2所示。

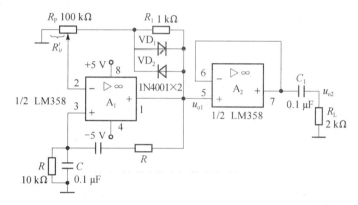

图4.2 音频信号发生器电路

2. 项目目标

① 熟悉音频信号发生器的电路结构,理解其工作原理。
② 能正确安装音频信号发生器。
③ 掌握音频信号发生器的频率调节与测试方法。

3. 实训设备与器材

实训设备:通用面包板1块、双踪示波器1台、晶体管毫伏表1台、万用表1块、频率计1台、直流稳压电源1台。

实训器件:集成运放(LM358)1个,1N4001型二极管2个,100 kΩ电位器1个,10 kΩ电阻4个,1 kΩ、2 kΩ电阻各1个,0.1 μF电容器5个,导线若干。

4. 项目电路与说明

本电路是一个文氏桥振荡电路,又叫 *RC* 桥式正弦波振荡电路,由一个同相比例放大电路和 *RC* 选频网络所组成,由于放大电路的输出电压与输入电压同相,*RC* 选频网络对反馈信号相移为零,且输出电压最大,故反馈信号能满足振荡的相位条件。只要放大倍数满足振幅条件，就能产生音频振荡信号。

5. 项目电路的安装与调试

（1）电路安装

① 识别与检测元件，并查阅资料画出芯片 LM358 的引脚排列示意图。

② 根据图 4.2 画出文氏电桥振荡器的装配图。

③ 按装配图进行电路装接，其中电位器 R'_P 置最大。

（2）电路调试

① 接通电源，调小 R'_P 直至振荡波形 u_{o1}、u_{o2} 不失真。将 u_{o1}、u_{o2} 测量的数据记入表 4.1 中。若电路有故障，进行排除，并作记录。

表 4.1 正弦波实测数据（$R = 10 \text{ k}\Omega$，$C = 0.1 \text{ μF}$）

被测量	有效值	波 形	周期 T/ms	频率 f_0/kHz	
				理论值	测量值
u_{o1}		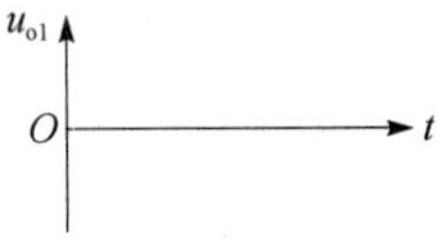			
u_{o2}		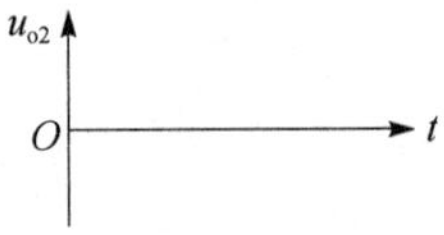			

故障现象及排除过程：_____

② 在 RC 串并联选频网络中的电阻两端各并联 10 kΩ 电阻，进行频率调节，并测量完成表 4.2 的填写。

③ 在 RC 串并联选频网络中的电容两端各并联 0.1 μF 电容，进行频率调节，并完成表 4.2 的填写。

表 4.2 频率调节实测数据

元件参数	被测量	周期 T/ms	频率 f_0/kHz	
			理论值	测量值
$R = 5 \text{ k}\Omega$ $C = 0.1 \text{ μF}$	u_{o1}			
	u_{o2}			
$R = 10 \text{ k}\Omega$ $C = 0.2 \text{ μF}$	u_{o1}			
	u_{o2}			

（3）注意事项

① 按工艺要求安装电子元件，插件装配要美观、均匀、端正、整齐，高低有序。

② 严禁将集成运放的电源极性接反及输出端短路,以免损坏芯片。
③ 电路装配好并经过检查后才可接通电源。
④ 仪器接地端要与电路接地端连接起来。
⑤ VD_1、VD_2 两管用来实现自动稳幅,与之并联的电阻 R_1 是为了克服硅二极管的死区电压造成输出波形在过零附近的畸变而设置的,若 VD_1、VD_2 换为锗管,R_1 可不接。

6. 分析电路及编写实训报告

7. 实训考核(表4.3)

表 4.3 音频信号发生器的制作考核表

项 目	内 容	配 分	考核要求	扣分标准	得 分
实训态度	1. 实训的积极性 2. 安全操作规程的遵守情况 3. 纪律遵守情况	30分	积极实训,遵守安全操作规程和劳动纪律,有良好的职业道德和敬业精神	违反安全操作规程扣20分,不遵守劳动纪律扣10分	
电路安装	1. 安装图的绘制 2. 电路的安装	40分	电路安装正确且符合工艺要求	电路安装不规范,每处扣5分,电路接错扣5分	
电路的调试	接通电源调节电位器,观察输出电压波形	30分	1. 接通电源,有电压输出; 2. 能调节电压输出的频率	通电无电压输出扣30分;通电有电压输出,但不可调频率扣20分	
合计		100分			
注:各项配分扣完为止					

思考

假设要制作一个调幅无线话筒,如何设计该电路?请查阅有关资料,画出电路原理图,并试分析其工作原理。

4.1 正弦波振荡电路

能产生周期性电信号的电路叫做振荡电路。其中,能产生正弦波的电路叫做正弦波振荡电路(又称为正弦波振荡器),类似的还有三角波振荡器、锯齿波振荡器、矩形波振荡器等。

正弦波振荡电路能产生正弦波输出,它是在放大电路的基础上加上正反馈而形成的,是各类波形发生器和信号源的核心电路,在测量、通信、无线电技术、自动控制等领域有广泛的应用,如实验室的信号发生器、开关电源、电视机、收音机等。

4.1.1 正弦波振荡电路的基本概念

1. 正弦波振荡电路的组成

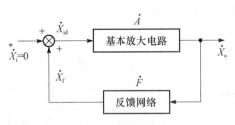

图 4.3　正反馈的组成框图

从放大电路的输出端取出部分或全部输出信号，以一定的方式返送回输入端的过程，称为反馈。若该反馈能加强输入信号，则这种反馈称为正反馈。正反馈的组成框图如图 4.3 所示。

为了产生正弦波，必须在放大电路里加入正反馈，因此放大电路和正反馈网络是振荡电路的最主要部分。但是，我们想得到的是一定频率的正弦波，所以正弦波振荡器中必须还有选频电路（或称为选频网络）。所以，正弦波振荡器一般由放大电路、正反馈网络和选频网络三部分组成。

2. 正弦波振荡器的振荡条件

各类振荡器的共同特点是在没有外来信号的条件下，电路能输出一定频率、一定幅度和特定波形的电信号。

电路能不断地输出交流信号（或脉冲信号）$\dot{X}_o$ 的现象，称为电路振荡。不需要外来信号（即 $\dot{X}_i = 0$），而能自己产生电路振荡的现象，称为自激振荡。正弦波振荡电路就是利用自激振荡来产生正弦信号的。

正弦波振荡电路由基本放大电路和反馈电路组成，在最初的正弦输入信号 $\dot{X}_i$ 作用下，输出正弦信号 $\dot{X}_o$，$\dot{X}_o$ 经过反馈网络送回输入端的反馈电压为 $\dot{X}_f$，若 $\dot{X}_f$ 和 $\dot{X}_i$ 的大小、相位完全一致，即使去掉 $\dot{X}_i$，也可以在输出端得到维持不变的输出电压，此时电路产生自激振荡，即 $\dot{X}_f = \dot{X}_{id}$（X_{id} 是电路的净输入信号）。

因为 $\dot{X}_f \dot{X}_f = \dot{X}_{id}$，　　　$\dot{X}_f = \dot{F} \dot{X}_o = \dot{F} \dot{A} \dot{X}_{id}$

所以，当产生稳定的振荡时，　　$\dot{F} \dot{A} = 1$

由此可见，自激振荡的形成必须满足以下两个条件：

（1）相位平衡条件

振荡电路中，反馈信号 $\dot{X}_f$ 必须与输入信号 $\dot{X}_i$ 相位相同，为正反馈，即

$$\varphi_A + \varphi_F = 2n\pi \qquad (n = 0, 1, 2\cdots)$$

（2）幅值平衡条件

振荡电路中，反馈信号 $\dot{X}_f$ 必须与输入信号 $\dot{X}_i$ 大小相等，此时 $AF = 1$。

3. 自激振荡的建立和稳定

（1）起振

振荡电路在接通电源开始工作的瞬间，电路中并没有外加输入信号。但是因为电路的突然导通，振荡电路中总会存在各种电的扰动（例如接通电源瞬间的电流突变、内部噪声等），这些扰动中包含了频率由零到无穷大的各种微弱交流信号。由于选频网络的作用，与

选频网络频率 f_0 相等的信号，经过放大、正反馈，再反复放大和正反馈过程，其振幅逐渐增强，形成振荡。其他频率的信号则均被选频网络滤除。为了起振，在振荡的开始阶段，设计电路的正反馈信号略强于输入信号，从而使振荡信号的幅度能越来越大。

（2）稳定

当振荡的幅度达到一定值后，由于放大器本身的非线性，随着幅度的增加，放大器的电压放大倍数下降，振幅的增长受到限制而使振荡的幅度自动稳定下来。

4．正弦振荡电路的分类

为了保证振荡电路产生单一的正弦波，电路中必须包含选频网络，根据选频网络元件的不同，可以将振荡器分为 RC 振荡器、LC 振荡器和石英晶体正弦波振荡器。

自我测试

1．（单选题）电路产生正弦振荡的必要条件是（　　）。
A．放大器的电压放大倍数大于 100　　　B．反馈一定是正反馈
2．（判断题）只要具有正反馈，电路就一定能产生振荡。
A．正确　　　　　　　　　　　　　　　B．错误
3．（判断题）只要满足正弦波振荡电路的相位平衡条件，电路就一定振荡。
A．正确　　　　　　　　　　　　　　　B．错误

扫一扫看答案

4.1.2　RC 正弦波振荡电路

要产生频率低于 $1MHz$ 的正弦波信号时，一般采用 RC 桥式振荡电路，电路如图 4.4 所示。它由一个同相比例放大电路和 RC 串并联反馈兼选频网络所组成。

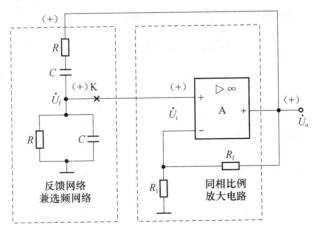

图 4.4　RC 桥式振荡电路原理图

由于放大电路的输出电压与输入电压同相，而 RC 选频网络对 f_0 的信号相移为零，且输出电压最大，故对 f_0 信号能满足振荡的相位条件。只要放大倍数等于 3 即可满足振幅条件。

振荡频率为

$$f_0 = \frac{1}{2\pi RC}$$

1. RC 串并联网络的选频特性

图 4.5 所示为 RC 串并联网络，它的传输系数为：$\dot{F} = \dfrac{\dot{U}_f}{\dot{U}_o}$。由理论计算可知，在 $R_1 = R_2$ 和 $C_1 = C_2$ 的条件下，当串并联网络中传输的信号角频率为：$\omega = \omega_0 = \dfrac{1}{RC}$ 时，传输系数 F 达到最大值，大小为：$F = \dfrac{1}{3}$，而且此时 $\dot{U}_f$ 与 $\dot{U}_o$ 同相位，如图 4.6 所示。

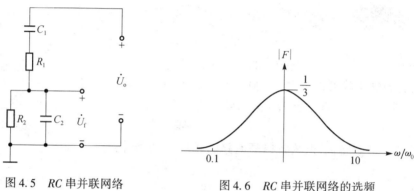

图 4.5 RC 串并联网络　　　　图 4.6 RC 串并联网络的选频

2. RC 正弦波振荡电路的工作原理

由于 $\omega = \omega_0 = \dfrac{1}{RC}$ 时，F 达到最大值 $F = \dfrac{1}{3}$，且此时 $\dot{U}_f$ 与 $\dot{U}_o$ 同相位。为满足振荡的幅度条件 $AF = 1$，所以应把 RC 桥式振荡电路中的基本放大器接成同相放大器，并适当选择 R_1、R_F 使 $A \geqslant 3$。也就是要让由运放和电阻 R_1、R_F 构成的同相比例放大器，其电压放大倍数为：$A = 1 + \dfrac{R_f}{R_1} \geqslant 3$。这样就可以从运放的输出端得到正弦波信号，且其频率为 $f_0 = \dfrac{1}{2\pi RC}$。

一般情况下，RC 振荡器的输出频率较低，频率范围可从 1 Hz 到 1 MHz，所以 RC 振荡器一般用在低频场合。

4.1.3 LC 正弦波振荡电路

1. 变压器反馈式振荡电路

（1）电路组成

变压器反馈式振荡电路如图 4.7 所示。图中，晶体管 VT、电阻 R_{B1}、R_{B2}、R_E 组成共射极放大电路，LC 并联回路作为三极管的集电极负载，是振荡电路的选频网络。电路中 3 个线圈用做变压器耦合。线圈 L 与电容 C 组成选频电路，L_f 是反馈线圈，与负载相接的 L_0 为输出线圈。

利用瞬时极性法可判断反馈电路的同名端设置是否正确，并由此推断该电路是否能产生振荡输出。判断的方法是：在放大器的输入端（如图 4.7 中的 a 点），接入假想正极性的瞬时信号源 u_i，经放大器放大后，从反馈网络反馈到输入端的信号也是正极性时，放大器是正反馈，满足振荡器的位相条件，当振荡器的幅度条件也满足时，振荡器将产生振荡输出正弦波信号。

（2）振荡条件及振荡频率

集电极输出信号与基极的相位差为 180°，通过变压器的适当连接，使 L_2 两端的反馈交流电压又产生 180°相移，即可满足振荡的相位条件。自激振荡的频率基本上由 LC 并联谐振回路决定。即

$$f_0 = \frac{1}{2\pi\sqrt{LC}}$$

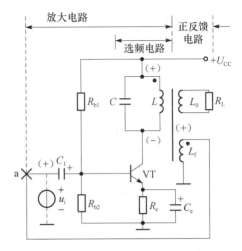

图 4.7 变压器反馈式振荡电路

当电路电源接通瞬间，在集电极选频电路中激起一个很微弱的电流变化信号。选频电路只对谐振频率 f_0 的电流，呈现很大阻抗。该频率的电流在回路两端产生电压降，这个电压降经变压器耦合到 L_f，反馈到三极管输入端；对非谐振频率的电流，LC 谐振回路呈现的阻抗很小，回路两端几乎不产生电压降，L_f 中也就没有非谐振频率信号的电压降，当然这些信号也没有反馈。谐振信号经反馈、放大、再反馈就形成振荡。当改变 L 或 C 的参数时，振荡频率将发生相应改变。

（3）电路特点

变压器反馈式振荡电路的特点是电路结构简单，容易起振，改变电容大小可方便地调节振荡频率。在应用时要特别注意线圈 L_f 的极性，否则没有正反馈，无法振荡。

2. 电感三点式振荡电路

图 4.8 所示是电感三点式振荡电路，其结构原理与上述变压器反馈式振荡电路相似，不同的是，电路中用具有抽头的电感线圈 L_1 和 L_2 替代变压器，由于电感线圈通过 3 个端子与放大电路相连，因此称为电感三点式振荡电路。反馈线圈 L_2 是电感线圈的一段，通过 L_2 将反馈电压送到输入端，幅值条件可以通过放大器和反馈线圈 L_2 匝数来满足，通常 L_2 的匝数为电感线圈总匝数的 1/8～1/4，电感三点式振荡电路的振荡频率为

$$f_0 = \frac{1}{2\pi\sqrt{(L_1 + L_2 + 2M)C}}$$

式中，M 为线圈 L_1 和 L_2 之间的互感，通常改变电容 C 来调节振荡频率。

电感三点式振荡电路的优点是：电路简单，L_1 和 L_2 耦合紧密，更易起振；当电容器 C 采用可变电容器时，可在较宽的范围内调节振荡频率。此种电路一般用于产生几十兆赫以下频率的输出信号。其缺点是振荡的输出波形较差，因此常用于对波形要求不高的场合。

3. 电容三点式振荡电路

电容三点式振荡电路如图 4.9 所示。由于 LC 并联电路中的串联电容 C_1 和 C_2 通过三个点与放大电路相连，因此称为电容三点式振荡电路。电路中，串联电容支路的两端分别接三

极管的集电极和基极，中间点接地。C_1 和 C_2 串联，反馈电压从 C_2 上取出送到输入端，它的振荡频率为

$$f_0 = \frac{1}{2\pi \sqrt{L \cdot \dfrac{C_1 C_2}{C_1 + C_2}}}$$

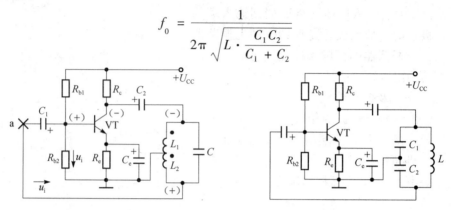

图 4.8　电感三点式振荡电路　　　　　图 4.9　电容三点式振荡电路

调节振荡频率时要同时改变 C_1 和 C_2，显然很不方便。因此，通常再与线圈 L 串联一个电容量较小的可变电容器来调节振荡频率。由于 C_1 和 C_2 的容量可以选得较小，所以电容三点式振荡电路的振荡频率较高，可达 100 MHz 以上，输出波形也较好。但频率调节不方便，调节范围较小，因此常用于要求调频范围不宽的高频振荡电路。

4.1.4　石英晶体振荡电路

在对频率稳定度要求较高的场合，一般 LC 振荡电路已不能满足要求，可采用石英晶体振荡电路。石英谐振器简称为晶振，是利用具有压电效应的石英晶体片制成的，石英晶体薄片受到外加交变电场的作用时会产生机械振动，当交变电场的频率与石英晶体的固有频率相同时，振动便变得很强烈，这就是晶体谐振。利用这种特性，就可以用石英谐振器取代 LC 谐振回路、滤波器等。由于石英谐振器具有体积小、重量轻、可靠性高、频率稳定度高等优点，被应用于家用电器和通信设备中。石英晶体振荡电路的形式是多种多样的，但其基本电路只有并联型和串联型两种类型。

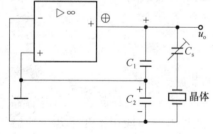

图 4.10　并联型晶体振荡电路

1. 并联型晶体振荡电路

并联型晶体振荡电路如图 4.10 所示，选频网络由 C_1、C_2 和石英晶体组成，晶体当做电感使用，构成电容三点式振荡电路。振荡频率在 f_s 和 f_p 之间，因为只有在这个频率范围内晶体才呈感性，由于 f_s 和 f_p 非常接近，振荡频率可认为是 f_s。

2. 串联型石英晶体振荡电路

图 4.11 所示为一串联型石英晶体振荡器电路。当频率等于石英晶体的串联谐振频率 f_s 时，晶体的阻抗最小，且为纯电阻，此时石英晶体构成的反馈为正反馈，满足振荡器的相位平衡条件，且在 $f=f_s$ 时，正反馈最强，电路产生正弦振荡，振荡频率稳定在 f_s。

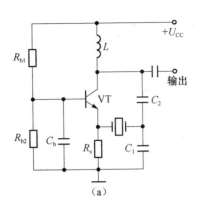 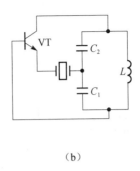

图 4.11 串联型石英晶体振荡电路

(a) 电路；(b) 简化交流通路

石英谐振器的标准频率都标注在外壳上，如 4.43 MHz、465 kHz、6.5 MHz 等，可以根据需要加以选择。一种实用的石英晶振电路如图 4.12 所示，调节 C_3 可以微调输出频率，使振荡器的信号频率更为准确。

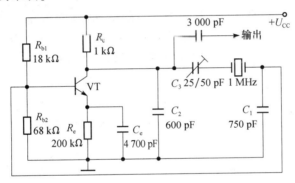

图 4.12 皮尔斯晶体振荡电路

思考

要产生频率低于 1 MHz 的低频信号时，一般采用什么振荡电路？

自我测试

1. （单选题）RC 桥式振荡电路的振荡频率计算式为（　　）。

A. $f_0 = \dfrac{1}{2\pi\sqrt{(L_1 + L_2 + 2M)C}}$ B. $f_0 = \dfrac{1}{2\pi RC}$

2. （单选题）产生低频正弦波信号一般可用（　　）。

A. RC 振荡器　　B. LC 振荡器　　C. 晶体振荡器

3. （单选题）产生高频正弦波信号一般选用（　　）。

A. 石英晶体振荡器　B. RC 振荡器　　C. LC 振荡器　　D. 锯齿波振荡器

扫一扫看答案

4. (判断题)石英晶体振荡器的主要优点是振荡频率稳定度高。
A. 正确　　　　　B. 错误

4.2 非正弦波振荡器

在电子设备中,有时要用到一些非正弦波信号,例如,在数字电路中经常用到上升沿和下降沿都很陡峭的方波和矩形波;在电视扫描电路中要用到锯齿波等,我们把正弦波以外的波形统称为非正弦波。本节主要介绍矩形波、三角波、锯齿波信号产生电路的基本形式和工作原理,非正弦波振荡器通常由迟滞电压比较器和RC充电电路组成,工作过程一张一弛,所以又将这些电路称为张弛振荡器。

4.2.1 方波发生器

1. 电路组成

方波发生器又称为多谐振荡器,常用于脉冲和数字系统作为信号源。图4.13(a)所示为方波发生器的基本电路,它是在滞回比较器的基础上,增加一条RC充放电负反馈支路构成的。它工作在比较器状态,R 和 C 构成负反馈回路,R_1、R_2 构成正反馈回路,电路的输出电压由运放的同相端电压 U_P 与反相端电压 U_N 比较决定。

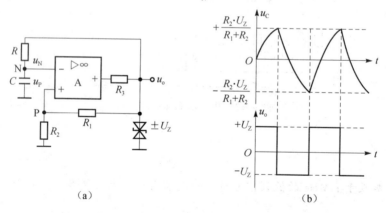

(a)　　　　　　　　　　　　　(b)

图4.13　方波发生器的基本电路
(a) 基本电路;(b) 波形

2. 电路工作原理

假设电容的初始电压为0,因而 $u_N = 0$;电源刚接通时,由于电路中的电流由零突然增大,产生了电冲击,在同相端获得一个最初的输入电压。因为电路中有强烈的正反馈回路,使输出电压迅速升到最大值 $+U_Z$。此时同相输入端的比较电压为

$$u_{P1} = \frac{R_2}{R_1 + R_2} \cdot U_Z$$

与此同时,输出电压 $+U_Z$ 通过电阻 R_f 向电容 C 充电,使电容上的电压 u_C 逐渐上升。

当 u_C 稍大于比较电压 u_{P1} 时,电路发生翻转,输出电压迅速由 $+U_Z$ 跳变为 $-U_Z$。同相端的比较电压也随之改变,即

$$u_{P2} = \frac{R_2}{R_1 + R_2} \cdot (-U_Z)$$

因为负反馈电阻 R 上的电压为左正右负,所以电路翻转后,电容 C 就开始经 R 放电,u_C 逐渐下降。u_C 降至零后由于输出端为负电压,所以电容 C 开始反向充电,u_C 继续下降,当 u_C 下降到稍低于同相端的比较电压 u_{P2} 时,电路又发生翻转,输出电压由 $-U_Z$ 迅速变成 $+U_Z$。输出电压变成 $+U_Z$ 后,电容又反过来充电,如此充电、放电循环不止,在电路的输出端即产生了稳定的方波电压。RC 的乘积越大,充放电时间就越长,方波的频率就越低。图 4.13(b)所示为振荡器输出方波的波形图。

方波信号的周期为

$$T = 2RC\ln\left(1 + 2\frac{R_2}{R_1}\right)$$

改变 R、C 或 R_1、R_2 的值均可调节振荡周期。

4.2.2 三角波发生器

1. 电路组成

图 4.14(a)所示为一方波—三角波信号发生器的电路图。运放 A_1 构成过零电压比较器,其反相输入端接地,同相输入端信号由本级的输出和运放 A_2 构成的积分器输出电压共同决定。

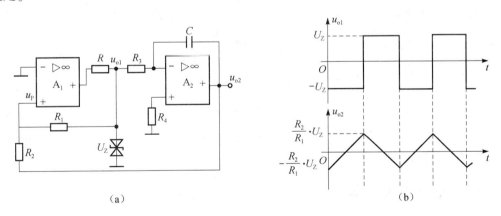

图 4.14 方波—三角波信号发生器

2. 工作原理

A_1 的同相输入端电压 u_P 由电位叠加原理可求出。

$$u_P = u_{o1} \cdot \frac{R_2}{R_1 + R_2} + u_{o2} \cdot \frac{R_1}{R_1 + R_2}$$

当 u_P 大于零时,$u_{o1} = +U_Z$;当 u_P 小于零时,$u_{o1} = -U_Z$。

在电路接通电源的瞬间,设 A_1 的同相输入端电压 u_P 为负值,则 $u_{o1} = -U_Z$,电容 C 被

反向充电，积分器 A_2 的输出电压 u_{o2} 以从零开始线性上升。经 R_2 反馈后，A_1 的同相输入端电压 u_P 由负值渐渐上升。当 u_{o2} 达到某值正好使 u_P 由负值升到稍大于零时，过零电压比较器 A_1 输出翻转，使 u_{o1} 迅速跳变到 $+U_Z$。此时 u_P 的值可由下式求出。

$$u_P = -U_Z \cdot \frac{R_2}{R_1+R_2} + u_{o2} \cdot \frac{R_1}{R_1+R_2} = 0$$

所以

$$u_{o2} = \frac{R_2}{R_1}U_Z$$

上式表明，当 u_{o2} 上升到 $\frac{R_2}{R_1}U_Z$ 时，电压比较器 A_1 发生翻转，u_{o1} 由 $-U_Z$ 变成 $+U_Z$。当然，此时 u_P 的值也随之突变为正值。u_{o1} 变成正值（$+U_Z$）后，积分器的输出电压 u_{o2} 开始线性下降，A_1 同相端的电压 u_P 也逐渐下降。当 u_{o2} 降至正好使 u_P 由正值降至稍小于零时，电压比较器 A_1 又发生翻转，u_{o2} 迅速由 $+U_Z$ 跳变成 $-U_Z$。

电压比较器再次翻转到 $-U_Z$ 时的 u_P 值为

$$u_P = U_Z \cdot \frac{R_2}{R_1+R_2} + u_{o2} \cdot \frac{R_1}{R_1+R_2} = 0$$

由此式可求出

$$u_{o2} = -\frac{R_2}{R_1}U_Z$$

上式表明，当 u_{o2} 下降至 $-\frac{R_2}{R_1}U_Z$ 时，电压比较器又开始翻转，u_{o1} 从 $+U_Z$ 变成 $-U_Z$。

电路的工作波形如图 4.14（b）所示。在 A_1 的输出端可以得到方波，在 A_2 的输出端可以得到三角波。方波的幅值为 U_Z，三角波的幅值为 $\frac{R_2}{R_1}U_Z$。

可得方波和三角波信号的周期为

$$T = 4\frac{R_2}{R_1}R_3C$$

在实际应用中，一般先调节 R_1 或 R_2，使三角波的幅度满足要求，再调节 R_3 或 C 可以调节方波和三角波的周期。

4.2.3 锯齿波发生器

如果三角波是不对称的，即上升时间不等于下降时间，则成为锯齿波。从三角波产生电路原理分析可知，三角波上升和下降的正负斜率相等取决于电容充放电时间常数相等，所以只要修改电路使电容充放电时间常数发生变化，则可以得到锯齿波产生电路。图 4.15（a）所示为锯齿波信号发生器的电路图，图中 A_2 构成的积分器有两条积分支路：$VD_1 \rightarrow R_3 \rightarrow C$ 与 $VD_2 \rightarrow R_4 \rightarrow C$。

当 u_{o1} 的输出为正电压时，电容 C 通过二极管 VD_1 及电阻 R_3 正向充电，当 u_{o1} 的输出为负电压时，电容 C 通过 VD_2 及 R_4 反向充电。如果 $R_3 < R_4$，则三角波的下降时间小于上升时间，形成了锯齿波。图 4.15（b）所示为矩形波—锯齿波发生器的波形图。如果 $R_3 > R_4$，则锯齿波的形状与图 4.15（b）相反，u_{o1} 矩形波的占空比大于 50%。

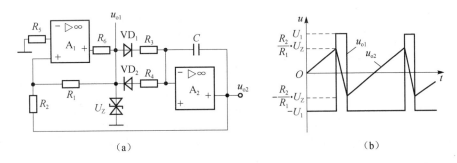

图 4.15　锯齿波发生电路

4.3　集成函数信号发生器 ICL8038 简介

ICL8038 是一种集波形产生与波形变换于一体的多功能单片集成函数发生器。它能产生 4 种基本波形：正弦波、矩形波、三角波和锯齿波。矩形波的占空比可任意调节，它的输出频率范围也非常宽，可以从 0.001 Hz 到 1 MHz，典型应用情况下，输出波形的失真度小，线性度好。

ICL8038 芯片的引脚功能如图 4.16 所示，各引脚功能已标在图中。电源电压：单电源为 10～30 V；双电源为 ±(5～15) V。图 4.17 所示为 ICL8038 接成的多种信号发生器，能同时输出矩形波、正弦波和三角波。输出信号的频率由电路中的两个外接电阻 R_A、R_B 和电容 C 决定。R_A 与 R_B 的比值还决定了矩形波的占空比。当取值相等时，则占空比刚好为 50%。这时输出将是一个方波。通过选择合适的 R_A 和 R_B 的阻值，可使占空比从 2% 变化到 99%。这种占空比的调节也影响到输出时正弦波和三角波。当占空比为 50% 时（$R_A = R_B$），输出的正弦波和三角波将是十分标准的。但如果占空比远离 50%（在任一方向上），这些波形的失真将会逐渐加大。极端情况下，输出的三角波将变为锯齿波，所以芯片的引脚 3 具有双重功能。

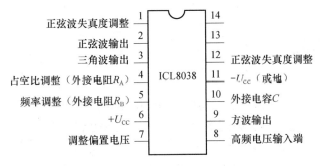

图 4.16　ICL8038 引脚引线

另外，8 脚为频率调节电压输入端，信号的频率正比于加在 6 脚和 8 脚之间的电压差，如在 8 脚调频输入端外加一控制电压信号，它就可用做压控振荡器（VCO），并在一定范围

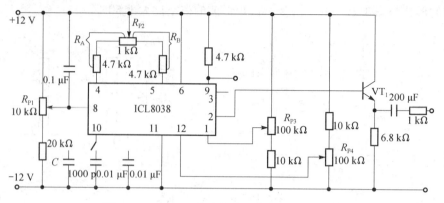

图 4.17 ICL8038 接成的多种信号发生器电路

内调节输出信号的频率。

本项目知识点

1. 产生自激振荡必须满足相位平衡条件和幅值平衡条件。
$$\varphi_A + \varphi_F = 2n\pi \quad (n = 0,1,2,\cdots)$$
$$|AF| = 1$$

2. 按照选频网络的不同，正弦波振荡电路主要有 RC 和 LC 振荡电路，通过改变选频网络的参数就可以改变振荡的频率。

3. RC 振荡电路的振荡频率 $f_0 = \dfrac{1}{2\pi RC}$，通常作为低频信号发生器。

4. LC 振荡电路有变压器反馈式、电感三点式和电容三点式 3 种，振荡频率 $f_0 \approx \dfrac{1}{2\pi \sqrt{LC}}$，通常用作高频信号发生器。

5. 方波发生器是由 RC 充放电支路与迟滞电压比较器组成，三角波是在方波的基础上加上积分器来产生，通过电路使三角波上升时间不等于下降时间，就形成了锯齿波。

思考与练习

一、填空题

4.1 LC 并联谐振电路的 $L = 0.1$ mH，$C = 0.04$ μF，则其谐振频率为_____Hz。

4.2 RC 桥式振荡电路的选频网络中，$C_1 = C_2 = 6\,800$ pF，$R_1 = R_2$，可在 23～32 kΩ 进行调节，振荡频率的变化范围是_____。

4.3 集成函数信号发生器 ICL8038 可以产生_____信号。

4.4 一个实际的正弦波振荡电路主要由_____、_____和_____3 部分组成。为了保证振荡幅值稳定且波形较好，常常还需要_____环节。

4.5 正弦波振荡电路利用正反馈产生振荡的条件是_____，其中相位平衡条件是

_____，幅值平衡条件是_____。为使振荡电路起振，其条件是_____。

4.6 产生低频正弦波一般可用_____振荡电路；产生高频正弦波可用_____振荡电路；要求频率稳定性很高，则可用_____振荡电路。

二、选择题

4.7 电路产生正弦振荡的必要条件是（ ）。

A. 放大器的电压放大倍数大于 100

B. 反馈一定是正反馈

4.8 产生低频正弦波信号一般可用（ ）。

A. RC 振荡器　　　B. LC 振荡器　　　C. 晶体振荡器

4.9 RC 桥式振荡电路的振荡频率计算式为（ ）。

A. $f_0 = \dfrac{1}{2\pi\sqrt{(L_1+L_2+2M)C}}$

B. $f_0 = \dfrac{1}{2\pi RC}$

三、判断题（正确的打√，错误的打×）

4.10 只要具有正反馈，电路就一定能产生振荡。　　　　　　　　　　　　（ ）

4.11 只要满足正弦波振荡电路的相位平衡条件，电路就一定振荡。　　　　（ ）

4.12 凡满足振荡条件的反馈放大电路就一定能产生正弦波振荡。　　　　　（ ）

4.13 正弦振荡电路由放大器、选频网络、反馈网络 3 部分组成。　　　　　（ ）

4.14 在放大电路中，只要有正反馈，就会产生自激振荡。　　　　　　　　（ ）

4.15 若在放大电路中，存在着负反馈，因此不可能产生自激振荡。　　　　（ ）

4.16 在 RC 串并联正弦振荡电路中，负反馈支路的反馈系数越小，电路越容易起振。

（ ）

4.17 欲获得稳定度很高的高频正弦信号，应选用 LC 正弦波振荡电路。　　（ ）

四、分析计算题

4.18 已知 RC 桥式振荡器电路参数如图 4.18 所示。

（1）试计算其输出信号的频率；

（2）若希望振荡频率变为 10 kHz，电阻不变，试确定 C 的容量。

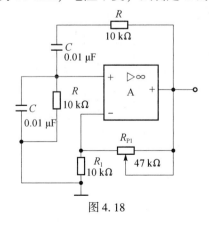

图 4.18

4.19 试用相位平衡条件判断图 4.19 所示电路是否能振荡,并说明理由。

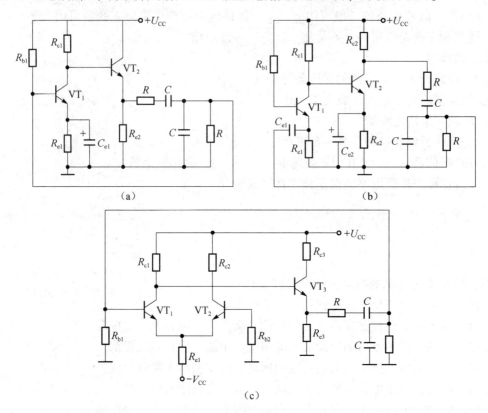

图 4.19

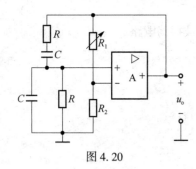

图 4.20

4.20 理想集成运放 A 构成的振荡电路如图 4.20 所示,$R = 16 \text{ k}\Omega$、$C = 0.01 \text{ μF}$、$R_2 = 1 \text{ k}\Omega$,试回答:
(1) 该电路输出什么波形?
(2) 选频网络由哪些元件组成?
(3) 振荡频率是多少?

项目 5

叮咚门铃电路的分析与制作

【学习目标】

能力目标

1. 会筛选常用电子元器件。
2. 能完成叮咚门铃的安装与调试。

知识目标

了解脉冲的产生与变换的基本概念；掌握555定时器的结构框图和工作原理；熟悉555定时器的应用电路及其工作原理；掌握555定时器应用电路的设计方法；掌握叮咚门铃的电路组成与工作原理。

【实践活动】 叮咚门铃的制作

1. 工作任务单

① 小组制订工作计划。
② 完成叮咚门铃的逻辑电路设计。
③ 画出布线图。
④ 完成叮咚门铃电路所需元器件的购买与检测。
⑤ 根据布线图制作叮咚门铃电路。
⑥ 完成叮咚门铃电路功能检测和故障排除。
⑦ 通过小组讨论完成电路的详细分析及编写项目实训报告。

叮咚门铃实物如图 5.1 所示，其电路原理如图 5.2 所示。

图 5.1 叮咚门铃实物

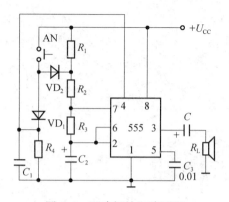

图 5.2 叮咚门铃电路原理

2. 项目目标

① 通过叮咚门铃电路熟悉用 555 时基电路构成的多谐振荡器电路。

② 掌握叮咚门铃电路的安装技能。

③ 掌握叮咚门铃电路的调试技能。

3. 实训设备与器件

实训设备：数字电路实验装置 1 台、万用表、示波器、直流稳压电源等。

实训器件：元件名称、规格型号和数量明细表见表 5.1。

表 5.1 元件名称、规格型号和数量明细表

序 号	代 号	名 称	规格及型号	数 量	备 注
1	VD_1 VD_2	二极管	2CP12	2	
2	IC	555 定时器		1	
3	AN	按钮开关		1	
4	R_1	电阻器	3.9 kΩ	1	
5	R_2 R_3	电阻器	3 kΩ	2	
6	R_4	电阻器	4.7 kΩ	1	
7	C	电容器	22 μF	1	
8	C_1	电容器	47 μF	1	
9	C_2、C_3	电容器	0.01 μF	2	
10		扬声器	0.25 W/8 Ω	1	

4. 项目电路与说明

实训电路如图 5.2 所示。按钮 AN 未按下时，555 的复位端通过 R_4 接地，因而 555 处于复位状态，扬声器不发声。当按下 AN 后，电源通过二极管 VD_1 使得 555 的复位端为高电平，振荡器起振。因为 R_1 被短路，所以振荡频率较高，发出"叮"声。当松开按钮，电容 C_1 上的电压继续维持高电平，振荡器继续振荡，但此时 R_1 已经接入定时电路，因此振荡频率较低，发出"咚"声。同时 C_1 通过 R_4 放电，当 C_1 上电压下降到低电平时，555 又被复

位，振荡器停振，扬声器停止发声。再按一次按钮，电路将重复上述过程。

5. 项目电路的安装与功能验证

（1）安装

按正确方法插好 IC 芯片，参照图 5.2 连接线路。电路可以连接在自制的 PCB（印刷电路板）上，也可以焊接在万能板上，或通过"面包板"插接。

（2）调试

① 接通电源（$+U_{CC}$ = +5 V）后，按下 AN 键，试听扬声器是否发声。若不发声，设法查找并排除故障。

② 先确诊喇叭是否正常，最简捷的办法是用 1~2 V 的直流电直接瞬时点通喇叭，正常的喇叭应有响声，若喇叭正常，则是其他的电路问题，应进一步检查。

③ 首先检查 IC 及其外围电路组成的自激多谐振荡器电路，某个元器件损坏都可能导致喇叭无声，最常见的是 555 时基电路损坏，最简易的判断是：当用导线把 2、6 脚接低电平（地）时，输出端 3 脚应为高电平；把 2、6 脚接高电平（+5 V）时，输出端 3 脚应为低电平。这说明 555 时基电路功能基本正常。但是如果 555 时基电路芯片内（7 脚）的放电管损坏，电路也不能振荡。再就是 C_2 或 C 损坏。可以对元器件进行测试判断其好坏，但更简捷的办法是采用"替换法"，即从工作正常的电路板上拔下相同参数的元器件替换之；或把你认为有问题的元器件插到工作正常的电路板上试之。查排故障直到喇叭有声响。

④ 当喇叭发出近似叮咚的声响但是不逼真，就要进行以下的调试：改变 R_4、C_1 的参数，可改变叮咚声响的"渐变"时间；改变 R_2、R_3、C_2 的参数，可改变"叮"声的声调，改变 R_1、R_2、C_2 的参数，可改变"咚"声的声调，调试到使扬声器发出清脆悦耳的叮咚声为止。

6. 完成电路的详细分析及编写项目实训报告

7. 实训考核（表 5.2）

表 5.2　叮咚门铃的制作工作任务过程考核表

项　目	内　容	配分	考核要求	扣分标准	得　分
实训态度	1. 实训的积极性； 2. 安全操作规程的遵守情况； 3. 纪律遵守情况	20 分	积极参加实训，遵守安全操作规程和劳动纪律，有良好的职业道德和敬业精神	违反安全操作规程扣 20 分，其余不达要求酌情扣分	
元器件的识别	用万用表检测元器件的质量	10 分	能正确识别和检测所使用的元器件	检测不正确每处扣 2 分	
电路的制作	1. 安装图的绘制； 2. 电路的安装	20 分	电路装接正确，且符合工艺要求	电路装接不规范，每处扣 1 分；电路接错扣 5 分	
电路的调试	按提示步骤，对电路进行调试	20 分	正确使用仪器、仪表，能查找并排除电路的故障，使电路正常工作	操作错误扣 10 分	
电路故障的分析	按不同情况分析故障现象	20 分	能分析出电路故障产生的原因	不能排除故障，每次扣 10 分	

续表

项 目	内 容	配 分	考核要求	扣分标准	得 分
电路参数的计算	计算该振荡器的两个不同的振荡频率f_1和f_2	10 分	正确计算出电路两个不同的振荡频率f_1和f_2	计算公式错误扣 10 分；计算值错误一处扣 2 分	
合计		100 分			

思考

若通电后，未按下 AN 键，喇叭却发出了单一频率的鸣叫声，试分析故障的原因？

5.1　555 集成定时器

555 定时器为数字—模拟混合集成电路。可产生精确的时间延迟和振荡，内部有 3 个 5 kΩ 的电阻分压器，故称 555。在波形的产生与变换、测量与控制、家用电器、电子玩具等许多领域中都得到了广泛的应用。

555 定时器的产品型号繁多，但所有 TTL 集成单定时器的最后 3 位数码为 555，双定时器的为 556，电源电压工作范围为 4.5～16 V；所有 COMS 型集成单定时器的最后 4 位数码为 7555，双定时器的为 7556，电源电压工作范围为 3～18 V。

555 定时器由 5 部分组成，如图 5.3 所示。

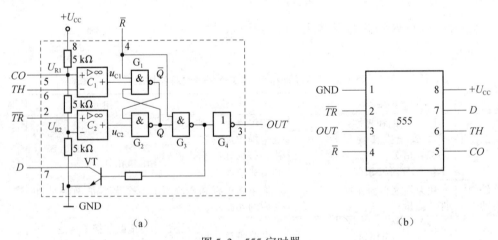

图 5.3　555 定时器
(a) 原理图；(b) 外引线排列图

(1) 电阻分压器

由 3 个 5 kΩ 的电阻 R 组成，为电压比较器 C_1 和 C_2 提供基准电压。

(2) 电压比较器

由 C_1 和 C_2 组成电压比较器，当控制电压输入端 CO 悬空时（不用时可将它与地之间接一个 0.01 μF 的电容，以防止干扰电压引入），C_1 和 C_2 的基准电压分别为 (2/3) U_{CC} 和

(1/3) U_{CC}。C_1 的反相输入端 TH 称为 555 定时器的高触发端,C_2 的同相输入端 $\overline{TR}$ 称为 555 定时器的低触发端。

(3) 基本 RS 触发器

由两个与非门 G_1 和 G_2 构成,比较器 C_1 的输出作为置 0 输入端,若 C_1 输出为 0,则 $Q=0$;比较器 C_2 的输出作为置 1 输入端,若 C_2 输出为 0,则 $Q=1$。$\overline{R}$ 是定时器的复位输入端,只要 $\overline{R}=0$,定时器的输出端 OUT 则为 0。正常工作时,必须使 $\overline{R}$ 处于高电平。

(4) 放电管 VT

放电管 VT 是集电极开路的三极管,VT 的集电极作为定时器的一个输出端 D,与 OUT 端相比较,若 D 输出端经过电阻 R 接到电源 U_{CC} 上时,则 D 端和 OUT 端具有相同的逻辑状态。

(5) 缓冲器

由 G_3 和 G_4 构成,用于提高电路的带负载能力。

在 1 脚接地,5 脚未外接电压,两个比较器 C_1、C_2 基准电压分别为 (2/3) U_{CC}、(1/3) U_{CC} 的情况下,555 时基电路的功能如表 5.3 所示。

表 5.3 555 定时器的功能

清零端 $\overline{R}$	高触发端 TH	低触发端 $\overline{TR}$	Q^{n+1}	放电管 VT	功　能
0	×	×	0	导通	直接清零
1	$>\frac{2}{3}U_{CC}$	$>\frac{1}{3}U_{CC}$	0	导通	置 0
1	$<\frac{2}{3}U_{CC}$	$<\frac{1}{3}U_{CC}$	1	截止	置 1
1	$<\frac{2}{3}U_{CC}$	$>\frac{1}{3}U_{CC}$	Q^n	不变	保持

 小问答

555 定时电路 $\overline{R}$ 端的作用是什么?

5.2　555 定时器的应用电路

555 定时器是一种用途很广的集成电路,只要改变 555 集成电路的外部附加电路,就可以构成各种各样的应用电路。这里仅介绍多谐振荡器、单稳态触发器和施密特触发器 3 种典型应用电路。

5.2.1　构成多谐振荡器

多谐振荡器是一种典型的矩形脉冲产生电路,它是一种自激振荡器,在接通电源以后,不需要外加触发信号，便能自动地产生矩形脉冲信号。由于矩形波中含有丰富的高次谐波分量，所以习惯上又把矩形波振荡器叫做多谐振荡器。

1. 电路组成

用555定时器构成多谐振荡器的电路和工作波形如图5.4所示。

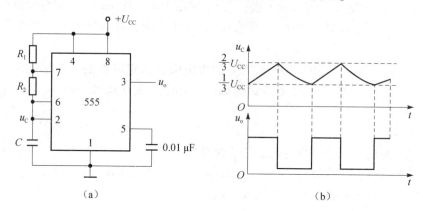

图5.4 555定时器构成的多谐振荡器
（a）电路；（b）工作波形

2. 工作原理

接通电源后，假定 u_o 是高电平，则VT截止，电容 C 充电。充电回路是 U_{CC}—R_1—R_2—C—地，u_C 按指数规律上升，当 u_C 上升到 $(2/3)U_{CC}$ 时［即TH、$\overline{TR}$ 端电平大于 $(2/3)U_{CC}$］，输出 u_o 翻转为低电平。u_o 是低电平，VT导通，C 放电，放电回路为 C—R_2—VT—地，u_C 按指数规律下降，当 u_C 下降到 $(1/3)U_{CC}$ 时［即TH、$\overline{TR}$ 端电平小于 $(1/3)U_{CC}$］，u_o 输出翻转为高电平，放电管VT截止，电容再次充电，如此周而复始，产生振荡，经分析可得：

输出高电平时间（充电时间）：$t_{PH}=0.7(R_1+R_2)C$
输出低电平时间（放电时间）：$t_{PL}=0.7R_2C$
振荡周期：$T=t_{PH}+t_{PL}=0.7(R_1+2R_2)C$
输出方波的占空比为

$$D=\frac{t_{PH}}{T}=\frac{R_1+R_2}{R_1+2R_2}$$

3. 多谐振荡器的应用

图5.5所示为模拟救护车变音警笛声的电路原理图。图中 IC_1、IC_2 都接成自激多谐振荡的工作方式。其中，IC_1 输出的方波信号通过 R_5 去控制 IC_2 的5脚电平。当 IC_1 输出高电平时，由 IC_2 组成的多谐振荡器电路输出频率较低的一种音频；当 IC_1 输出低电平时，由 IC_2 组成的多谐振荡器电路输出频率较高的另一种音频。因此 IC_2 的振荡频率被 IC_1 的输出电压调制为两种音频频率，使喇叭发出"嘀、嘟、嘀、嘟……"的与救护车鸣笛声相似的变音警笛声，其波形如图5.5（b）所示。改变 R_2、C_1 的参数，可改变嘀、嘟声的间隔时间；改变 R_4、C_3 的参数，可改变嘀、嘟声的音调。

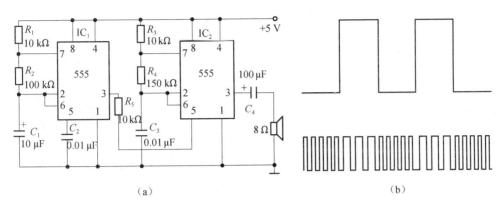

图 5.5 救护车变音警笛电路及波形图
（a）救护车变音警笛电路；（b）救护车变音警笛声波形

 思考

试用两片 555 定时器设计一个间歇单音发生电路，要求发出单音频率约为 1 kHz，发音时间约为 0.5 s，间歇时间约为 0.5 s。

 小知识

矩形脉冲的产生电路

多谐振荡器是一种典型的矩形脉冲产生电路，除了可以用 555 定时器构成多谐振荡器外，还可以由门电路和 R、C 元器件组成。根据电路结构和性能特点的不同，又可分为对称式多谐振荡器、非对称式多谐振荡器、石英晶体多谐振荡器和环形振荡器。下面以最为常见的对称式多谐振荡器为例就矩形脉冲的产生原理加以说明。

图 5.6 所示电路是一个对称式多谐振荡器的典型电路，它由两个 TTL 反相器 G_1 和 G_2 经过电容 C_1、C_2 交叉耦合所组成。其中，$C_1 = C_2 = C$，$R_1 = R_2 = R_F$。

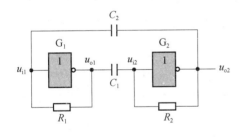

图 5.6 对称式多谐振荡器

其工作原理如下：

假设接通电源后，由于某种原因使 u_{i1} 有微小的正跳变，则必然会引起如下正反馈过程：

$u_{i1} \uparrow \rightarrow u_{o1} \downarrow \rightarrow u_{i2} \downarrow \rightarrow u_{o2} \uparrow$

使 u_{o1} 迅速跳变为低电平、u_{o2} 迅速跳变为高电平，电路进入第一暂稳态。此后，u_{o2} 的高电平对电容 C_1 充电使 u_{i2} 升高，电容 C_2 放电使 u_{i1} 降低。由于充电时间常数小于放电时间常数，所以充电速度较快，u_{i2} 首先上升到 G_2 的阈值电压 U_{TH}，并又引起了如下正反馈过程：

$u_{i2} \uparrow \rightarrow u_{o2} \downarrow \rightarrow u_{i1} \downarrow \rightarrow u_{o1} \uparrow$

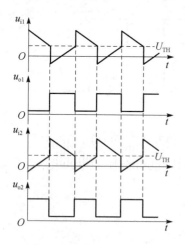

图5.7 多谐振荡器的工作波形

使 u_{o2} 迅速跳变为低电平、u_{o1} 迅速跳变为高电平,电路进入第二暂稳态。此后,电容 C_1 放电,电容 C_2 充电使 u_{i1} 上升,又引起第一次正反馈过程,从而使电路回到了第一暂稳态。这样,周而复始,电路不停地在两个暂稳态直接振荡,输出端产生了周期性矩形脉冲波形。电路工作波形如图5.7所示。

从上面的分析可以看出,输出脉冲的周期等于两个暂稳态持续时间之和,而每个暂稳态持续时间的长度又由 C_1 和 C_2 的充电速度所决定。若 U_{OH} = 3.4 V、U_{TH} = 1.4 V、U_{OL} = 0 V,且 R_f 的阻值比门电路的输入电阻小很多时,输出脉冲信号的周期为

$$T = 1.4 R_F C$$

5.2.2 构成单稳态触发器

单稳态触发器的工作特性具有如下的显著特点。

第一,它有稳态和暂稳态两个不同的工作状态;

第二,在外界触发脉冲作用下,能从稳态翻转到暂稳态,暂稳态维持一段时间后,自动返回稳态;

第三,暂稳态维持时间的长短取决于电路本身的参数,与触发脉冲的宽度和幅度无关。

由于具备这些特点,单稳态触发器被广泛应用于脉冲整形、延时(产生滞后于触发脉冲的输出脉冲)以及定时(产生固定时间宽度的脉冲信号)等。

1. 电路组成

将低触发端 $\overline{TR}$ 作为输入端 u_i,再将高触发端 TH 和放电管输出端 D 接在一起,并与定时元件 R、C 连接,就可以构成一个单稳态触发器。用555定时器构成的单稳态触发电路和工作波形如图5.8所示。

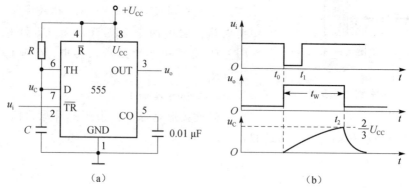

图5.8 555定时器构成的单稳态触发器
(a)电路;(b)工作波形

2. 工作原理

接通电源后,未加负脉冲,$u_i > \dfrac{1}{3} U_{CC}$,而 C 充电,u_C 上升,当 $u_C > \dfrac{2}{3} U_{CC}$ 时,电路

u_o 输出为低电平，放电管 VT 导通，C 快速放电，使 $u_C=0$。这样，在加负脉冲前，u_o 为低电平，$u_C=0$，这是电路的稳态。在 $t=t_0$ 时刻 u_i 负跳变（$\overline{TL}$ 端电平小于 $\frac{1}{3}U_{CC}$），而 $u_C=0$（TH 端电平小于 $\frac{2}{3}U_{CC}$），所以输出 u_o 翻为高电平，VT 截止，C 充电。u_C 按指数规律上升。$t=t_1$ 时，u_i 负脉冲消失。$t=t_2$ 时，u_C 上升到 $\frac{2}{3}U_{CC}$（此时 TH 端电平大于 $\frac{2}{3}U_{CC}$，$\overline{TL}$ 端电平大于 $\frac{1}{3}U_{CC}$），u_o 又自动翻为低电平。在 $t_0 \sim t_2$ 这段时间电路处于暂稳态。$t>t_2$，VT 导通，C 快速放电，电路又恢复到稳态。由分析可得：

输出正脉冲宽度：$t_W=1.1RC$。

注意：图 5.9 所示电路只能用窄负脉冲触发，即触发脉冲宽度 t_i 必须小于 t_W。

3. 单稳态触发器的应用

(1) 脉冲延时

如果需要延迟脉冲的触发时间，可利用如图 5.9（a）所示的单稳态电路来实现。又从图 5.9（b）所示波形可以看出，经过单稳态电路的延迟，由于 u_o 的下降沿比输入信号 u_i 的下降沿延迟了 t_W 的时间，因而可以用输出脉冲 u_o 的下降沿去触发其他电路，从而达到脉冲延时的目的。

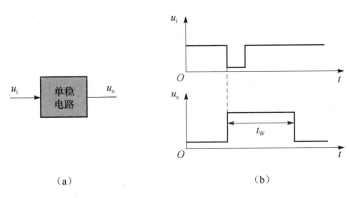

图 5.9 单稳态电路的脉冲延时电路
(a) 原理；(b) 工作波形

小问答

怎样改变输出脉冲的宽度（即延迟时间）呢？

(2) 脉冲定时

单稳态触发器能够产生一定宽度 t_W 的矩形脉冲，利用这个脉冲去控制某个电路，则可使其仅在 t_W 时间内工作。例如，利用宽度为 t_W 的正矩形脉冲作为与门的一个输入信号，使得矩形脉冲为高电平的 t_W 期间，与门的另一个输入信号 u_i 才能通过。脉冲定时的原理及工作波形如图 5.10 所示。

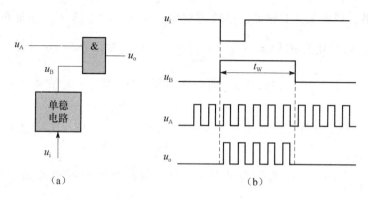

图 5.10 单稳态电路的脉冲定时电路
(a) 原理；(b) 工作波形

5.2.3 构成施密特触发器

施密特触发器是脉冲波形变换中经常使用的一种电路，它在性能上有两个重要的特点。

第一，输入信号从低电平上升的过程中电路状态转换对应的输入电平，与输入信号从高电平下降过程中电路状态转换对应的输入电平不同。

第二，在电路状态转换时，通过电路内部的正反馈过程使输出电压波形的边沿变得十分陡峭。

利用这两个特点不仅能将边沿变化缓慢的信号波形整形为边沿陡峭的矩形波，而且可以将叠加在矩形脉冲高、低电平上的噪声有效地加以清除。

1. 电路组成

将高触发端 TH 和低触发端 $\overline{TR}$ 连在一起作为输入端 u_i，就可以构成一个反相输出的施密特触发器。用 555 定时器构成的施密特触发电路和工作波形如图 5.11 所示。

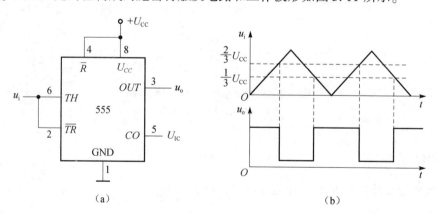

图 5.11 555 定时器构成的施密特触发器
(a) 电路；(b) 工作波形

2. 工作原理

现设输入信号 u_i 为图 5.11（b）所示的三角波，结合 555 定时器的功能表 5.1 可知，当

$u_i < \frac{1}{3}U_{CC}$ 时，两个比较器的输出为 $u_{C1}=1$、$u_{C2}=0$，因而基本 RS 触发器状态为 $Q=1$，输出 $u_o=1$；当 $\frac{1}{3}U_{CC} < u_i < \frac{2}{3}U_{CC}$ 时，两个比较器的输出为 $u_{C1}=u_{C2}=1$，基本 RS 触发器保持状态不变，故输出 u_o 也保持不变；当 $u_i \geqslant \frac{2}{3}U_{CC}$ 时，两个比较器的输出为 $u_{C1}=0$、$u_{C2}=1$，因而基本 RS 触发器状态为 $Q=0$，输出 $u_o=0$。

当 $\frac{1}{3}U_{CC} < u_i < \frac{2}{3}U_{CC}$ 时，两比较器的输出为 $u_{C1}=u_{C2}=1$，基本 RS 触发器保持状态不变，仍为 $Q=0$，输出 $u_o=0$；当 $u_i \leqslant \frac{1}{3}U_{CC}$ 时，两比较器的输出为 $u_{C1}=1$、$u_{C2}=0$，基本 RS 触发器状态被置为 $Q=1$，输出 $u_o=1$；电路的工作波形如图 5.11（b）所示。

根据以上分析可知，555 定时器构成的施密特触发器的上限触发阈值电压 $U_{T+}=\frac{2}{3}U_{CC}$，下限触发阈值电压 $U_{T-}=\frac{1}{3}U_{CC}$，回差电压 $\Delta U=\frac{1}{3}U_{CC}$。如果在 CO 端加上控制电压 U_{IC}，则可以改变电路的 U_{T+} 和 U_{T-} 和 ΔU。

3. 应用举例

（1）用于波形变换

利用施密特触发反相器可以把幅度变化的周期性信号变换为边沿很陡的矩形脉冲信号。图 5.12 所示为一正弦信号转换为矩形脉冲信号的电路输入、输出电压波形图。只要输入信号的幅度大于 U_{T+}，就可在施密特触发器的输出端得到同频率的矩形脉冲信号。

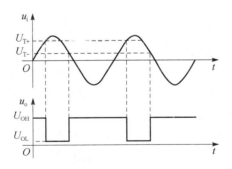

图 5.12 施密特触发反相器的波形变换

（2）用于脉冲整形

在数字系统中，矩形脉冲经传输后往往发生波形畸变，图 5.13 中给出了几种常见的情况。当传输线上电容较大时，波形的上升沿和下降沿将明显变坏，如图 5.13（a）所示；当传输线较长，而且接收端的阻抗与传输线的阻抗不匹配时，在波形的上升沿和下降沿将产生振荡现象，如图 5.13（b）所示；当其他脉冲信号通过导线间的分布电容或公共电源线叠加到矩形脉冲信号上时，信号上将出现附加的噪声，如图 5.13（c）中所示。无论出现上述的哪种情况，都可以使用施密特触发反相器整形而获得比较理想的矩形脉冲波形。如图 5.13 所示，只要施密特触发反相器的 U_{T+} 和 U_{T-} 设置得合适，均能达到满意的整形效果。

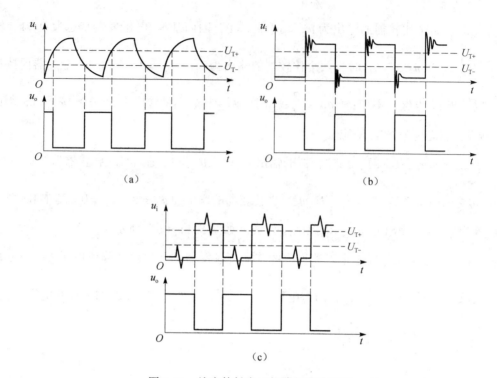

图 5.13 施密特触发反相器的脉冲整形

（a）边沿变化缓慢脉冲的整形；（b）边沿振荡脉冲的整形；（c）受到脉冲干扰脉冲的整形

 自我测试

1. （单选题）555 定时器属于（　　）。
   A. 时序逻辑电路　　　　　　　　B. 组合逻辑电路
   C. 模拟电子电路　　　　　　　　D. 数字—模拟混合集成电路
2. （单选题）多谐振荡器可产生（　　）。
   A. 正弦波　　　　　　　　　　　B. 矩形脉冲
   C. 三角波　　　　　　　　　　　D. 锯齿波
3. （判断题）在应用中，555 的 4 号引脚都是直接接地。
   A. 正确　　　　　B. 错误
4. （判断题）施密特触发器可用于将三角波变换成正弦波。
   A. 正确　　　　　B. 错误
5. （判断题）多谐振荡器的输出信号的振荡周期与阻容元件的参数成正比。
   A. 正确　　　　　B. 错误

扫一扫看答案

 本项目知识点

1. 集成 555 定时器是用途广泛的模拟数字混合芯片，利用 555 定时器除了构成多谐振荡器、单稳态触发器、施密特触发器外，还可接成各种脉冲应用电路。

2. 脉冲的产生电路即多谐振荡器，其主要用途是产生数字逻辑电路的时钟脉冲，脉冲的振荡周期 T（或频率 f）由 R 和 C 的值决定。

3. 脉冲的整形电路包括单稳态触发器和施密特触发器。单稳态触发器主要用途是脉冲的整形和定时，主要参数是输出的脉冲宽度。施密特触发器主要用途是将输入波形转换成矩形波，并具有回差特性，回差提高了抗干扰能力。

 思考与练习

一、填空题

5.1　555 定时器的最后数码为 555 的是＿＿＿＿产品，为 7555 的是＿＿＿＿产品。

5.2　常见的脉冲产生电路有＿＿＿＿常见的脉冲整形电路有＿＿＿＿、＿＿＿＿。

二、选择题

5.3　用 555 定时器组成施密特触发器，当输入控制端 CO 外接 10 V 电压时，回差电压为（　　）。

A. 3.33 V　　　　　B. 5 V　　　　　C. 6.66 V　　　　　D. 10 V

5.4　555 定时器属于（　　）。

A. 时序逻辑电路　　　　　　　　B. 组合逻辑电路

C. 模拟电子电路　　　　　　　　D. 数字—模拟混合集成电路

5.5　多谐振荡器可产生（　　）。

A. 正弦波　　　　B. 矩形脉冲　　　　C. 三角波　　　　D. 锯齿波

三、判断题（正确打√，错误的打×）

5.6　在应用中，555 的 4 号引脚都是直接接地。　　　　　　　　　　　　（　　）

5.7　施密特触发器可用于将三角波变换成正弦波。　　　　　　　　　　　（　　）

5.8　多谐振荡器的输出信号的周期与阻容元件的参数成正比。　　　　　（　　）

5.9　单稳态触发器的暂稳态时间与输入触发脉冲宽度成正比。　　　　　（　　）

项目 6 简单抢答器的分析与制作

【学习目标】

能力目标

1. 会识别和测试常用 TTL、CMOS 集成电路产品。
2. 能完成简单抢答器的制作。

知识目标

了解数字逻辑的概念，理解与、或、非 3 个基本逻辑关系；熟悉逻辑代数的基本定律和常用公式。掌握逻辑函数的正确表示方法。熟悉逻辑门电路的逻辑功能，了解集成逻辑门的常用产品，掌握集成逻辑门的正确使用。

【实践活动】 简单抢答器的制作

1. 工作任务单

① 小组制订工作计划。
② 识别抢答器原理图，明确元器件连接和电路连线。
③ 画出布线图。
④ 完成电路所需元器件的购买与检测。
⑤ 根据布线图制作抢答器电路。
⑥ 完成抢答器电路功能检测和故障排除。
⑦ 通过小组讨论完成电路的详细分析及编写项目实训报告。

简单抢答器实物如图 6.1 所示，电路如图 6.2 所示。

项目6　简单抢答器的分析与制作

图 6.1　简单抢答器实物

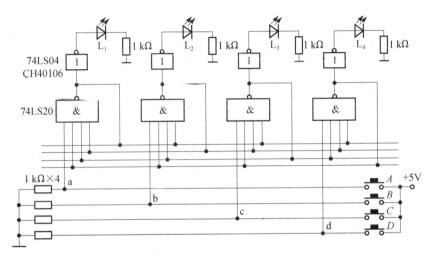

图 6.2　简单抢答器电路

2. 实训目标

① 了解集成逻辑门芯片的结构特点。
② 体验由集成逻辑门实现复杂逻辑关系的一般方法。
③ 掌握集成逻辑门的正确使用。

3. 实训设备与器件

实训设备：数字电路实验装置 1 台

实训器件：双四输入与非门 74LS20 2 片，六非门 74LS04（或 CH40106）1 片，发光二极管 4 只，1 kΩ 电阻 8 个，按钮开关 4 个，面包板、配套连接线等。

4. 实训电路与说明

（1）逻辑要求

用集成门电路构成简易型 4 人抢答器。A、B、C、D 为抢答操作按钮开关。任何一个人先将某一开关按下且保持闭合状态，则与其对应的发光二极管（指示灯）被点亮，表示此人抢答成功；而紧随其后的其他开关再被按下，与其对应的发光二极管则不亮。

（2）电路组成

实训电路如图6.2所示，电路中采用了两种不同的集成门电路，其中，74LS20为双四输入与非门，可以实现4个输入信号与非的逻辑关系。74LS04为六非门，也称为反相器，可以实现非逻辑关系。

（3）电路的工作过程

初始状态（无开关按下）时，a、b、c、d端均为低电平，各与非门的输出端为高电平，反相器的输出则都为低电平（小于0.7 V），因此全部发光二极管都不亮。当某一开关被按下后（如开关A被按下），则与其连接的与非门的输入端变为高电平，这样就与其他3个与非门的输入端相连，它输出的低电平维持其他3个与非门输出高电平，因此其他发光二极管都不亮。

5. 实训电路的安装与功能验证

（1）安装

按正确方法插好IC芯片，参照图6.3连接线路。电路可以连接在自制的PCB（印刷电路板）上，也可以焊接在万能板上，或通过"面包板"插接。

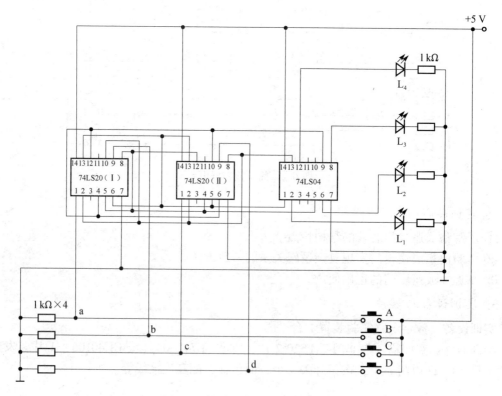

图6.3 简单抢答器安装接线示意

6. 完成电路的详细分析及编写项目实训报告

7. 实训考核（表6.1）

表6.1 简单抢答器的制作工作过程考核表

项 目	内 容	配 分	考核要求	扣分标准	得 分
工作态度	1. 工作的积极性； 2. 安全操作规程的遵守情况； 3. 纪律遵守情况	30 分	积极参加工作，遵守安全操作规程和劳动纪律，有良好的职业道德和敬业精神	违反安全操作规程扣20分，不遵守劳动纪律扣10分	
电路安装	1. 安装图的绘制； 2. 按照电路图接好电路	40 分	电路安装正确且符合工艺规范	电路安装不规范，每处扣2分，电路接错扣5分	
电路的功能验证	1. 简单抢答器的功能验证； 2. 自拟表格记录测试结果	30 分	1. 熟悉电路的逻辑功能； 2. 正确记录测试结果	验证方法不正确扣5分记录测试结果不正确扣5分	
合计		100 分			
注：各项配分扣完为止					

思考

逻辑门电路有多少种？在实际应用中我们应该如何选择逻辑门？例如在上述实训电路中能否用其他门电路来实现？不同类型的门电路具有哪些特点？

6.1 逻辑代数的基本知识

逻辑代数又称为布尔代数，是英国数学家乔治·布尔于1847年首先提出的，它是用于描述客观事物逻辑关系的数学方法。逻辑代数是分析和设计逻辑电路的主要数学工具。在逻辑代数中的"0"和"1"不表示数量的大小，只表示事物的两种对立的状态，即两种逻辑关系。例如，开关的通与断，灯的亮与灭，电位的高与低等。

6.1.1 逻辑变量和逻辑函数

以逻辑事件实例来介绍逻辑变量和逻辑函数的基本概念。图6.4所示为常见的控制楼道照明的开关电路。两个单刀双掷开关 A 和 B 分别安装在楼上和楼下。上楼之前，在楼下开灯，上楼后关灯；反之下楼之前，在楼上开灯，下楼后关灯。开关与灯的逻辑关系见表6.2。

设 A、B 分别代表上、下楼层的两个开关，当 A、B 的闸刀合向上侧时为逻辑0，合向下侧时为逻辑1；F 表

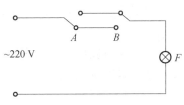

图 6.4 控制楼道照明的开关电路

示灯，灯亮时为逻辑1，灯灭时为逻辑0。则开关 A、B 与灯 F 之间的逻辑关系可用表6.3表示，这种表征逻辑事件输入输出之间全部可能状态的表格称为逻辑事件的真值表。

表6.2 开关与灯逻辑关系（一）

开关A	开关B	灯
合向上	合向上	亮
合向上	合向下	灭
合向下	合向上	灭
合向下	合向下	亮

表6.3 开关与灯逻辑关系（二）

A	B	F
0	0	1
0	1	0
1	0	0
1	1	1

1. 逻辑变量

在真值表中的变量 A、B、F 均为仅有二个取值的变量，这种二值变量就称为逻辑变量。用来表示条件的逻辑变量就是输入变量（如 A，B，C，…）；用来表示结果的逻辑变量就是输出变量（如 Y，F，L，Z，…）。字母上无反号的叫原变量（如 A），有反号的叫反变量（如 $\bar{A}$）。

2. 逻辑函数

在现实生活中的一些实际关系，会使某些逻辑量的取值互相依赖，或互为因果。例如实例中开关的通、断决定了发光二极管的亮、灭，反过来也可以从发光二极管的状态推出开关的相应状态，这样的关系称为逻辑函数关系。它可用逻辑函数式（也称逻辑表达式）来描述，其一般形式为：$Y = f(A, B, C, …)$。

6.1.2 逻辑运算

逻辑运算即逻辑函数的运算，它包括基本逻辑运算和复合逻辑运算两类。

1. 基本逻辑运算

在逻辑代数中，最基本的逻辑关系有3种：与逻辑、或逻辑、非逻辑关系。相应的有3种最基本的逻辑运算：与运算、或运算、非运算。它们分别对应于3种基本的逻辑函数。其他任何复杂的逻辑运算都是由这3种基本运算组成的。下面就分别讨论这3种基本的逻辑运算。

（1）与逻辑

图6.5（a）所示是两个开关 A、B 和灯泡及电源组成的串联电路，这是一个简单的与逻辑电路。分析电路可知，只有当开关 A 和 B 都闭合时，灯泡 F 才会亮；A 和 B 只要有一个断开或者全都断开，则灯泡灭。它们之间的逻辑关系可以用图6.5（b）所示的真值表表示。与的含义是：只有当决定一事件的所有条件全部具备时，这个事件才会发生。逻辑与也叫逻辑乘。

在逻辑电路中，把能实现与运算的逻辑电路叫做与门，其逻辑符号如图6.5（c）所示。

逻辑函数 F 与逻辑变量 A、B 的与运算表达式为

$$F = A \cdot B$$

式中，"·"为逻辑与运算符，也可以省略。

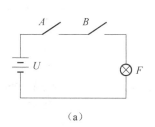 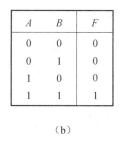 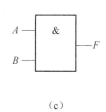

图6.5 与逻辑电路、真值表和逻辑符号
(a) 逻辑电路;(b) 真值表;(c) 逻辑符号

对于多输入变量的与运算的表达式为

$$F = ABCD\cdots$$

与运算的输入输出关系为"有0出0,全1出1"。

 小问答

请列出具有3个输入变量的与逻辑 $F=ABC$ 的真值表。

(2)或逻辑

图6.6(a)所示是一个简单的或逻辑电路。若逻辑变量 A、B、F 和前述的定义相同,通过分析电路显然可知:A、B 中只要有一个为1,则 $F=1$,即 $A=1$、$B=0$ 或 $A=0$、$B=1$ 或 $A=1$、$B=1$ 时都有 $F=1$;只有 A、B 全为0时,F 才为0。其真值表如图6.6(b)所示。因此,"或"的含义是:在决定一事件的各条件中,只要有一个条件具备,这个事件就会发生。逻辑或也叫逻辑加。

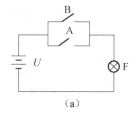

图6.6 或逻辑电路、真值表和逻辑符号
(a) 逻辑电路;(b) 真值表;(c) 逻辑符号

在逻辑电路中,把能实现或运算的逻辑电路叫做或门,其逻辑符号如图6.6(c)所示。逻辑函数 F 与逻辑变量 A、B 的或运算表达式为

$$F = A + B$$

式中,"+"为逻辑或运算符。

对于多输入变量的或运算的表达式为

$$F = A + B + C + D + \cdots$$

或运算的输入输出关系为"有1出1,全0出0"。

小问答

请列出具有4个输入变量的或逻辑 $F = A + B + C + D$ 的真值表。

(3) 非逻辑

图6.7 (a) 所示是一个简单的逻辑电路。分析电路可以知道,只有开关A断开的时候,灯泡F才亮。开关A对应于断开和闭合两种状态,灯泡F对应于亮和灭两种状态,这两种对立的逻辑状态我们可以用"0"和"1"来表示,但是它们并不代表数量的大小,只是表示了两种对立的可能。假设开关断开和灯泡不亮用"0"表示,开关闭合和灯泡亮用"1"表示,又可以得到图6.7 (b) 所示的真值表。从真值表可以看出,逻辑非的含义为:当条件不具备时,事件才发生。

在逻辑电路中,把能实现非运算的逻辑电路叫做非门,其逻辑符号如图6.7 (c) 所示。

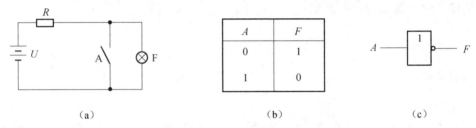

图6.7 非逻辑电路、真值表和逻辑符号
(a) 逻辑电路;(b) 真值表;(c) 逻辑符号

对逻辑变量A进行逻辑非运算的表达式为

$$F = \overline{A}$$

式中,$\overline{A}$ 读做A非或A反。注意在这个表达式中,变量(A、F)的含义与普通代数有本质的区别:无论输入量(A)还是输出量(F)都只有两种取值0、1,没有第3种取值。

2. 复合逻辑运算

由与、或、非3种基本逻辑运算组合,可以得到复合逻辑运算,即复合逻辑函数。以下介绍常见的复合逻辑运算。

(1) 与非

与非运算为先"与"后"非",与非逻辑的函数表达式为

$$F = \overline{AB}$$

表达式称作逻辑变量A、B的与非,其真值表和逻辑符号如图6.8所示。

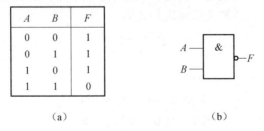

图6.8 与非 $F = \overline{AB}$ 的真值表和逻辑符号
(a) 真值表;(b) 逻辑符号

与非运算的输入输出关系是"有 0 出 1,全 1 出 0"。

(2) 或非

或非运算为先"或"后"非",或非逻辑的函数表达式为

$$F = \overline{A + B}$$

表达式 $F = \overline{A + B}$ 称作逻辑变量 A、B 的或非,其真值表和逻辑符号如图 6.9 所示。

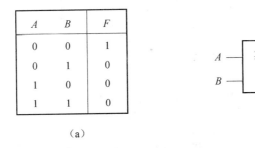

图 6.9 或非 $F = \overline{A + B}$ 的真值表和逻辑符号

或非运算的输入输出关系是"全 0 出 1,有 1 出 0"。

(3) 与或非

与或非运算为先"与"后"或"再"非",图 6.10 所示为与或非逻辑符号。关于与或非真值表请读者作为练习自行列出。与或非逻辑的函数表达式为

$$F = \overline{AB + CD}$$

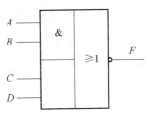

图 6.10 与或非逻辑符号

 小问答

请列出具有 4 个输入变量的与或非逻辑 $F = \overline{AB + CD}$ 的真值表。

(4) 异或和同或

逻辑表达式 $F = \overline{A}B + A\overline{B}$ 表示 A 和 B 的异或运算,其真值表和逻辑符号如图 6.11 所示,真值表可以看出,异或运算的含义是:当输入变量相同时,输出为 0;当输入变量不同时,输出为 1。$F = \overline{A}B + A\overline{B}$ 又可以表示为 $F = A \oplus B$,符号"$\oplus$"读做"异或"。

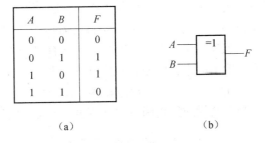

图 6.11 异或 $F = A\overline{B} + \overline{A}B$ 的真值表和逻辑符号
(a) 真值表;(b) 逻辑符号

逻辑表达式 $F = \overline{A}\,\overline{B} + AB$ 表示 A 和 B 的同或运算,如图 6.4 所示的控制楼道照明的开关电路实例中所遇到的逻辑关系为同或运算。其真值表和逻辑符号如图 6.12 所示,这个真值

表和实例中的表 6.3 是完全相同的。从真值表可以看出，同或运算的含义是：当输入变量相同时，输出为 1；当输入变量不同时，输出为 0。$F = \overline{A}\,\overline{B} + AB$ 又可以表示为 $F = A \odot B$，符号"$\odot$"读做"同或"。

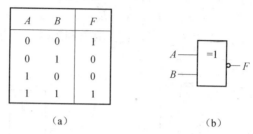

图 6.12　同或 $F = \overline{A}\,\overline{B} + AB$ 的真值表和逻辑符号
(a) 真值表；(b) 逻辑符号

通过图 6.11 和图 6.12 中的真值表也可以看出，异或和同或互为非运算，即
$$F = A \odot B = \overline{A \oplus B}$$

6.1.3　逻辑函数的表示方法

表示一个逻辑函数有多种方法，常用的有：逻辑函数表达式、真值表、卡诺图、逻辑图等。它们各有特点，又相互联系，还可以相互转换，现介绍如下。

1. 逻辑函数表达式

用与、或、非等基本逻辑运算来表示输入变量和输出函数之间因果关系的代数式，叫逻辑函数表达式，例如，$F = A + B$，$Y = A \cdot B + C + D$ 等。由真值表直接写出的逻辑式是标准的与–或逻辑式。写标准与–或逻辑式的方法是：

① 把任意一组变量取值中的 1 代以原变量，0 代以反变量，由此得到一组变量的与组合，如 A、B、C 三个变量的取值为 110 时，则代换后得到的变量与组合为 $AB\overline{C}$。

② 把逻辑函数值为 1 所对应的变量的与组合进行逻辑加，便得到标准的与–或逻辑式。

2. 真值表

在前面的论述中，已经多次用到真值表。真值表是根据给定的逻辑问题，把输入逻辑变量各种可能取值的组合和对应的输出函数值排列成的表格。它表示了逻辑函数与逻辑变量各种取值之间的一一对应关系。逻辑函数的真值表具有唯一性，若两个逻辑函数具有相同的真值表，则这两个逻辑函数必然相等。当逻辑函数有 n 个变量时，共有 2^n 个不同的变量取值组合。在列真值表时，为避免遗漏，变量取值的组合应按照 n 位自然二进制数递增的顺序排列。用真值表表示逻辑函数的优点是直观、明了、可直接看出逻辑函数值与变量取值之间的关系。表 6.4 分别列出了两个变量与、或、与非及异或逻辑函数的真值表。下面举例说明列真值表的方法。

表 6.4　两变量函数真值表

变	量	函		数	
A	B	AB	$A+B$	$\overline{AB}$	$A \oplus B$
0	0	0	0	1	0

续表

变量		函 数			
A	B	AB	A+B	$\overline{AB}$	A⊕B
0	1	0	1	1	1
1	0	0	1	1	1
1	1	1	1	0	0

[例 6.1] 列出函数 $F = \overline{AB}$ 的真值表。

解：该函数有两个输入变量，共有 4 种输入取值组合，分别将它们代入函数表达式，并进行求解，可得到相应的输出函数值。将输入、输出值一一对应列出，即可得到如表 6.5 所示的真值表。

表 6.5 函数 $F = \overline{AB}$ 的真值表

A	B	F
0	0	1
0	1	1
1	0	1
1	1	0

[例 6.2] 列出函数的真值表。

解：该函数有 3 个输入变量，共有 $2^3 = 8$ 种输入取值组合，分别将它们代入函数表达式，并进行求解，可得到相应的输出函数值。将输入、输出值一一对应列出，即可得到如表 6.6 所示的真值表。

表 6.6 函数 $F = AB + \overline{A}C$ 的真值表

A	B	C	F
0	0	0	0
0	0	1	1
0	1	0	0
0	1	1	1
1	0	0	0
1	0	1	0
1	1	0	1
1	1	1	1

注意：在列真值表时，输入变量的取值组合应按照二进制递增的顺序排列，这样做既不易遗漏，也不会重复。

3. 卡诺图

卡诺图是图形化的真值表。如果把各种输入变量取值组合下的输出函数值填入一种特殊的方格图中，即可得到逻辑函数的卡诺图。对卡诺图的详细介绍参见其他教材。

4. 逻辑电路图

由逻辑符号表示的逻辑函数的图形称为逻辑电路图，简称逻辑图。例如，$F = \overline{A}B + A\overline{B} = \overline{\overline{\overline{A}B} \cdot \overline{A\overline{B}}}$ 的逻辑图如图6.13所示。

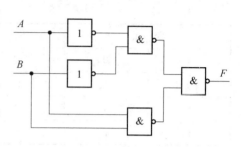

图6.13 $F = \overline{A}B + A\overline{B}$ 的逻辑图

6.1.4 逻辑代数的基本定律

逻辑代数表示的是逻辑关系，而不是数量关系，这是它与普通代数的本质区别。逻辑代数的基本定律显示了逻辑运算应遵循的基本规律，是化简和变换逻辑函数的基本依据，这些定律有其独自具有的特性，但也有一些和普通代数相似，因此要严格区分，不能混淆。

在逻辑代数中只有逻辑乘（"与"逻辑）、逻辑加（"或"逻辑）和求反（"非"逻辑）3种基本运算。根据这3种基本运算可以导出逻辑运算的一些法则和定律，如表6.7所示。

表6.7 逻辑代数的基本法则和定律

0-1 定律	$A + 1 = 1$	$A \cdot 0 = 0$
自等律	$A + 0 = A$	$A \cdot 1 = A$
重叠律	$A + A = A$	$A \cdot A = A$
互补律	$A + \overline{A} = 1$	$A \cdot \overline{A} = 0$
交换律	$A + B = B + A$	$A \cdot B = B \cdot A$
结合律	$(A + B) + C = A + (B + C)$	$(A \cdot B) \cdot C = A \cdot (B \cdot C)$
分配律	$A(B + C) = A \cdot B + A \cdot C$	$A + B \cdot C = (A + B)(A + C)$
非非律	$\overline{\overline{A}} = A$	
吸收律	$A + AB = A$ $A + \overline{A}B = A + B$	$A(A + B) = A$ $A \cdot (\overline{A} + B) = AB$
对合律	$AB + A\overline{B} = A$	$(A + B) \cdot (A + \overline{B}) = A$
反演律	$\overline{A + B} = \overline{A} \cdot \overline{B}$	$\overline{A \cdot B} = \overline{A} + \overline{B}$

 自我测试

1.（单选题）输入输出关系为"有1出1、全0出0"的逻辑是（　　）逻辑。

　　A. 与逻辑　　　　　　　　　　B. 或逻辑
　　C. 非逻辑　　　　　　　　　　D. 或非逻辑

2.（单选题）在决定某事件结果的所有条件中，要求所有的条件同时满足时结果就发生，这种结果和条件的逻辑关系是（　　）。

　　A. 与逻辑　　　B. 或逻辑　　　C. 非逻辑　　　D. 异或逻辑

扫一扫看答案

3. （单选题）在（ ）输入情况下，"与非"运算的结果是逻辑0。
   A. 仅一输入是0   B. 任一输入是0
   C. 全部输入是1   D. 全部输入是0
4. （判断题）在时间上和数值上均作连续变化的电信号称为模拟信号；在时间上和数值上离散的信号叫做数字信号。
   A. 正确   B. 错误
5. （判断题）在数字电路中，最基本的逻辑关系是与逻辑、或逻辑、非逻辑。
   A. 正确   B. 错误
6. （判断题）逻辑变量的取值，1比0大。
   A. 正确   B. 错误
7. 数字电路中用"1"和"0"分别表示逻辑变量的两种状态，二者无大小之分。
   A. 正确   B. 错误

6.2 逻辑门电路的基础知识

6.2.1 基本逻辑门

逻辑门电路是指能实现一些基本逻辑关系的电路，简称"门电路"或"逻辑元件"，是数字电路的最基本单元。门电路通常有一个或多个输入端，输入与输出之间满足一定的逻辑关系。实现基本逻辑运算的电路称为基本门电路，基本门电路有与门、或门、非门。

门电路可以由二极管、三极管及阻容等分立元件构成，也可由 TTL 型或 CMOS 型集成电路构成。目前所使用的门电路一般是集成门电路。

最基本的逻辑关系有3种：与逻辑、或逻辑和非逻辑，与之相对应的逻辑门电路有与门、或门和非门。它们的逻辑关系、逻辑表达式、电路组成、逻辑功能及符号，如表6.8所示。

表6.8 3种基本逻辑门

逻辑关系	逻辑表达式	电路组成	逻辑功能简述	逻辑符号
与	$Y = A \cdot B$		全1出1 见0出0	
或	$Y = A + B$		全0出0 见1出1	

续表

逻辑关系	逻辑表达式	电路组成	逻辑功能简述	逻辑符号
非	$Y=\bar{A}$		见 0 出 1 见 1 出 0	A —▷1▷— Y

小知识

晶体二极管的开关特性

1. 导通条件及导通时的特点

当二极管两端所加的正向电压 U_D 大于死区电压 0.5 V 时，管子开始导通，但在数字电路中，常常把 $U_D \geq 0.7$ V 看成是硅二极管导通的条件。而且二极管一旦导通，就近似认为如同一个闭合的开关，如图 6.14 所示。

导通条件：$U_D \geq 0.7$ V。

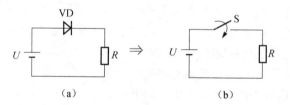

图 6.14 硅二极管导通条件及等效电路
(a) 导通条件：$U_D \geq 0.7$ V；(b) VD 导通等效电路

2. 截止条件及截止时的特点

由硅二极管的伏安特性可知，当 U_D 小于死区电压时，I_D 已经很小，因此在数字电路中常把 $U_D \leq 0.5$ V 看成硅二极管的截止条件，而且一旦截止，就近似认为 $I_D \approx 0$，如同断开的开关，如图 6.15（b）所示。

截止条件：$U_D \leq 0.5$ V。

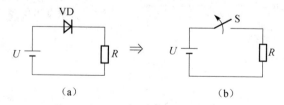

图 6.15 硅二极管截止条件及等效电路
(a) 截止条件：$U_D \leq 0.5$ V；(b) VD 截止等效电路

晶体三极管的开关特性

在数字电路中，晶体三极管是最基本的开关元器件，通常工作在饱和区和截止区。

1. 饱和导通条件及饱和时的特点

由三极管组成的开关电路，如图 6.16 所示。当输入高电平时，发射结正向偏置，当其基极电流足够大时，将使三极管饱和导通。三极管处于饱和状态时，其管压降 U_{CES} 很小，在工程上可以认为 $U_{CES} \approx 0$，即集电极与发射极之间相当于短路，在电路中相当于开关闭合。

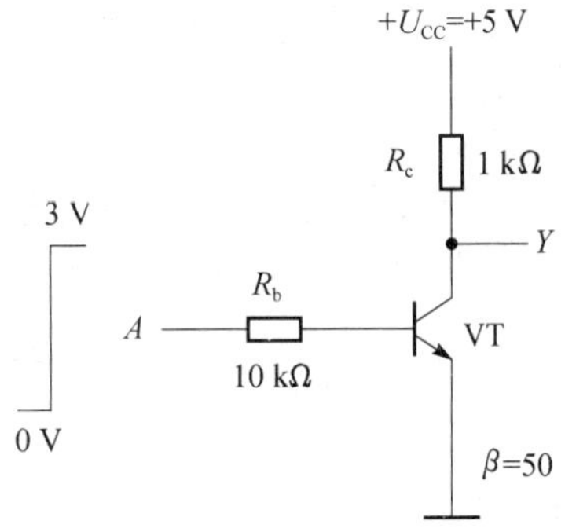

这时的集电极电流

$$I_{CS} = U_{CC}/R_c$$

所以三极管的饱和条件是

$$I_B \geq I_{BC} = \frac{U_{CC}}{\beta R_c}$$

三极管饱和时的特点是

$$U_{CE} = U_{CES} \leq 0.3 \text{ V}$$

如同一个闭合开关。

图 6.16 三极管开关电路

2. 截止条件及截止时的特点

当电路无输入信号时，三极管的发射结偏置电压为 0 V，所以其基极电流 $I_B = 0$，集电极电流为 $I_C = 0$，$U_{CE} = U_{CC}$，三极管处于截止状态，即集电极和发射极之间相当于断路。因此通常把 $U_i = 0$ 作为截止条件。

6.2.2 复合逻辑门

在实际中可以将上述的基本逻辑门电路组合起来，构成常用的复合逻辑门电路，以实现各种逻辑功能。常见的复合门电路有：与非、或非、与或非、异或、同或门等。

与非门、或非门、与或非门电路分别是与、或、非 3 种门电路的组合。其逻辑电路如图 6.17 所示。

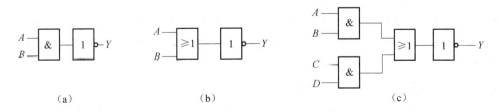

图 6.17 复合逻辑电路

异或门电路的特点是两个输入端信号相异时输出为 1，相同时输出为 0，其逻辑电路如图 6.18 所示。同或门电路的特点是两个输入端信号相同时输出为 1，相异时输出为 0，其逻辑电路如图 6.19 所示。

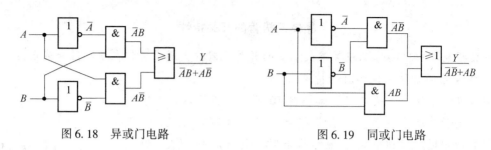

图 6.18 异或门电路　　　　　　　图 6.19 同或门电路

表 6.9 列出了几种常见的复合逻辑门电路的逻辑表达式，逻辑功能及逻辑符号。

表 6.9 几种常见的复合逻辑

逻辑关系	逻辑表达式	逻辑功能简述	逻辑符号
与非	$Y = \overline{ABC}$	全 1 出 0 见 0 出 1	
或非	$Y = \overline{A + B + C}$	全 0 出 1 见 1 出 0	
与或非	$Y = \overline{AB + CD}$		
异或	$Y = A \oplus B$ $Y = A\overline{B} + \overline{A}B$	相同出 0 相异出 1	
同或	$Y = \overline{A \oplus B}$ $Y = \overline{A}\,\overline{B} + AB$	相同出 1 相异出 0	

6.2.3 TTL 集成门电路

用分立元件组成的门电路，使用元件多、焊接点多、可靠性差、体积大、功耗大、使用不便，因此在数字设备中一般极少采用，而目前广泛使用的是 TTL 系列和 CMOS 系列的集成门电路。

TTL 集成门电路，即晶体管-晶体管逻辑（Transistor-Transistor Logic）电路，该电路的内部各级均由晶体管构成。对于集成门电路我们一般不去讨论它的内部结构和工作原理，而更关心它的外部特性，如引脚功能、参数、使用方法等。

集成门电路通常为双列直插式塑料封装，图 6.20 所示为 74LS00 四 2 输入与非门的逻辑电路芯片结构及引脚，在一块集成电路芯片上集成了 4 个与非门，各个与非门互相独立，可以单独使用，但它们共用一根电源引线和一根地线。不管使用哪种门，都必须将 $+U_{CC}$ 接 $+5V$ 电源，地线引脚接公共地线。下面介绍几种常用的 TTL 集成门。

1. 常用的 TTL 集成门

(1) TTL 与非门

74LS00 内含四个 2 输入与非门，其引脚排列如图 6.20 所示，74LS00 的互换型号有 SN7400，SN5400，MC7400，MC5400，T1000，CT7400，CT5400 等。74LS00 的逻辑表达式为：$Y = \overline{A \cdot B}$

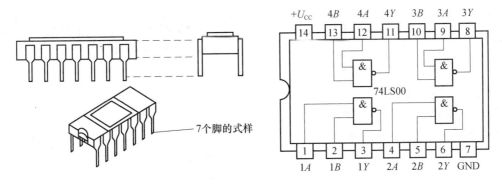

图 6.20 74LS00 四 2 输入与非门的逻辑电路芯片结构及引脚

74LS20 内含两个 4 输入与非门，其引脚排列如图 6.21 所示，74LS20 的互换型号有 SN7420，SN5420，MC7420，MC5420，CT7420，CT5420，T1020 等。74LS20 的逻辑表达式为：$Y = \overline{A \cdot B \cdot C \cdot D}$

(2) TTL 与门

74LS08 内含四个 2 输入与门，其引脚排列如图 6.22 所示，74LS08 的互换型号有 SN7408，SN5408，MC7408，MC5408，CT7408，CT5408，T1008 等。74LS08 的逻辑表达式为：$Y = AB$

(3) TTL 非门

74LS04 内含 6 个非门，其引脚排列如图 6.23 所示，74LS04 的互换型号有 SN7404，SN5404，MC7404，MC5404，CT7404，CT5404，T1004 等。74LS04 的逻辑表达式为：$Y = \overline{A}$

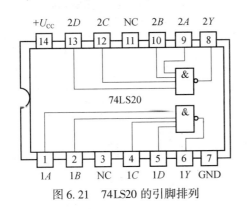

图 6.21 74LS20 的引脚排列

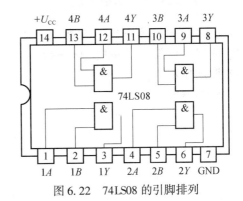

图 6.22 74LS08 的引脚排列

(4) TTL 或非门

74LS02 内含四个 2 输入或非门，其引脚排列如图 6.24 所示，74LS02 的互换型号有 SN7402，SN5402，MC7402，MC5402，CT7402，CT5402，T1002 等。74LS02 的逻辑表达式为：$Y = \overline{A + B}$

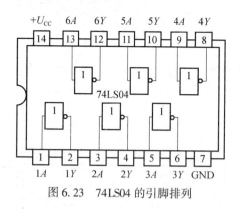
图 6.23 74LS04 的引脚排列

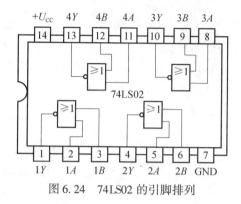
图 6.24 74LS02 的引脚排列

（5）TTL 异或门

74LS86 内含四个 2 输入异或门，其引脚排列如图 6.25 所示，74LS86 的互换型号有 SN7486，SN5486，MC7486，MC5486，CT7486，CT5486，T1086 等。74LS86 的逻辑表达式为

$$Y = A \oplus B = \overline{A}B + A\overline{B}$$

（6）TTLOC 门

74LS03 内含四个 2 输入 TTLOC 与非门，其引脚排列如图 6.26 所示，74LS03 的互换型号有 SN7403，SN5403，MC7403，MC5403，CT7403，CT5403，T1003 等。74LS03 的逻辑表达式为：$Y = \overline{A \cdot B}$

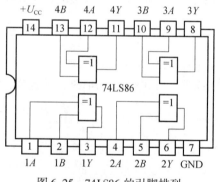
图 6.25 74LS86 的引脚排列

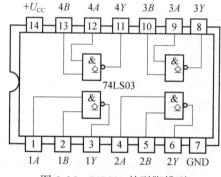
图 6.26 74LS03 的引脚排列

OC 门的逻辑符号如图 6.27 所示，其主要用途有：

① 实现"线与"，如图 6.28 所示。

② 驱动显示。

③ 电平转换。

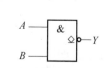
图 6.27 OC 门逻辑符号

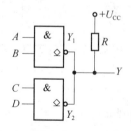
图 6.28 OC 门实现"线与"电路

（7）三态输出门（TSL门）

三态输出门的输出有高阻态、高电平和低电平 3 种状态，简称三态门。三态门有一个控制端（又称使能端）EN，三态门的控制端分高电平有效和低电平有效，表 6.10 为控制端高电平有效的三态功能表，表 6.11 为控制端低电平有效的三态功能表，其逻辑符号如图 6.29 所示。

表 6.10　控制端高电平有效的三态功能表

EN（控制端）	Y（输出端）
EN = 1	$Y = \overline{A \cdot B}$（正常）
EN = 0	Y 呈高阻（悬空）

表 6.11　控制端低电平有效的三态功能表

$\overline{EN}$（控制端）	Y（输出端）
$\overline{EN}$ = 0	$Y = \overline{A \cdot B}$（正常）
$\overline{EN}$ = 1	Y 呈高阻（悬空）

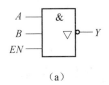
（a）

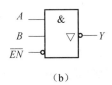
（b）

图 6.29　TSL 门的逻辑符号
(a) 控制端高电平有效；(b) 控制端低电平有效

小技能

数字集成电路的查找方法

（1）使用 D. A. T. A. DIGEST

D. A. T. A. DIGEST 创刊于 1956 年，原名 D. A. T. A. BOOK，专门收集和提供世界各国生产的有商品货供应的各种电子器件的功能特性、电气特性和物理特性的数据资料、电路图和外形图等图纸以及生产厂的有关资料，每年以期刊形式出版各个分册，分册品种逐年增加，整套 D. A. T. A. DIGEST 具有资料累积性，一般不必作回溯性检索，原则上应使用最新的版本。D. A. T. A. DIGEST 由美国 D. A. T. A. 公司以英文出版，初通英语的电子科技人员，只要掌握该资料的检索方式，均可以查到要找的电子器件。

（2）使用一些权威器件手册

除了上面讲的 D. A. T. A. DIGEST 外，国内还有两套很有权威的电子器件手册：一套是国防工业出版社出版的《中国集成电路大全》，另一套是电子工业出版社出版的《电子工作手册系列》。这两套手册都包含数本分册，给出了集成电路的功能、引脚定义以及电气参数等。

（3）经常阅读一些电子技术期刊、报纸

有很多电子技术期刊及报纸可提供大家阅读，诸如《无线电》《电子世界》《现代通信》等杂志，《电子报》等报刊。它们也可以成为你查阅电子器件、开拓思路的信息库。

（4）网上获取

2. TTL 集成门电路参数

在使用 TTL 集成逻辑门时,应注意以下几个主要参数。

(1) 输出高电平 U_{oH} 和输出低电平 U_{oL}

U_{oH} 是指输入端有一个或几个是低电平时的输出高电平,典型值是 3.6 V。U_{oL} 是指输入端全为高电平且输出端接有额定负载时的输出低电平。典型值是 0.3 V。

对通用的 TTL 与非门,$U_{oH} \geq 2.4$ V,$U_{oL} \leq 0.4$ V。

(2) 阈值电压 U_{TH}

U_{TH} 是理想特性曲线上规定的一个特殊界限电压值,如图 6.30 所示。当 $U_i < U_{TH}$ 时,输出高电平 U_{oH} 并保持不变;当 $U_i > U_{TH}$ 后,输出很快下降为低电平 U_{oL} 并保持不变。

(3) 扇出系数 N_0

N_0 是指一个与非门能带同类门的最大数目,它表示与非门带负载能力。对 TTL 与非门,$N_0 \geq 8$。

(4) 平均传输延迟时间 t_{pd}

与非门工作时,其输出脉冲相对于输入脉冲将有一定的时间延迟,如图 6.31 所示。

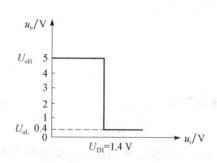

图 6.30 TTL 与非门的理想传输特性

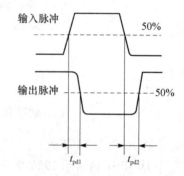

图 6.31 TTL 与非门的传输延迟时间

从输入脉冲上升沿的 50% 处起到输出脉冲下降沿的 50% 处止的时间称为导通延迟时间 t_{pd1};从输入脉冲下降沿的 50% 处起到输出脉冲上升沿的 50% 处止的时间称截止延迟时间 t_{pd2}。t_{pd1} 和 t_{pd2} 的平均值称为平均传输延迟时间 t_{pd}。它是表示门电路开关速度的一个参数。t_{pd} 越小,开关速度就越快,所以此值越小越好。在集成与非门中,TTL 与非门的开关速度比较高。典型值是 3~4 ns。

(5) 输出低电平时电源电流 I_{CCL} 和输出高电平时电源电流 I_{CCH}

I_{CCL} 是指输出为低电平时,该电路从直流电源吸取的直流电流。

I_{CCH} 是指输出为高电平时,该电路从直流电源吸取的直流电流,通常 $I_{CCH} < I_{CCL}$。

 小知识

用 T4000(74LS00)四 2 输入与非门构成一个二输入或门,如图 6.32 所示。

$$Y = \overline{\overline{A} \cdot \overline{B}} = A + B$$

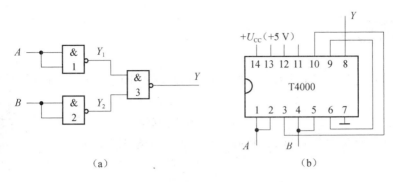

图 6.32 用 74LS00 组成或门电路

 小问答

如何用 T4000（74LS00）四 2 输入与非门构成一个二输入与门和一个非门？

3. TTL 集成门电路使用注意事项

（1）TTL 输出端

TTL 电路（OC 门、三态门除外）的输出端不允许并联使用，也不允许直接与 +5 V 电源或地线相连。否则，将会使电路的逻辑混乱并损坏器件。

（2）多余输入端的处理

或门、或非门等 TTL 电路的多余输入端不能悬空，只能接地。与门、与非门等 TTL 电路的多余输入端可以做如下处理。

① 悬空：相当于接高电平。

② 与其他输入端并联使用：可增加电路的可靠性。

③ 直接或通过电阻（100 Ω~10 kΩ）与电源相接以获得高电平输入。

（3）电源滤波

一般可在电源的输入端并接一个 100 μF 的电容作为低频滤波，在每块集成电路电源输入端接一个 0.01~0.1 μF 的电容作为高频滤波，如图 6.33 所示。

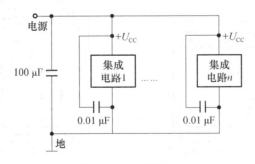

图 6.33 电源滤波

（4）严禁带电操作

要在电路切断电源以后，插拔和焊接集成电路芯片，否则容易引起电路芯片的损坏。

自我测试

1. （单选题）具有"有 1 出 0、全 0 出 1"功能的逻辑门是（　　）。
   A. 与非门　　　　　　　　　　　　B. 或非门
   C. 异或门　　　　　　　　　　　　D. 同或门
2. （单选题）具有"相异出 1，相同出 0"功能的逻辑门是（　　）。
   A. 与门　　　　　　　　　　　　　B. 或门
   C. 非门　　　　　　　　　　　　　D. 异或门
3. （判断题）具有"相异出 0，相同出 1"功能的逻辑门是非门。
   A. 正确　　　　　　　　　　　　　B. 错误
4. （判断题）TTL 与非门多余输入端的处理方法是接地。
   A. 正确　　　　　　　　　　　　　B. 错误

扫一扫看答案

6.2.4　CMOS 集成门电路

CMOS 门电路是由 N 沟道增强型 MOS 场效应晶体管和 P 沟道增强型 MOS 场效应晶体管构成的一种互补对称场效应管集成门电路，是近年来国内外迅速发展、广泛应用的一种电路。

1. 常用 CMOS 集成门

（1）CMOS 与非门

CD4011 是一种常用的四 2 输入与非门，采用 14 引脚双列直插塑料封装，其引脚排列如图 6.34 所示。

（2）CMOS 反相器

CD40106 是一种常用的六输入反相器，采用 14 引脚双列直插塑料封装，其引脚排列如图 6.35 所示。

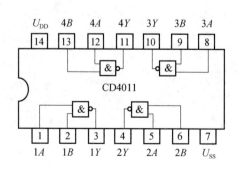

图 6.34　CD4011（四 2 输入与非门）

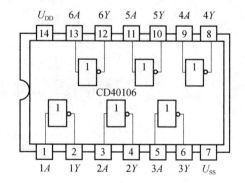

图 6.35　CD40106（六输入反相器）

（3）CMOS 传输门

CC4016 是 4 双向模拟开关传输门，其引脚排列如图 6.36 所示，互换型号有 CD4016B，

MC14016B 等。其逻辑符号如图 6.37 所示。其模拟开关真值表如表 6.12 所示。

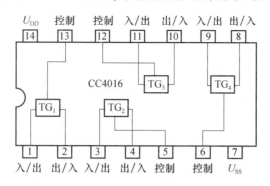

图 6.36　CC4016 的引脚排列

图 6.37　CC4016 的逻辑符号

表 6.12　模拟开关真值表

控制端	开关通道
1	导通
0	截止

2. CMOS 门电路的主要特点

（1）静态功耗低

CMOS 门电路工作时，几乎不吸取静态电流，所以功耗极低。

（2）电源电压范围宽

CMOS 门电路的工作电源电压很宽，从 3～18 V 均可正常工作，与严格限制电源的 TTL 与非门相比要方便得多，便于和其他电路接口。

（3）抗干扰能力强

输出高、低电平的差值大。因此 CMOS 门电路具有较强的抗干扰能力，工作稳定性好。

（4）制造工艺较简单

（5）集成度高，宜于实现大规模集成

（6）它的缺点是速度比 74LS 系列低

由于 CMOS 门电路具有上述特点，因而在数字电路、电子计算机及显示仪表等许多方面获得了广泛的应用。

CMOS 门电路和 TTL 门电路在逻辑功能方面是相同的。而且当 CMOS 电路的电源电压 + U_{DD} = + 5 V 时，它可以与低功耗的 TTL 电路直接兼容。

 小知识

CMOS 集成电路的电源电压越高，电路的抗干扰能力越强，允许的工作频率越高，但相应的功耗也越大。

3. CMOS 集成门电路使用注意事项

（1）防静电

应注意存放的环境，防止外来感应电势将栅极击穿。

（2）焊接

焊接时不能使用25 W以上的电烙铁，通常采用20 W内热式烙铁，并用带松香的焊锡丝，焊接时间不宜过长，焊接量不宜过大。

（3）闲置输入端的处理

CMOS电路不用的输入端，不允许悬空，可与使用输入端并联使用，但这样会增大输入电容，使速度下降，因此工作频率高时不宜这样用。与门和与非门的闲置输入端可接正电源或高电平；或门和或非门的闲置输入端可接地或低电平。

（4）输出端的连接

OC门的输出端可并联使用实现线与，还可用来驱动需要一定功率的负载；普通门的输出端不允许直接并联实现线与。输出端不允许直接与U_{DD}或U_{SS}连接，否则将导致器件损坏。

（5）电源

U_{DD}电源正极，U_{SS}接电源负极（通常接地），不允许反接，在接装电路、插拔电路器件时，必须切断电源，严禁带电操作。

（6）输入信号

器件的输入信号不允许超出电压范围，若不能保证这一点，必须在输入端串联限流电阻起保护作用。

（7）接地

所有测试仪器，外壳必须良好接地。若信号源需要换挡，最好先将输出幅度减到最小。

 小技能

用万用表检查TTL系列电路

① 将万用表拨到R×1 kΩ挡，黑表笔接被测电路的电源地端，红表笔依次测量其他各端对地端的直流电阻。正常情况下，各端对地端的直流电阻值为5 kΩ左右，其中电源正端对地端的电阻值为3 kΩ左右。如果测得某一端电阻值小于1 kΩ，则被测电路已损坏；如测得电阻值大于12 kΩ，也表明该电路已失去功能或功能下降，不能使用了。

② 将万用表表笔对换，即表笔红接地，黑表笔依次测量其他各端的反向电阻值，多数应大于40 kΩ，其中电源正端对地电阻值为3~10 kΩ。若阻值近乎为零，则电路内部已短路；若阻值为无穷大，则电路内部已断路。

③ 少数TTL电路内部有空脚，如7413的（3）、（11）端，7421的（2）、（8）、（12）、（13）端等，测量时应注意查阅电路型号及引线排列，以免错判。

自我测试

1．（单选题）三态门输出高阻状态时，下列说法错误的是（　　）。
　A．用电压表测量指针不动　　　　　　B．相当于悬空
　C．电压不高不低　　　　　　　　　　D．测量电阻指针不动

2．（单选题）对于TTL与非门闲置输入端的处理，不可以（　　）。

扫一扫看答案

A. 接电源 B. 通过电阻 3kΩ 接电源
C. 接地 D. 与有用输入端并联

3.（判断题）一般 TTL 集成电路和 CMOS 集成电路相比，TTL 集成门电路的输入端通常不可以悬空。

A. 正确 B. 错误

4.（判断题）普通逻辑门电路的输出端不可以并联在一起，否则可能会损坏器件。

A. 正确 B. 错误

5.（判断题）CMOS 或非门与 TTL 或非门的逻辑功能完全相同。

A. 正确 B. 错误

6.3　不同类型集成门电路的接口

不同类型集成门电路在同一个数字电路系统中使用时，考虑门电路之间的连接问题。门电路在连接时，前者称为驱动门，后者称为负载门。驱动门必须能为负载门提供符合要求的高、低电平和足够的输入电流，具体条件是

驱动管　　　负载管

U_{oH} > U_{iH}

U_{oL} < U_{iL}

I_{oH} > I_{iH}

I_{oL} > I_{iL}

两种不同类型的集成门电路，在连接时必须满足上述条件，否则需要通过接口电路进行电平或电流的变换之后，才能连接。

TTL 系列和 CMOS 系列的参数比较见表 6.13。

表 6.13　TTL 和 CMOS 电路各系列重要参数的比较

项　目	TTL				CMOS		
	74S	74LS	74AS	74ALS	4000	CC74HC	CC74HCT
电源电压/V	5	5	5	5	5	5	5
U_{oH}/V	2.7	2.7	2.7	2.7	4.95	4.9	4.9
U_{oL}/V	0.5	0.5	0.5	0.5	0.05	0.1	0.1
I_{oH}/mA	−1	−0.4	−2	−0.4	−0.51	−4	−4
I_{oL}/mA	20	8	20	8	0.51	4	4
U_{iH}/V	2	2	2	2	3.5	3.5	2
U_{iL}/V	0.8	0.8	0.8	0.8	1.5	1.0	0.8
I_{iH}/μA	50	20	20	20	0.1	0.1	0.1
I_{iL}/mA	−2	−0.4	−0.5	−0.1	-0.1×10^{-3}	0.1×10^{-3}	0.1×10^{-3}

续表

项目	TTL				CMOS		
	74S	74LS	74AS	74ALS	4000	CC74HC	CC74HCT
$t_{pd}/(门 \cdot ns^{-1})$	3	9.5	3	3.5	45	8	8
P（每门）$/mW$	19	2	8	1.2	5×10^{-3}	3×10^{-3}	3×10^{-3}
f_{max}/MHz	130	50	230	100	5	50	50

6.3.1 TTL 集成门电路驱动 CMOS 集成门电路

通过比较 TTL 系列和 CMOS 系列的有关参数可知，高速 HCT 系列 CMOS 电路与 TTL 电路完全兼容，它们可直接互相连接，而 74HC 系列与 TTL 系列不匹配，因为 TTL 的 $U_{oH} \geqslant$ 2.7 V，而 74HC 在接 5 V 电源时 $U_{iH} \geqslant 3.5$ V，两者电压显然不符合要求，所以不能直接相接，可以采用如图 6.38 所示的方法实现电平匹配。

6.3.2 CMOS 集成门电路驱动 TTL 集成门电路

CMOS 系列电路驱动 TTL 系列电路，可将 CMOS 系列的输出参数与 TTL 系列电路的输入参数作比较，可以看到在某些系列间同样存在 CMOS 输出高电平与 TTL 系列输入高电平不匹配，CMOS 输出电流太小不能满足 TTL 系列输入电流的要求。这种情况下，可以采用 CMOS 缓冲驱动器作接口电路，也就是在 CMOS 的输出端加反相器作缓冲级，如图 6.39 所示。该缓冲级可选用 CD4049（六反相缓冲器）和 CD4050（六同相缓冲器）。

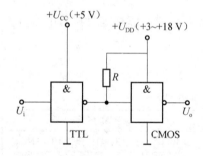

图 6.38 TTL 驱动 CMOS 的接口电路

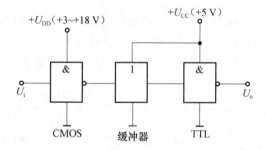

图 6.39 CMOS 驱动 TTL 的接口电路

【任务训练】 常用集成门电路的逻辑功能测试

1. 工作任务单

① 识别集成逻辑门的功能，管脚分布。
② 完成常用集成逻辑门的逻辑功能测试。
③ 完成门电路对信号的控制作用的测试。
④ 完成用与非门设计其他逻辑功能的门电路并进行逻辑功能测试。

⑤ 编写实训及设计报告。

2. 任务训练目标

① 掌握数字电路实验装置的结构与使用方法。
② 验证常用门电路的逻辑功能。
③ 了解常用 74 系列门电路的管脚排列方法。

3. 任务训练设备与器件

实训设备：数字电路实验装置　1 台
实训器件：74LS00（CD4011）　2 片

4. 任务训练内容及步骤

（1）TTL 与非门电路逻辑功能测试

74LS00 是四 2 输入与非门电路，其管脚排列如图 6.40（a）所示。将其集成芯片插入 IC 插座中，输入端接逻辑电平开关，输出端接逻辑电平指示，14 脚接 +5 V 电源，7 脚接地，先测试第一个门电路的逻辑关系，接线方法如图 6.40（b）所示。LED 电平指示灯亮为 1，灯不亮为 0。将结果记录在表 6.14 中，判断是否满足 $Y = \overline{AB}$。

表 6.14　与非门电路逻辑功能测试表

输入		输出
A	B	$Y = \overline{AB}$
0	0	
0	1	
1	0	
1	1	

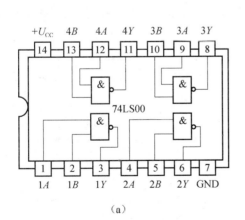
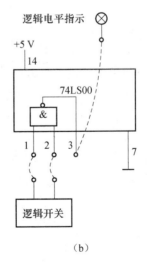

图 6.40　与非门管脚排列及与非门逻辑功能测试接线
（a）与非门管脚排列；（b）与非门逻辑功能测试接线

（2）门电路对信号的控制作用

选二输入与非门 74LS00 插入 IC 插座，1 脚输入 1kH 的脉冲信号，2 脚接逻辑电平开关，输出端 3 脚接示波器，连接 +5 V 电源，如图 6.41 所示。当逻辑电平开关为 0 或 1 时，分别用示波器观察输出端 Y 的波形。

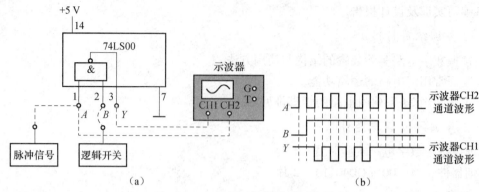

图 6.41 与非门对信号的控制作用
(a) 测试接线；(b) 波形

 小知识

不同的门电路对输入信号具有不同的控制作用，大家可以自行测试其他门电路对输入信号的控制作用。

(3) 用与非门构成其他逻辑功能的门电路（选做）
① 构成非门电路。
② 构成与门电路。
③ 构成或门电路。
④ 构成或非门电路
⑤ 构成异或门电路

以上内容均要求同学们参考如图 6.42 所示的逻辑电路，画出相应的测试接线图，测试逻辑功能，将结果记录在表 6.15、表 6.16 中。

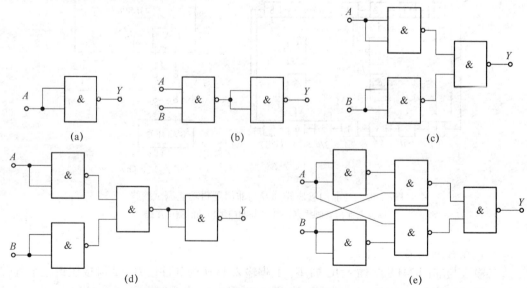

图 6.42 用与非门构成其他逻辑功能的门电路
(a) 用与非门接成非门；(b) 用与非门接成与门；(c) 用与非门接成或门；
(d) 用与非门接成或非门；(e) 与非门构成异或门

表 6.15　结果记录表 1

非门功能测试		与门功能测试			或门功能测试		
输入	输出	输入		输出	输入		输出
A	$Y = \bar{A}$	A	B	$Y = AB$	A	B	$Y = A + B$
0		0	0		0	0	
1		0	1		1	1	
		1	0		1	0	
		1	1		1	1	

表 6.16　结果记录表 2

或非门功能测试			异或门功能测试		
输入		输出	输入		输出
A	B	$Y = \overline{A + B}$	A	B	$Y = \overline{A}B + A\overline{B}$
0	0		0	0	
0	1		0	1	
1	0		1	0	
1	1		1	1	

5. 任务训练注意事项

① 接插集成块时,要认清定位标记,不得插反。
② 电源电压使用范围为 +4.5～5.5 V,实验中要求使用 U_{CC} = +5 V。电源极性绝对不允许接错。
③ 门电路的输出端不允许直接接地或直接接 +5 V 电源,也不允许接逻辑电平开关,否则将损坏器件。

6. 任务训练考核 (表 6.17)

表 6.17　集成门电路的逻辑功能测试工作过程考核表

项目	内容	配分	考核要求	扣分标准	得分
工作态度	1. 工作的积极性; 2. 安全操作规程的遵守情况; 3. 纪律遵守情况	30 分	积极参加工作,遵守安全操作规程和劳动纪律,有良好的职业道德和敬业精神	违反安全操作规程扣 20 分,不遵守劳动纪律扣 10 分	
集成电路的识别	1. 集成电路的型号识读; 2. 集成电路引脚号的识读	30 分	能回答型号含义,引脚功能明确,会画出器件引脚排列示意图	每错一处扣 2 分	

续表

项 目	内 容	配 分	考核要求	扣分标准	得 分
集成电路的功能测试	1. 能正确连接测试电路； 2. 能正确测试集成电路的逻辑功能	40 分	1. 熟悉集成电路的逻辑功能； 2. 正确记录测试结果	验证方法不正确扣 5 分，记录测试结果不正确扣 5 分	
合计		100 分			

注：各项配分扣完为止

本项目知识点

1. 逻辑代数是分析和设计逻辑电路的重要工具。逻辑变量是一种二值变量，只能取值 0 和 1，仅用来表示两种截然不同的状态。

2. 基本逻辑运算有与运算（逻辑乘）、或运算（逻辑加）和非运算（逻辑非）3 种。常用的导出逻辑运算有与非运算、或非运算、与或非运算以及同或运算，利用这些简单的逻辑关系可以组合成复杂的逻辑运算。

3. 逻辑函数有 4 种常用的表示方法，分别是真值表、逻辑函数式、卡诺图、逻辑图。它们之间可以相互转换，在逻辑电路的分析和设计中会经常用到这些方法。

4. 最基本的逻辑门电路有与门、或门和非门。在数字电路中，常用的门电路有与非门、或非门、与或非门、异或门、三态门等。门电路是组成各种复杂逻辑电路的基础。

5. 在使用集成逻辑门电路时，未被使用的闲置输入端应注意正确连接。对于与非门，闲置输入端可通过上拉电阻接正电源，也可和已用的输入端并联使用。对于或非门，闲置输入端可直接接地，也可和已用的输入端并联使用。

思考与练习

一、填空题

6.1 在时间上和数值上均作连续变化的电信号称为_____信号；在时间上和数值上离散的信号叫做_____信号。

6.2 数字电路中，输入信号和输出信号之间的关系是_____关系，所以数字电路也称为_____电路。在数字电路中，最基本的关系是_____、_____和_____。

6.3 具有"相异出 1，相同出 0"功能的逻辑门是_____门，它的非是_____门。

6.4 一般 TTL 集成电路和 CMOS 集成电路相比，_____集成门的带负载能力强，_____集成门的抗干扰能力强；_____集成门电路的输入端通常不可以悬空。

6.5 TTL 与非门多余输入端的处理方法是_____。

6.6 集成逻辑门电路的输出端不允许_____，否则将损坏器件。

二、选择题

6.7 为实现"线与"逻辑功能，应选用（　　）

A. OC 门　　　　B. 与门　　　　C. 异或门

6.8　某门电路的输入输出波形如图 6.43 所示，试问此逻辑门的功能是(　　)。

A. 与非　　　　B. 或非　　　　C. 异或　　　　D. 同或

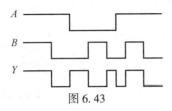

图 6.43

三、判断题（对的填"是"，错的填"否"）

6.9　输入全为低电平"0"，输出也为"0"时，必为"与"逻辑关系。　　　　　(　　)

6.10　或逻辑关系是"有 0 出 0，见 1 出 1"。　　　　　　　　　　　　　　(　　)

四、分析题

6.11　某逻辑电路有 3 个输入：A、B 和 C，当输入相同时，输出为 1，否则输出为 0。列出此逻辑事件的真值表，写出逻辑表达式。

6.12　试画出用与非门构成具有下列逻辑关系的逻辑图。

(1) $L=\overline{A}$　　(2) $L=A \cdot B$　　(3) $L=A+B$

6.13　试确定图 6.44 所示中各门的输出 Y 或写出 Y 的逻辑函数表达式。

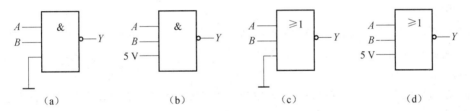

图 6.44

6.14　图 6.45 所示是 u_A、u_B 两输入端门的输入波形，试画出对应下列门的输出波形。

① 与门

② 与非门

③ 或非门

④ 异或门

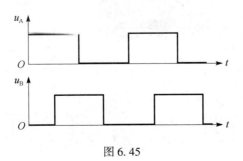

图 6.45

项目 7 产品质量检测仪的设计与制作

【学习目标】

能力目标

1. 会识别和测试常用 TTL、CMOS 集成电路产品。
2. 能完成产品质量检测仪的设计与制作。

知识目标

掌握逻辑函数的化简，了解组合逻辑电路的分析步骤，掌握组合逻辑电路的分析方法；了解组合逻辑电路的设计步骤，初步掌握用小规模集成电路（SSI）设计组合逻辑电路的方法。

产品质量检测仪实物如图 7.1 所示。

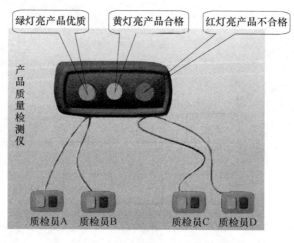

图 7.1 产品质量检测仪实物

【实践活动】 产品质量检测仪的制作

1. 工作任务单

① 小组制订工作计划。
② 识别产品质量检测仪原理图，明确元器件连接和电路连线。
③ 画出布线图。
④ 完成电路所需元器件的购买与检测。
⑤ 根据布线图制作产品质量检测仪电路。
⑥ 完成产品质量检测仪电路功能验证和故障排除。
⑦ 通过小组讨论完成电路的详细分析及编写项目实训报告。

产品质量检测仪电路如图7.2所示。

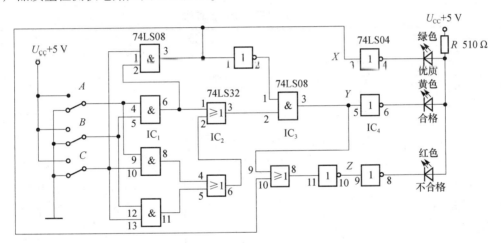

图7.2 产品质量检测仪电路

2. 项目目标

① 增强专业意识，培养良好的职业道德和职业习惯。
② 能借助资料读懂集成电路的型号，明确各引脚功能。
③ 了解数字集成电路的检测。
④ 掌握产品质量检测仪的制作。

3. 实训设备与器材

实训设备：数字电路实验装置 1台。
实训器件：2块74LS08芯片、1块74LS32芯片、1块74LS04芯片、3个发光二极管、1个510 Ω电阻、3个按键。

4. 项目电路与说明

(1) 设计要求

① 输入逻辑。假设有3个质检员（分别是A，B，C）同时检测一个产品，若质检员认

为产品合格,则不按按钮,电路得到的输入信号是数字逻辑 1,若质检员认为产品不合格,则按下按钮,电路得到的输入信号是数字逻辑 0。

② 输出逻辑。电路输出总共有绿、黄、红色 3 个发光二极管,表示产品的 3 种质量等级,3 种质量等级分别是 优质(命名为 X)、合格(命名为 Y)、不合格(命名为 Z)。

若 3 个质检员都认为产品合格,则产品质量为优质,优质对应的绿色二极管点亮,其余两个二极管为熄灭状态(即 $X=1$,$Y=0$,$Z=0$);

若 3 个质检员中只有两人认为产品合格,则产品质量合格,合格对应的黄色二极管点亮,其余两个二极管为熄灭状态(即 $X=0$,$Y=1$,$Z=0$);

若 3 个质检员中只有一人认为产品合格,或 3 个质检员都认为产品不合格,则产品质量不合格,不合格对应的红色二极管点亮,其余两个二极管为熄灭状态(即 $X=0$,$Y=0$,$Z=1$)。

(2)设计思路

① 根据设计要求列出表 7.1 所示的真值表。

表 7.1 产品质量检测仪真值表

输入			输出			产品质量
A	B	C	X(绿灯)	Y(黄灯)	Z(红灯)	
0	0	0	0	0	1	不合格
0	0	1	0	0	1	不合格
0	1	0	0	0	1	不合格
0	1	1	0	1	0	合格
1	0	0	0	0	1	不合格
1	0	1	0	1	0	合格
1	1	0	0	1	0	合格
1	1	1	1	0	0	优质

② 由以上输入输出逻辑可以列出 3 个输出信号的表达式。

$$X = ABC$$
$$Y = (AB + BC + AC)\overline{X}$$
$$Z = \overline{X + Y}$$

由这 3 个公式得知,电路要用到与门、或门、非门,与门选用 74LS08,或门选用 74LS32,非门选用 74LS04。

5. 项目电路的安装与功能验证

(1)安装

根据产品质量检测仪的逻辑电路图,参考图 7.3 画出安装布线图。根据安装布线图按正确方法插好 IC 芯片,并连接线路。电路可以连接在自制的 PCB(印刷电路板)上,也可以焊接在万能板上,或通过"面包板"插接。

(2)验证产品质量检测仪的逻辑功能(与表 7.1 比较)

项目7 产品质量检测仪的设计与制作

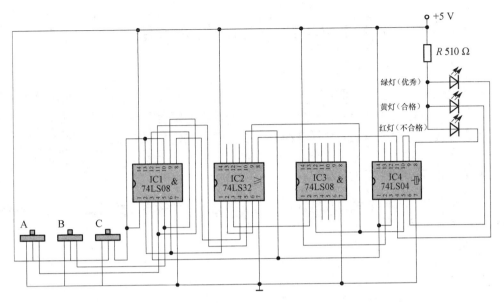

图 7.3 产品质量检测仪安装接线

6. 完成电路的详细分析及编写项目实训报告

7. 实训考核（表7.2）

表7.2 产品质量检测仪的制作工作过程考核表

项目	内容	配分	考核要求	扣分标准	得分
实训态度	1. 实训的积极性； 2. 安全操作规程的遵守情况； 3. 纪律遵守情况	30分	积极实训，遵守安全操作规程和劳动纪律，有良好的职业道德和敬业精神	违反安全操作规程扣20分，不遵守劳动纪律扣10分	
电路安装	1. 安装图的绘制； 2. 电路的安装	40分	电路安装正确且符合工艺要求	电路安装不规范，每处扣5分，电路接错扣5分	
电路的测试	1. 产品质量检测仪的功能验证； 2. 自拟表格记录测试结果	30分	1. 熟悉电路的逻辑功能； 2. 正确记录测试结果	验证方法不正确扣20分，记录测试结果不正确扣10分	
合计		100分			

注：各项配分扣完为止

 思考

假设有4个质检员（分别是 A，B，C，D）同时检测一个产品，4个质检员都认为产品合格，产品质量为优；3个质检员都认为产品合格，产品质量为合格；2个或2个以下质检员都认为产品合格，产品质量不合格，如何设计该电路？

7.1 逻辑函数的化简方法

大多数情况下，由逻辑真值表写出的逻辑函数式，以及由此而画出的逻辑电路图往往比较复杂。如果可以化简逻辑函数，就可以使对应的逻辑电路简单，所用器件减少，电路的可靠性也因此而提高。逻辑函数的化简有两种方法，即公式化简和卡诺图化简法。

7.1.1 公式化简法

公式化简法就是运用逻辑代数运算法则和定律把复杂的逻辑函数式化成简单的逻辑式，通常采用以下几种方法。

1. 吸收法

吸收法是利用的 $A+AB=A$ 公式，消去多余的项。

例 7.1 化简函数 $Y=AB+AB(C+D)$

解：$Y=AB+AB(C+D)=AB(1+C+D)=AB$

2. 并项法

利用 $A+\bar{A}=1$ 的公式，将两项并为一项，消去一个变量。

例 7.2 化简函数 $Y=\bar{A}BC+\bar{A}B\bar{C}$。

解：$Y=\bar{A}BC+\bar{A}B\bar{C}=\bar{A}B(C+\bar{C})=\bar{A}B$

3. 消去法

利用 $A+\bar{A}B=A+B$，消去多余的因子。

例 7.3 化简函数 $Y=AB+\bar{A}C+\bar{B}C$

解：$Y=AB+\bar{A}C+\bar{B}C=AB+(\bar{A}+\bar{B})C=AB+\overline{AB}C=AB+C$

4. 配项法

利用公式 $A+\bar{A}=1$，$A+A=A$ 等，增加必要的乘积项，再用并项或吸收的办法化简。

例 7.4 化简函数 $Y=\bar{A}BC+A\bar{B}C+AB\bar{C}+ABC$

解：$Y=\bar{A}BC+A\bar{B}C+AB\bar{C}+ABC$

$\quad =\bar{A}BC+ABC+A\bar{B}C+ABC+AB\bar{C}+ABC$ （配项）

$\quad =BC(\bar{A}+A)+AC(\bar{B}+B)+AB(\bar{C}+C)$

$\quad =BC+AC+AB$ （并项）

7.1.2 卡诺图化简法

1. 基本概念

卡诺图是逻辑函数的图解化简法。它克服了公式化简法对最终结果难以确定的缺点，卡诺图化简法具有确定的化简步骤，能比较方便地获得逻辑函数的最简与或式。为了更好地掌握这种方法，必须理解下面几个概念。

(1) 最小项

在 n 个变量的逻辑函数中，如乘积（与）项中包含全部变量，且每个变量在该乘积项中或以原变量或以反变量只出现一次，则该乘积就定义为逻辑函数的最小项。n 个变量的最小项有 2^n 个。

3 个输入变量全体最小项的编号如表 7.3 所示。

表 7.3　三变量最小项表

A	B	C	最小项	简记符号
0	0	0	$\bar{A}\,\bar{B}\,\bar{C}$	m_0
0	0	1	$\bar{A}\,\bar{B}C$	m_1
0	1	0	$\bar{A}B\bar{C}$	m_2
0	1	1	$\bar{A}BC$	m_3
1	0	0	$A\bar{B}\,\bar{C}$	m_4
1	0	1	$A\bar{B}C$	m_5
1	1	0	$AB\bar{C}$	m_6
1	1	1	ABC	m_7

(2) 最小项表达式

如一个逻辑函数式中的每一个与项都是最小项，则该逻辑函数式叫做最小项表达式（又称为标准与或式）。任何一种形式的逻辑函数式都可以利用基本定律和配项法化为最小项表达式，并且最小项表达式是唯一的。

例 7.5　把 $L = \bar{A}B\bar{C} + AB\bar{C} + \bar{B}CD + \bar{B}C\bar{D}$ 化成标准与或式。

解：从表达式中可以看出 L 是四变量的逻辑函数，但每个乘积项中都缺少一个变量，不符合最小项的规定。为此，将每个乘积项利用配项法把变量补足为 4 个变量，并进一步展开，即得最小项。

$$L = \bar{A}B\bar{C}(D+\bar{D}) + AB\bar{C}(D+\bar{D}) + \bar{B}CD(A+\bar{A}) + \bar{B}C\bar{D}(A+\bar{A})$$
$$= \bar{A}B\bar{C}D + \bar{A}B\bar{C}\bar{D} + AB\bar{C}D + AB\bar{C}\bar{D} + \bar{B}CDA + \bar{B}CD\bar{A} + \bar{B}C\bar{D}A + \bar{B}C\bar{D}\bar{A}$$

(3) 相邻最小项

如两个最小项中只有一个变量为互反变量，其余变量均相同，则这样的两个最小项为逻辑相邻，并把它们称为相邻最小项，简称相邻项。如 $\bar{A}\,\bar{B}\,\bar{C}$ 和 $\bar{A}\,\bar{B}C$，其中的 C 和 $\bar{C}$ 互为反变量，其余变量 ($\bar{A}\,\bar{B}$) 都相同。

(4) 最小项卡诺图

用 2^n 个小方格对应 n 个变量的 2^n 个最小项，并且使逻辑相邻的最小项在几何位置上也相邻，按这样的相邻要求排列起来的方格图，叫做 n 个输入变量的最小项卡诺图，又称最小项方格图。图 7.4 所示是二～四变量的最小项卡诺图。图中横向变量和纵向排列顺序，保证了最小项在卡诺图中的循环相邻性。

2. 用卡诺图表示逻辑函数

用卡诺图表示逻辑函数的步骤如下：

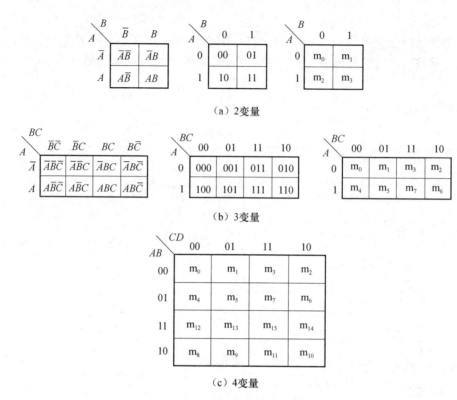

图 7.4 最小项卡诺图的结构

① 根据逻辑函数中的变量数,画出变量最小项卡诺图;
② 将逻辑函数表达式所包含的各最小项,在相应的小方格中填以 1(称为读入、写入),在其余的小方格内填 0 或不填。

根据逻辑函数画出的卡诺图是唯一的,它是描述逻辑函数的又一种形式。下面举例说明根据逻辑函数不同的表示形式填写卡诺图的方法。

(1) 已知逻辑函数式的标准与或表达式,画逻辑函数卡诺图

例 7.6 逻辑函数 $L = \overline{A}\,\overline{B}CD + \overline{A}B\overline{C}\,\overline{D} + \overline{A}BCD + AB\overline{C}\,\overline{D} + \overline{A}BCD + A\,\overline{B}CD + \overline{A}\,\overline{B}\,\overline{C}\,\overline{D} + \overline{A}\,\overline{B}\,C\,\overline{D}$,试画出 L 的卡诺图。

解:这是一个 4 变量逻辑函数。

① 画出 4 变量最小项卡诺图,如图 7.5 所示。
② 填卡诺图。把逻辑函数式中的 8 个最小项 $\overline{A}\,\overline{B}CD$、$\overline{A}B\overline{C}\,\overline{D}$、$\overline{A}BCD$、$AB\overline{C}\,\overline{D}$、$\overline{A}BCD$、$A\,\overline{B}CD$、$\overline{A}\,\overline{B}\,\overline{C}\,\overline{D}$、$\overline{A}\,\overline{B}\,C\,\overline{D}$ 对应的方格中填入 1,其余不填。

(2) 已知逻辑函数的一般表达式,画逻辑函数卡诺图

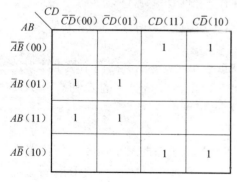

图 7.5 例 7.6 卡诺图

当已知逻辑函数为一般表达式时,可先将其化成标准与或式,再画出卡诺图。但这样做往往很麻烦,实际上只需把逻辑函数式展开成与或式就行了,再根据与或式每个与项的特征直接填卡诺图。具体方法是:把卡诺图中含有某个与项各变量的方格均填入 1,直到填完逻

辑式的全部与项。

例7.7 已知 $Y = \overline{AD} + \overline{\overline{AB}(C + \overline{BD})}$，试画出 Y 的卡诺图。

解：① 先把逻辑式展开成与或式：$Y = \overline{AD} + AB + B\overline{C}\overline{D}$

② 画出 4 变量最小项卡诺图。

③ 根据与或式中的每个与项，填卡诺图，如图 7.6 所示。

CD AB	$\overline{C}\overline{D}$(00)	$\overline{C}D$(01)	CD(11)	$C\overline{D}$(10)
$\overline{A}\overline{B}$(00)		1	1	
$\overline{A}B$(01)		1	1	
AB(11)	1	1	1	1
$A\overline{B}$(10)				

图 7.6 例 7.7 卡诺图

(3) 已知逻辑函数的真值表，画逻辑函数卡诺图

例7.8 已知逻辑函数 Y 的真值如表 7.4 所示，试画出 Y 的卡诺图。

表 7.4 例 7.8 真值

A	B	C	Y	A	B	C	Y
0	0	0	1	1	0	0	1
0	0	1	0	1	0	1	0
0	1	0	1	1	1	0	1
0	1	1	0	1	1	1	0

解：① 画出 3 变量最小项卡诺图，

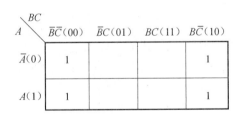

图 7.7 例 7.8 卡诺图

② 将真值表中 $Y=1$ 对应的最小项 m_0，m_2，m_4，m_6 在卡诺图中相应的方格里填入 1，其余的方格不填，如图 7.7 所示。

3. 利用卡诺图化简逻辑函数

用卡诺图化简逻辑函数式，其原理是利用卡诺图的相邻性，对相邻最小项进行合并，消去互反变量，以达到化简的目的。2 个相邻最小项合并，可以消去 1 个变量；4 个相邻最小项合并，可以消去 2 个变量；把 2^n 个相邻最小项合并，可以消去 n 个变量。

化简逻辑函数式的步骤和规则如下。

第一步，画出逻辑函数的卡诺图。

第二步，圈卡诺圈，合并最小项，没有可合并的方格可单独画圈。

由于卡诺图中，相邻的两个方格所代表的最小项只有一个变量取不同的形式，所以利用公式 $AB + A\overline{B} = A$，可以将这样的两个方格合并为一项，并消去那个取值不同的变量。卡诺图化简正是依据此原则寻找可以合并的最小项，然后将其用圈圈起来，称为卡诺圈，画卡诺圈的原则如下。

① 能够合并的最小项必须是 2^n 个，即 2，4，8，16，…

② 能合并的最小项方格必须排列成方阵或矩阵形式。

③ 画卡诺圈时能大则大，卡诺圈的个数能少则少。

④ 画卡诺圈时，各最小项可重复使用，但每个卡诺圈中至少有一个方格没有被其他圈圈过。

包含两个方格的卡诺圈，可以消去一个取值不同的变量；包含 4 个方格的卡诺圈，可以消去 2 个取不同值的变量，依此类推。可以写出每个卡诺圈简化后的乘积项。

第三步，把每个卡诺圈作为一个乘积项，将各乘积项相加就是化简后的与或表达式。

例 7.9 利用卡诺图化简例 7.6 中的逻辑函数表达式。

解：① 画出逻辑函数的卡诺图。

② 圈卡诺圈，合并最小项，如图 7.8 所示。

根据圈要尽量画得大，圈的个数要尽量少的原则画圈，可画两个圈，如图中虚线框所示。

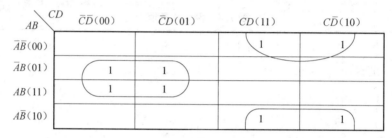

图 7.8 例 7.9 卡诺图

③ 写出每个卡诺圈对应的乘积项，分别是 $B\bar{C}$ 和 $\bar{B}C$。

④ 将各乘积项相加就是化简后的与或表达式。

$$L = B\bar{C} + \bar{B}C$$

在利用卡诺图化简逻辑函数的过程中，第二步是关键，应特别注意卡诺圈不要画错。

例 7.10 利用卡诺图化简函数 $Y(A,B,C,D) = \sum m(0,1,4,6,9,10,11,12,13,14,15)$

解：① 画出逻辑函数的卡诺图。

② 圈卡诺圈，合并最小项。如图 7.9 所示。

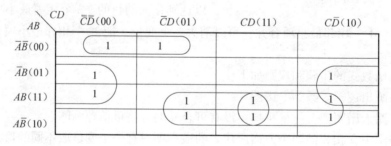

图 7.9 例 7.10 卡诺图

③ 写出每个卡诺圈对应的乘积项，分别是 AC、AD、$B\bar{D}$、$\bar{A}\,\bar{B}\,\bar{C}$。

④ 将各乘积项相加就是化简后的与或表达式

$$Y = AC + AD + B\bar{D} + \bar{A}\,\bar{B}\bar{C}$$

7.2 组合逻辑电路的分析与设计

7.2.1 组合逻辑电路概述

在实际应用中,为了实现各种不同的逻辑功能,可以将逻辑门电路组合起来,构成各种组合逻辑电路。组合逻辑电路的特点是无反馈连接的电路,没有记忆单元,其任一时刻的输出状态仅取决于该时刻的输入状态,而与电路原有的状态无关。

7.2.2 组合逻辑电路的分析

组合逻辑电路的分析主要是根据给定的组合逻辑电路图,找出输出信号与输入信号间的关系,从而确定它的逻辑功能。具体分析步骤如下。

（1）根据给定的逻辑电路写出输出逻辑函数式

一般从输入端向输出端逐级写出各个门输出对其输入的逻辑表达式,从而写出整个逻辑电路的输出对输入变量的逻辑函数式。必要时,可进行化简,求出最简输出逻辑函数式。

（2）列出逻辑函数的真值表

将输入变量的状态以自然二进制数顺序的各种取值组合代入输出逻辑函数式,求出相应的输出状态,并填入表中,即得真值表。

（3）分析逻辑功能

通常通过分析真值表的特点来说明电路的逻辑功能。

以上分析步骤可用图 7.10 的框图描述。

图 7.10 组合逻辑电路的分析步骤

例 7.11 组合逻辑电路如图 7.11 所示,分析该电路的逻辑功能。

解：（1）写出输出逻辑函数表达式为

$$Y_1 = A \oplus B$$

$$Y = Y_1 \oplus C = A \oplus B \oplus C$$

$$= \overline{A}\,\overline{B}C + \overline{A}B\overline{C} + A\overline{B}\,\overline{C} + ABC$$

（2）列出逻辑函数的真值表（见表 7.5）

表 7.5 例 7.11 的真值表

输 入			输 出	输 入			输 出
A	B	C	Y	A	B	C	Y
0	0	0	0	1	0	0	1
0	0	1	1	1	0	1	0
0	1	0	1	1	1	0	0
0	1	1	0	1	1	1	1

(3) 逻辑功能分析

由表 7.5 可看出：在输入 A、B、C 在个变量中，有奇数个 1 时，输出 Y 为 1，否则 Y 为 0。因此，图 7.11 所示电路为 3 位判奇电路，又称为奇校验电路。

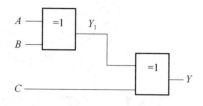

图 7.11　例 7.11 的逻辑电路

7.2.3　组合逻辑电路的设计

组合逻辑电路的设计，是根据给出的实际问题求出能实现这一逻辑要求的最简逻辑电路。具体设计步骤如下。

(1) 分析设计要求，列出真值表

根据题意确定输入变量和输出函数及它们相互间的关系，然后将输入变量以自然二进制数顺序的各种取值组合排列，列出真值表。

(2) 根据真值表写出输出逻辑函数表达式

将真值表中输出为 1 所对应的各个最小项进行逻辑加后，便得到输出逻辑函数表达式。

(3) 对输出逻辑函数进行化简

通常用代数法或卡诺图法对逻辑函数进行化简。

(4) 根据最简输出逻辑函数式画逻辑图

可根据最简与或输出逻辑函数表达式画逻辑图，也可根据要求将输出逻辑函数变换为与非表达式、或非表达式、与或非表达式或其他表达式来画逻辑图。

以上设计步骤可用如图 7.12 所示的框图描述。

图 7.12　组合逻辑电路的设计步骤

例 7.12　设计一个 A、B、C 三人表决电路。当表决某个提案时，多数人同意，提案通过，同时 A 具有否决权。用与非门实现。

解：(1) 分析设计要求，列出真值表。设 A、B、C 三个人表决同意提案时用 1 表示，不同意时用 0 表示；Y 为表决结果，提案通过用 1 表示，通不过用 0 表示，同时还应考虑 A 具有否决权。由此可列出表 7.6 所示的真值表。

表 7.6　例 7.12 的真值表

输入			输出	输入			输出
A	B	C	Y	A	B	C	Y
0	0	0	0	1	0	0	0
0	0	1	0	1	0	1	1
0	1	0	0	1	1	0	1
0	1	1	0	1	1	1	1

(2) 将输出逻辑函数化简后，变换为与非表达式。用如图 7.13 所示的卡诺图进行化简，由此可得

$$Y = AC + AB$$

将上式变换成与非表达式为

$$Y = \overline{\overline{AC + AB}} = \overline{\overline{AC} \cdot \overline{AB}}$$

（3）根据化简后的逻辑函数表达式，可画出如图 7.14 所示的逻辑电路图。

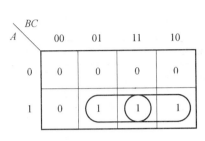

图 7.13　例 7.12 的卡诺图

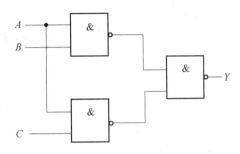

图 7.14　例 7.12 的逻辑电路

【任务训练1】　4 人表决器的设计与制作

1. 工作任务单

① 分析 4 人表决器的逻辑要求，列出功能真值表。
② 由真值表写出逻辑表达式并化简。
③ 画出逻辑电路图。
④ 画出安装布线图，列出所需元器件的清单。
⑤ 完成 4 人表决器电路安装和功能检测。
⑥ 编写 4 人表决器的设计报告。

2. 任务训练目标

① 掌握 4 人表决器的设计方法与制作。
② 能借助资料读懂集成电路的型号，明确各引脚功能。
③ 了解数字集成电路的检测。

3. 任务训练内容与步骤

（1）4 人表决器的设计

设计逻辑要求：

设计一个 A，B，C，D 4 人表决器的逻辑电路。当表决某个提案时，多数人（3 人以上）同意，提案通过。要求用与非门实现。

① 列出 4 人表决器的功能真值表。
② 由真值表写出逻辑表达式并化简。
③ 画出 4 人表决器逻辑电路图。

（2）产品质量检测仪的安装

① 根据 4 人表决器的逻辑电路图，画出安装布线图。
② 根据安装布线图完成电路的安装。

（3）验证4人表决器的逻辑功能

4. 完成4人表决器的设计总结报告

5. 任务训练考核（表7.7）

表7.7 四人表决器的设计工作过程考核表

项目	内容	配分	考核要求	扣分标准	得分
实训态度	1. 实训的积极性； 2. 安全操作规程的遵守情况； 3. 纪律遵守情况	30分	积极实训，遵守安全操作规程和劳动纪律，有良好的职业道德和敬业精神	违反安全操作规程扣20分，不遵守劳动纪律扣10分	
电路设计	4人表决器的设计	30分	完成真值表，表达式，电路图	真值表错误扣20分，表达式错误扣15分，电路图错误扣20分	
电路安装	1. 安装图的绘制； 2. 电路的安装	30分	电路安装正确且符合工艺要求	电路安装不规范，每处扣2分，电路接错扣5分	
电路的测试	1. 4人表决器的功能验证； 2. 自拟表格记录测试结果	10分	1. 熟悉电路的逻辑功能； 2. 正确记录测试结果	验证方法不正确扣5分 记录测试结果不正确扣5分	
合计		100分			

注：各项配分扣完为止

【任务训练2】 产品质量检测仪的设计与制作

1. 工作任务单

① 分析产品质量检测仪的逻辑要求，列出功能真值表。

② 由真值表写出逻辑表达式并化简。

③ 画出逻辑电路图。

④ 画出安装布线图，列出所需元器件的清单。

⑤ 完成产品质量检测仪电路安装和功能检测。

⑥ 编写产品质量检测仪的设计报告。

2. 任务训练目标

① 掌握产品质量检测仪的设计方法。

② 能借助资料读懂集成电路的型号，明确各引脚功能。

③ 了解数字集成电路的检测。

项目7 产品质量检测仪的设计与制作

3. 任务训练内容与步骤

(1) 产品质量检测仪的设计

设计逻辑要求：

假设有 4 个质检员（分别是 A，B，C，D）同时检测一个产品，4 个质检员都认为产品合格，产品质量为优；3 个质检员都认为产品合格，产品质量为合格；2 个或 2 个以下质检员都认为产品合格，产品质量不合格，试设计一个产品质量检测仪逻辑电路。

① 列出产品质量检测仪的功能真值表。

② 由真值表写出逻辑表达式并化简。

③ 画出产品质量检测仪逻辑电路图。

(2) 产品质量检测仪的安装

① 根据产品质量检测仪的逻辑电路图，画出安装布线图。

② 根据安装布线图完成电路的安装。

(3) 验证产品质量检测仪的逻辑功能

4. 完成产品质量检测仪的设计总结报告

5. 任务训练考核（表7.8）

表7.8 产品质量检测仪的设计工作过程考核表

项目	内容	配分	考核要求	扣分标准	得分
实训态度	1. 实训的积极性； 2. 安全操作规程的遵守情况； 3. 纪律遵守情况	30分	积极实训，遵守安全操作规程和劳动纪律，有良好的职业道德和敬业精神	违反安全操作规程扣20分，不遵守劳动纪律扣10分	
电路设计	产品质量检测仪的设计	30分	完成真值表，表达式，电路图	真值表错误扣20分，表达式错误扣15分，电路图错误扣20分	
电路安装	1. 安装图的绘制； 2. 电路的安装	30分	电路安装正确且符合工艺要求	电路安装不规范，每处扣2分，电路接错扣5分	
电路的测试	1. 产品质量检测仪的功能验证； 2. 自拟表格记录测试结果	10分	1. 熟悉电路的逻辑功能； 2. 正确记录测试结果	验证方法不正确扣5分，记录测试结果不正确扣5分	
合计		100分			

注：各项配分扣完为止

自我测试

1. （单选题）当逻辑函数有 n 个变量时，共有（　　）个变量取值组合。

A. n　　　　　　　B. $2n$　　　　　　　C. n^2　　　　　　　D. 2^n

2．（判断题）根据逻辑运算法则：1+1=10。
   A．正确　　　　　　　　　　　　B．错误
3．（判断题）逻辑函数两次求反则还原为它本身。
   A．正确　　　　　　　　　　　　B．错误
4．（判断题）若两个函数具有相同的真值表，则两个逻辑函数必然相等。
   A．正确　　　　　　　　　　　　B．错误
5．（判断题）数字电路中用"1"和"0"分别表示两种状态，二者无大小之分。
   A．正确　　　　　　　　　　　　B．错误

扫一扫看答案

本项目知识点

1．组合逻辑电路是由各种门电路组成的没有记忆功能的电路。它在逻辑功能上的特点是其任一时刻的输出状态仅取决于该时刻的输入状态，而与电路原有的状态无关。

2．组合逻辑电路的分析方法是根据给定的组合逻辑电路图，从输入端向输出端逐级写出各个门输出对其输入的逻辑表达式，然后写出整个逻辑电路的输出对输入变量的逻辑函数式。必要时，可进行化简，求出最简输出逻辑函数式。具体分析步骤如下：

3．组合逻辑电路的设计方法是根据给出的实际问题求出能实现这一逻辑要求的最简逻辑电路，具体设计步骤如下：

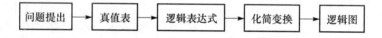

思考与练习

7.1　用公式法化简下列逻辑函数。

(1) $F=(A+\bar{B})C+\bar{A}B$

(2) $F=A\bar{C}+\bar{A}B+BC$

(3) $F=\bar{A}\,\bar{B}C+\bar{A}BC+AB\bar{C}+\bar{A}\,\bar{B}\,\bar{C}+ABC$

(4) $F=A\bar{B}+\bar{B}CD+\bar{C}D+AB\bar{C}+\bar{A}CD$

7.2　用卡诺图化简下列逻辑函数。

(1) $F(A,B,C)=\sum m(0,1,2,4,5,7)$

(2) $F=\bar{A}\,\bar{B}\,\bar{D}+\bar{A}\,\bar{B}CD+\bar{A}BC+\bar{A}B\bar{C}D+\bar{A}B\bar{C}\,\bar{D}$

(3) $F(A,B,C,D)=\sum m(2,3,6,7,8,10,12,14)$

(4) $F=ABD+\bar{A}B\bar{D}+AC\bar{D}+\bar{A}D+B\bar{C}$

7.3　写出如图7.15所示逻辑电路的逻辑函数表达式。

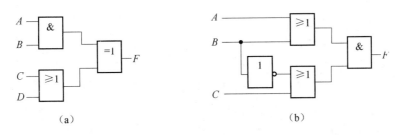

图 7.15

7.4 某车间有黄、红两个故障指示灯,用来监测 3 台设备的工作情况。当只有 1 台设备有故障时黄灯亮;若有两台设备同时产生故障时,红灯亮;3 台设备都产生故障时,红灯和黄灯都亮。试用集成逻辑门设计一个设备运行故障监测报警电路。

项目 8 一位加法计算器的分析与制作

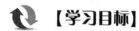

能力目标

1. 能借助资料读懂集成电路的型号，明确各引脚功能。
2. 能完成一位十进制加法计算器的逻辑电路的设计与制作。

知识目标

了解编码器、译码器、常用显示器、显示译码器、加法器的逻辑功能和主要用途，掌握编码器、译码器、常用显示器、显示译码器、加法器的基本应用，初步掌握一位十进制加法计算器的逻辑电路的设计方法。

计算器实物如图 8.1 所示。

图 8.1 计算器实物

【实践活动】 一位加法计算器的设计与制作

1. 工作任务单

① 小组制订工作计划。
② 完成一位加法计算器逻辑电路的设计。
③ 画出安装布线图。
④ 完成电路所需元器件的购买与检测。
⑤ 根据布线图安装一位加法计算器电路。
⑥ 完成一位加法计算器电路的功能检测和故障排除。
⑦ 通过小组讨论完成电路的详细分析及编写项目实训报告。

2. 项目目标

① 能借助资料读懂集成电路的型号，明确引脚及其功能。
② 掌握一位加法计算器的逻辑电路设计与制作。
③ 掌握常用中规模集成电路编码器、加法器、显示译码器、移位寄存器的正确使用。

3. 实训设备与器材

实训设备：数字电路实验装置 1 台。

实训器件：显示译码器 CC4511 2 片；BCD 码加法器 CC14560 1 片；移位寄存器 CC40194 2 片；BCD 码优先编码器 74LS147 1 片；四 2 输入与门 74LS08 1 片；六非门 CC4069 1 片；BS202LED 显示器 2 个。

4. 实训内容与步骤

（1）编码电路的安装及测试

① 查阅资料，了解需使用集成电路的引脚及其功能。
② 参考原理图 8.2，设计并安装编码电路。

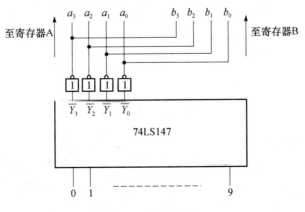

图 8.2　编码电路

③ 编码电路的测试。

根据安装好的编码电路，依次输入 0~9 十个数码，记录 $a_3a_2a_1a_0$ 的状态到表 8.1 中。

表 8.1　74LS147 编码电路的测试

十进制数	输入									输出				a_3	a_2	a_1	a_0
	$\overline{I_9}$	$\overline{I_8}$	$\overline{I_7}$	$\overline{I_6}$	$\overline{I_5}$	$\overline{I_4}$	$\overline{I_3}$	$\overline{I_2}$	$\overline{I_1}$	$\overline{Y_3}$	$\overline{Y_2}$	$\overline{Y_1}$	$\overline{Y_0}$				
0	1	1	1	1	1	1	1	1	1	1	1	1	1				
1	1	1	1	1	1	1	1	1	0	1	1	1	0				
2	1	1	1	1	1	1	1	0	×	1	1	0	1				
3	1	1	1	1	1	1	0	×	×	1	1	0	0				
4	1	1	1	1	1	0	×	×	×	1	0	1	1				
5	1	1	1	1	0	×	×	×	×	1	0	1	0				
6	1	1	1	0	×	×	×	×	×	1	0	0	1				
7	1	1	0	×	×	×	×	×	×	1	0	0	0				
8	1	0	×	×	×	×	×	×	×	0	1	1	1				
9	0	×	×	×	×	×	×	×	×	0	1	1	0				

（2）数码寄存电路的安装及测试

主要由两个 CC40194、与门、非门等组成。图 8.3 所示为数码寄存电路的原理图。

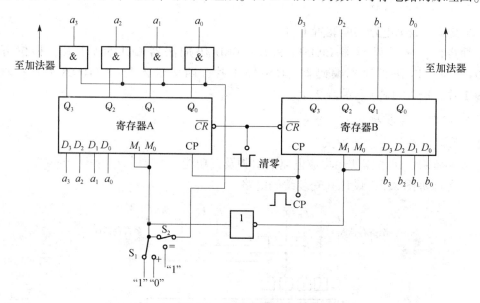

图 8.3　数码寄存电路

数码寄存电路工作过程如下：

先令 $\overline{CR}=0$，寄存器被清零，寄存器 A 和寄存器 B 的输出均为 0000；再令 $\overline{CR}=1$，准备开始工作。起初 S_1、S_2 均为高电平（工作前 S_1 必须置于"1"），输入十进制数 A 时，由于寄存器 A 的 $M_1M_0=11$，寄存器 B 的 $M_1M_0=00$，所以当 CP 的上升沿到后，寄存器 A 存入数码 $a_3a_2a_1a_0$，经与门送到加法器，而寄存器 B 的输出仍为 0000 不变，直接送入加法器。把开关 S_1 由"1"置为"0"后（相当于按加号键），输入十进制数 B 时，由于寄存器 A 的

$M_1M_0 = 00$,寄存器 B 的 $M_1M_0 = 11$,所以当 CP 上升沿到后,寄存器 A 保持原来的状态 $a_3a_2a_1a_0$,但由于门 $G_1 \sim G_4$ 均被封锁,故 $a_3a_2a_1a_0$ 不能被送入加法器(只有 0000 被送入);而寄存器 B 存入数码 $b_3b_2b_1b_0$ 并将数码送入加法器。

把 S_2 置于高电平"1"(相当于按等号键),则两个寄存器的数码 $a_3a_2a_1a_0$、$b_3b_2b_1b_0$ 同时送入加法器。

① 参考图 8.3,安装数码寄存电路。

② 根据数据寄存的过程及原理,使用逻辑电平显示器,对寄存器进行测试,并将测试结果记录分析,完成表 8.2。

表 8.2 CC40194 寄存器的测试结果

$\overline{CR}$	M_1M_0	输入				输出			
		D_3	D_2	D_1	D_0	Q_3	Q_2	Q_1	Q_0
0	×	×	×	×	×				
1	00	×	×	×	×				
1	11	d_3	d_2	d_1	d_0				

(3) 加法运算电路及译码显示电路的安装及测试

加法运算电路采用集成 BCD 加法器 CC14560、显示译码器 CC4511 和 LED 显示器 BS202。加法运算及译码显示原理如图 8.4 所示。

① 查阅资料,了解 CC14560 的引脚排列及功能,完成如图 8.5 所示引脚排列及 CC14560 的功能表(表 8.3)。

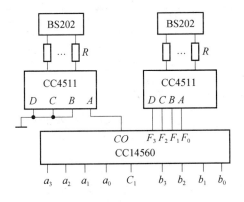

图 8.4 加法运算及译码显示原理

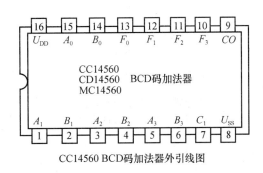

CC14560 BCD 码加法器外引线图

图 8.5 CC14560 引脚排列

② 根据如图 8.4 所示的加法运算及译码显示原理图,完成加法运算电路及显示电路的安装。

③ 加法运算的验证(与表 8.3 相比较)。

表 8.3 CC14560 的功能表

输入									输出				
a_3	a_2	a_1	a_0	b_3	b_2	b_1	b_0	C	CO	F_3	F_2	F_1	F_0
0	0	0	0	0	0	0	0	0					
0	0	0	0	0	0	0	0	1					

续表

输入									输出				
a_3	a_2	a_1	a_0	b_3	b_2	b_1	b_0	C	CO	F_3	F_2	F_1	F_0
0	1	0	0	0	1	1	0	0					
0	1	0	0	0	0	1	1	1					
0	1	1	1	0	1	0	0	0					
0	1	1	1	0	1	0	0	1					
1	0	0	0	0	1	0	1	0					
1	0	0	0	0	1	0	1	1					
0	1	1	0	1	0	0	0	0					
1	0	0	1	1	0	0	1	1					

（4）一位十进制加法计算器整体电路的安装，并进行测试验证

5. 实训注意事项

① 集成块插入槽中，使标识向左，不能插反，然后明确引脚及其功能。

② 电源采用 5 V 直流电源。

③ 开关 S_1 开始时应置于高电平。

6. 完成电路的详细分析及编写项目实训报告

7. 实训考核（表8.4）

表8.4　一位加法计算器的逻辑电路设计与制作工作过程考核表

项目	内容	配分	考核要求	扣分标准	得分
实训态度	1. 实训的积极性； 2. 安全操作规程的遵守情况； 3. 纪律遵守情况	20分	积极实训，遵守安全操作规程和劳动纪律，有良好的职业道德和敬业精神	违反安全操作规程扣10分，不遵守劳动纪律扣10分	
编码电路	1. 编码电路的设计安装； 2. 编码电路的功能验证	20分	电路设计、安装及功能验证	安装错误一处扣5分，功能验证不正确扣10分	
数码寄存电路	1. 数码寄存电路设计安装； 2. 数码寄存电路的验证	20分	电路设计、安装及功能验证	安装错误一处扣5分，功能验证不正确扣10分	
加法运算电路	1. 加法运算电路设计安装； 2. 加法运算电路的验证	20分	电路设计、安装及功能验证	安装错误一处扣5分，功能验证不正确扣10分	
加法计算器电路的测试	一位加法计算器的逻辑电路测试	20分	加法运算演示正确	不能正确演示，扣20分	
合计		100分			

注：各项配分扣完为止

8.1 数制与编码的基础知识

8.1.1 数 制

数制是一种计数的方法,它是进位计数制的简称。这些数制所用的数字符号叫做数码,某种数制所用数码的个数称为基数。

1. 十进制(Decimal)

日常生活中人们最习惯用的是十进制。十进制是以 10 为基数的计数制。在十进制中,每位有 0~9 十个数码,它的进位规则是"逢十进一、借一当十"。如

$$(6341)_{10} = 6 \times 10^3 + 3 \times 10^2 + 4 \times 10^1 + 1 \times 10^0$$

式中,10^3,10^2,10^1,10^0 为千位、百位、十位、个位的权,它们都是基数 10 的幂。数码与权的乘积,称为加权系数,如上述的 6×10^3,3×10^2,4×10^1,1×10^0。十进制的数值是各位加权系数的和。

由此可见,任意一个十进制整数 $(N)_{10}$,都可以用下式表示。

$$(N)_{10} = k_{n-1} \times 10^{n-1} + k_{n-2} \times 10^{n-2} + \cdots + k_1 \times 10^1 + k_0 \times 10^0$$

式中,k_{n-1},k_{n-2},$\cdots$,k_1,k_0 为以 0,1,2,3,$\cdots$,9 表示的数码。

2. 二进制(Binary)

数字电路中应用最广泛的是二进制。二进制是以 2 为基数的计数制。在二进制中,每位只有 0 和 1 两个数码,它的进位规则是"逢二进一、借一当二"。如

$$(1011)_2 = 1 \times 2^3 + 0 \times 2^2 + 1 \times 2^1 + 1 \times 2^0 = 8 + 0 + 2 + 1 = (11)_{10}$$

各位的权都是 2 的幂,以上 4 位二进制数所在位的权依次为 2^3,2^2,2^1,2^0。

与十进制数相似,任意一个二进制整数 $(N)_2$ 可以用下式表示。

$$(N)_2 = k_{n-1} \times 2^{n-1} + k_{n-2} \times 2^{n-2} + \cdots + k_1 \times 2^1 + k_0 \times 2^0$$

式中,k_{n-1},k_{n-2},$\cdots$,k_1,k_0 为以 0,1 表示的数码。

3. 八进制和十六进制(Octal and Hexadecimal)

用二进制表示数时,数码串很长,书写和显示都不方便,在计算机上常用八进制和十六进制。

八进制有 0~7 八个数码,进位规则是"逢八进一、借一当八",计数基数是 8。如

$$(253)_8 = 2 \times 8^2 + 5 \times 8^1 + 3 \times 8^0 = 128 + 40 + 3 = (171)_{10}$$

十六进制有 0~9,A,B,C,D,E,F 十六个数码,进位规则是"逢十六进一、借一当十六",计数基数是 16。如

$$(1AD)_{16} = 1 \times 16^2 + 10 \times 16^1 + 13 \times 16^0 = 256 + 160 + 13 = (429)_{10}$$

 小问答

与前面述及的二进制和十进制相似,任意一个八进制或十进制整数也能用一个数学式子表示,请自己写出该表达式。

8.1.2 不同数制之间的转换

1. 各种数制转换成十进制

用按权展开求和法。

例8.1 将二进制数 $(10101)_2$ 转换成十进制数。

解：只要将二进制数的各位加权系数求和即可。

$$(10101)_2 = 1 \times 2^4 + 0 \times 2^3 + 1 \times 2^2 + 0 \times 2^1 + 1 \times 2^0$$
$$= 16 + 0 + 4 + 0 + 1$$
$$= (21)_{10}$$

2. 十进制转换为二进制

需将整数和小数分别转换，整数部分用"除2取余，后余先读"法；小数部分用"乘2取整，前整先读"法。

例8.2 将十进制数 $(25.375)_{10}$ 转换成二进制数。

解：

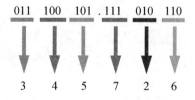

$(25.375)_{10} = (11001.011)_2$

3. 二进制与八进制之间的相互转换

(1) 二进制数转换成八进制数

从小数点开始，整数部分向左（小数部分向右）3位一组，最后不足3位的加0补足3位，再按顺序写出各组对应的八进制数。

例8.3 将二进制数 $(11100101.11101011)_2$ 转换成八进制数。

解：

```
011  100  101 . 111  010  110
 ↓    ↓    ↓     ↓    ↓    ↓
 3    4    5     7    2    6
```

$(11100101.11101011)_2 = (345.726)_8$

(2) 八进制数转换成二进制数

例8.4 将八进制数 $(745.361)_8$ 转换成二进制数。

解：将每位八进制数用三位二进制数代替，再按原顺序排列。

$(745.361)_8 = (111100101.011110001)_2$

4. 二进制与十六进制之间的相互转换

（1）二进制数转换成十六进制数

从小数点开始，整数部分向左（小数部分向右）4位一组，最后不足4位的加0补足4位，再按顺序写出各组对应的十六进制数。

例8.5 将二进制数（10011111011.111011）$_2$ 转换成十六进制数。

解：

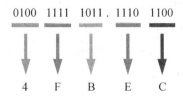

$$(10011111011.111011)_2 = (4FB.EC)_{16}$$

（2）十六进制数转换成二进制数

例8.6 将十六进制数（3BE5.97D）$_{16}$ 转换成二进制数。

解： 将每位十六进制数用4位二进制数代替，再按原顺序排列。

$$(3BE5.97D)_{16} = (11101111100101.100101111101)_2$$

8.1.3 编 码

在数字系统中，二进制数码不仅可表示数值的大小，而且常用于表示特定的信息。将若干个二进制数码0和1按一定的规则排列起来表示某种特定含义的代码，称为二进制代码。建立这种代码与图形、文字、符号或特定对象之间一一对应关系的过程，就称为编码。如在开运动会时，每个运动员都有一个号码，这个号码只用于表示不同的运动员，并不表示数值的大小。将十进制数的0～9十个数字用二进制数表示的代码，称为二-十进制码，又称BCD码。常用的二-十进制代码为8421BCD码，这种代码每一位的权值是固定不变的，为恒权码。它取了4位自然二进制数的前10种组合，即0000(0)～1001(9)，从高位到低位的权值分别是8，4，2，1，去掉后6种组合1010～1111，所以称为8421BCD码。如（1001）$_{8421BCD}$ = （9）$_{10}$，（53）$_{10}$ = （01010011）$_{8421BCD}$。表8.5所示是十进制数与常用BCD码的对应关系。

表8.5 十进制数与常用BCD码的对应关系

十进制数	8421码	余3码	格雷码	2421码	5421码
0	0000	0011	0000	0000	0000
1	0001	0100	0001	0001	0001
2	0010	0101	0011	0010	0010
3	0011	0110	0010	0011	0011
4	0100	0111	0110	0100	0100
5	0101	1000	0111	1011	1000
6	0110	1001	0101	1100	1001
7	0111	1010	0100	1101	1010
8	1000	1011	1100	1110	1011
9	1001	1100	1101	1111	1100

自我测试

1. （单选题）一个停车场有 100 个车位，现采用二进制编码器对每个车位进行编码，则编码器输出至少（　　）位二进制数才能满足要求。
   A. 4　　　　　　B. 5　　　　　　C. 6　　　　　　D. 7
2. （单选题）十进制数 25 用 8421BCD 码表示为（　　）$_{8421BCD}$。
   A. 10 101　　　B. 0010 0101　　D. 100101　　D. 10101

   扫一扫看答案
3. （单选题）与 8421BCD 码 $(000101110101)_{8421BCD}$ 所对应的十进制数是（　　）。
   A. $(78)_{10}$　　B. $(195)_{10}$　　C. $(175)_{10}$　　D. $(225)_{10}$

8.2　编码器

实现编码功能的逻辑电路，称为编码器。编码器又分为普通编码器和优先编码器两类。在普通编码器中，任何时刻只允许一个信号输入，如果同时有两个以上的信号输入，输出将发生混乱。在优先编码器中，对每一位输入都设置了优先权，因此，当同时有两个以上的信号输入时，优先编码器只对优先级别较高的输入进行编码，从而保证了编码器有序地工作。

目前常用的中规模集成电路编码器都是优先编码器，它们使用起来非常方便。下面讨论的二进制编码器和二−十进制编码器都是优先编码器。

8.2.1　二进制编码器

用 n 位二进制代码对 2^n 个信号进行编码的电路就是二进制编码器。下面以 74LS148 集成电路编码器为例，介绍二进制编码器。

74LS148 是 8 线—3 线优先编码器，常用于优先中断系统和键盘编码。它有 8 个输入信号，3 位输出信号。由于是优先编码器，故允许同时输入多个信号，但只对其中优先级别最高的信号进行编码。

图 8.6 所示为 74LS148 引脚排列图及逻辑符号图，其中 $\overline{I}_0 \sim \overline{I}_7$ 是编码输入端，低电平有效。$\overline{Y}_2$、$\overline{Y}_1$、$\overline{Y}_0$ 为编码输出端，也是低电平有效，即以反码输出。$\overline{ST}$、$\overline{Y}_{EX}$、$\overline{Y}_S$ 为使能端。

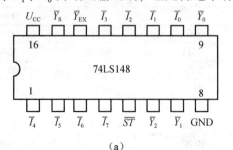
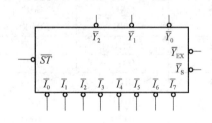

(a)　　　　　　　　　　　　　　　　　(b)

图 8.6　74LS148 优先编码器
(a) 引脚排列；(b) 逻辑符号

74LS148 的功能真值如表 8.6 所示。

表 8.6 优先编码器 74LS148 的真值表

输入									输出				
$\overline{ST}$	$\overline{I_7}$	$\overline{I_6}$	$\overline{I_5}$	$\overline{I_4}$	$\overline{I_3}$	$\overline{I_2}$	$\overline{I_1}$	$\overline{I_0}$	$\overline{Y_2}$	$\overline{Y_1}$	$\overline{Y_0}$	$\overline{Y_{EX}}$	$\overline{Y_S}$
1	×	×	×	×	×	×	×	×	1	1	1	1	1
0	1	1	1	1	1	1	1	1	1	1	1	1	0
0	0	×	×	×	×	×	×	×	0	0	0	0	1
$\overline{ST}$	$\overline{I_7}$	$\overline{I_6}$	$\overline{I_5}$	$\overline{I_4}$	$\overline{I_3}$	$\overline{I_2}$	$\overline{I_1}$	$\overline{I_0}$	$\overline{Y_2}$	$\overline{Y_1}$	$\overline{Y_0}$	$\overline{Y_{EX}}$	$\overline{Y_S}$
0	1	0	×	×	×	×	×	×	0	0	1	0	1
0	1	1	0	×	×	×	×	×	0	1	0	0	1
0	1	1	1	0	×	×	×	×	0	1	1	0	1
0	1	1	1	1	0	×	×	×	1	0	0	0	1
0	1	1	1	1	1	0	×	×	1	0	1	0	1
0	1	1	1	1	1	1	0	×	1	1	0	0	1
0	1	1	1	1	1	1	1	0	1	1	1	0	1

从表 8.6 中不难看出，当 $\overline{ST}=1$ 时，电路处于禁止工作状态，此时无论 8 个输入端为何种状态，3 个输出端都为高电平。$\overline{Y_{EX}}$ 和 $\overline{Y_S}$ 也为高电平，编码器不工作。当 $\overline{ST}=0$ 时，电路处于正常工作状态，允许 $\overline{I_0} \sim \overline{I_7}$ 中同时有几个输入端为低电平，即同时有几路编码输入信号有效，但它只给优先级较高的输入信号编码。在 8 个输入信号 $\overline{I_0} \sim \overline{I_7}$ 中，$\overline{I_7}$ 的优先权最高，然后依次递减，$\overline{I_0}$ 的优先权最低。例如，当 $\overline{I_7}$ 输入低电平时，其他输入端为任意状态（表中以 × 表示），输出端只输出 $\overline{I_7}$ 的编码，输出 $\overline{Y_2}\overline{Y_1}\overline{Y_0}=000$，为反码，其原码为 111；当 $\overline{I_7}=1$、$\overline{I_6}=0$ 时，其他输入端为任意状态，只对 $\overline{I_6}$ 进行编码，输出为 $\overline{Y_2}\overline{Y_1}\overline{Y_0}=001$，其原码为 110，其余状态依此类推。当输出 $\overline{Y_2}\overline{Y_1}\overline{Y_0}=111$ 时，由 $\overline{Y_{EX}}\overline{Y_S}$ 的不同状态来区分电路的工作情况，$\overline{Y_{EX}}\overline{Y_S}=11$，表示电路处于禁止工作状态；$\overline{Y_{EX}}\overline{Y_S}=10$，表示电路处于工作状态，但没有输入编码信号；$\overline{Y_{EX}}\overline{Y_S}=01$ 时，表示电路在对 $\overline{I_0} \sim \overline{I_7}$ 编码。

8.2.2 二-十进制编码器

将十进制数的 0～9 编成二进制代码的电路就是二-十进制编码器。下面以集成 8421BCD 码优先编码器 74LS147 为例加以介绍。图 8.7 所示为 74LS147 引脚排列图及逻辑符号图。74LS147 编码器的功能真值如表 8.7 所示。

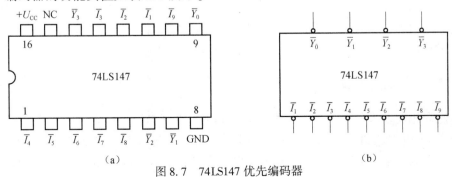

图 8.7 74LS147 优先编码器
(a) 引脚排列；(b) 逻辑符号

表 8.7　74LS147 优先编码器的真值表

输入									输出			
$\bar{I}_9$	$\bar{I}_8$	$\bar{I}_7$	$\bar{I}_6$	$\bar{I}_5$	$\bar{I}_4$	$\bar{I}_3$	$\bar{I}_2$	$\bar{I}_1$	$\bar{Y}_3$	$\bar{Y}_2$	$\bar{Y}_1$	$\bar{Y}_0$
1	1	1	1	1	1	1	1	1	1	1	1	1
0	×	×	×	×	×	×	×	×	0	1	1	0
1	0	×	×	×	×	×	×	×	0	1	1	1
1	1	0	×	×	×	×	×	×	1	0	0	0
1	1	1	0	×	×	×	×	×	1	0	0	1
1	1	1	1	0	×	×	×	×	1	0	1	0
1	1	1	1	1	0	×	×	×	1	0	1	1
1	1	1	1	1	1	0	×	×	1	1	0	0
1	1	1	1	1	1	1	0	×	1	1	0	1
1	1	1	1	1	1	1	1	0	1	1	1	0

由该表可见，编码器有 9 个编码信号输入端（$\bar{I}_1 \sim \bar{I}_9$），低电平有效，其中 $\bar{I}_9$ 的优先级别最高，$\bar{I}_1$ 的级别最低。4 个编码输出端（$\bar{Y}_3$，$\bar{Y}_2$，$\bar{Y}_1$，$\bar{Y}_0$），以反码输出，$\bar{Y}_3$ 为最高位，$\bar{Y}_0$ 为最低位。一组 4 位二进制代码表示 1 位十进制数。若无信号输入即 9 个输入端全为 "1"，则输出 $\bar{Y}_3\bar{Y}_2\bar{Y}_1\bar{Y}_0 = 1111$，为反码，其原码为 0000，表示输入十进制数是 0。若 $\bar{I}_1 \sim \bar{I}_9$ 有信号输入，则根据输入信号的优先级别输出级别最高的信号的编码。例如，当 $\bar{I}_9$ 输入低电平时，其他输入端为任意状态（表中以 × 表示），输出端只输出 $\bar{I}_9$ 的编码，输出 $\bar{Y}_3\bar{Y}_2\bar{Y}_1\bar{Y}_0 = 0110$，为反码，其原码为 1001，表示输入十进制数是 9；当 $\bar{I}_9 = 1$，$\bar{I}_8 = 0$ 时，其他输入端为任意状态，只对 $\bar{I}_8$ 进行编码，输出为 $\bar{Y}_3\bar{Y}_2\bar{Y}_1\bar{Y}_0 = 0111$，其原码为 1000，表示输入十进制数是 8；其余状态依此类推。

8.3　译码器

译码是编码的逆过程，就是将编码时二进制代码中所含的原意翻译出来，实现译码功能的电路称为译码器。常用的译码器有二进制译码器、二-十进制译码器和显示译码器。

8.3.1　二进制译码器

二进制译码器输入的是二进制代码，输出的是一系列与输入代码对应的信息。

74LS138 是集成 3 线-8 线译码器，其引脚排列图和逻辑符号图见如图 8.8 所示。该译码器共有 3 个输入端：A_0，A_1，A_2，输入高电平有效；有 8 个输出端：$\bar{Y}_0 \sim \bar{Y}_7$，输出低电平有效；有 3 个使能端：S_A，$\bar{S}_B$，$\bar{S}_C$。

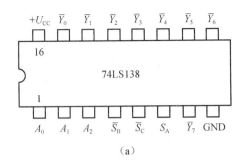
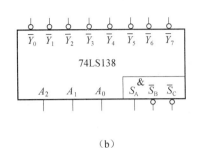

(a)　　　　　　　　　　　　　　　(b)

图 8.8　74LS138 译码器

(a) 引脚排列；(b) 逻辑符号

74LS138 译码器的功能真值如表 8.8 所示。

表 8.8　74LS138 的真值表

输入					输出								备注
S_A	$\overline{S_B}$	$\overline{S_C}$	A_2	A_1	A_0	$\overline{Y_0}$	$\overline{Y_1}$	$\overline{Y_2}$	$\overline{Y_3}$	$\overline{Y_4}$	$\overline{Y_5}$	$\overline{Y_6}$	$\overline{Y_7}$	
0	×	×	×	×	×	1	1	1	1	1	1	1	1	
×	×	1	×	×	×	1	1	1	1	1	1	1	1	不工作
×	1	×	×	×	×	1	1	1	1	1	1	1	1	
1	0	0	0	0	0	0	1	1	1	1	1	1	1	
1	0	0	0	0	1	1	0	1	1	1	1	1	1	
1	0	0	0	1	0	1	1	0	1	1	1	1	1	
1	0	0	0	1	1	1	1	1	0	1	1	1	1	工作
1	0	0	1	0	0	1	1	1	1	0	1	1	1	
1	0	0	1	0	1	1	1	1	1	1	0	1	1	
1	0	0	1	1	0	1	1	1	1	1	1	0	1	
1	0	0	1	1	1	1	1	1	1	1	1	1	0	

由该表可见，当 $S_A=0$ 或者 $\overline{S_B}$，$\overline{S_C}$ 中有一个为"1"时，译码器处于禁止状态；当 $S_A=1$，且 $\overline{S_B}=\overline{S_C}=0$ 时，译码器处于工作状态。74LS138 译码器输出端与输入端 A_0，A_1，A_2 的逻辑函数关系为

$$\overline{Y_0} = \overline{\overline{A_2}\overline{A_1}\overline{A_0}} \qquad \overline{Y_4} = \overline{A_2\overline{A_1}\overline{A_0}}$$
$$\overline{Y_1} = \overline{\overline{A_2}\overline{A_1}A_0} \qquad \overline{Y_5} = \overline{A_2\overline{A_2}A_0}$$
$$\overline{Y_2} = \overline{\overline{A_2}A_1\overline{A_0}} \qquad \overline{Y_6} = \overline{A_2A_1\overline{A_0}}$$
$$\overline{Y_3} = \overline{\overline{A_2}A_1A_0} \qquad \overline{Y_7} = \overline{A_2A_1A_0}$$

8.3.2　二-十进制译码器

将 4 位二-十进制代码翻译成 1 位十进制数字的电路就是二-十进制译码器。这种译码器有 4 个输入端，10 个输出端，又称 4 线—10 线译码器。常用的集成的型号有 74LS145 和 74LS42。图 8.9 所示是 74LS42 的引脚排列图和逻辑符号图。

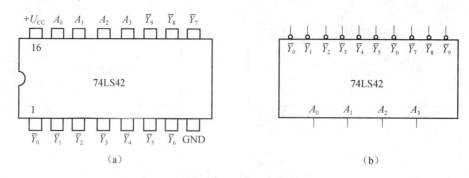

图 8.9　74LS42 译码器
（a）引脚排列；（b）逻辑符号

74LS42 译码器的功能真值如表 8.9 所示。

表 8.9　74LS42 的真值表

十进制数	输入				输出									
	A_3	A_2	A_1	A_0	$\overline{Y}_0$	$\overline{Y}_1$	$\overline{Y}_2$	$\overline{Y}_3$	$\overline{Y}_4$	$\overline{Y}_5$	$\overline{Y}_6$	$\overline{Y}_7$	$\overline{Y}_8$	$\overline{Y}_9$
0	0	0	0	0	0	1	1	1	1	1	1	1	1	1
1	0	0	0	1	1	0	1	1	1	1	1	1	1	1
2	0	0	1	0	1	1	0	1	1	1	1	1	1	1
3	0	0	1	1	1	1	1	0	1	1	1	1	1	1
4	0	1	0	0	1	1	1	1	0	1	1	1	1	1
5	0	1	0	1	1	1	1	1	1	0	1	1	1	1
6	0	1	1	0	1	1	1	1	1	1	0	1	1	1
7	0	1	1	1	1	1	1	1	1	1	1	0	1	1
8	1	0	0	0	1	1	1	1	1	1	1	1	0	1
9	1	0	0	1	1	1	1	1	1	1	1	1	1	0
无效码	1	0	1	0	1	1	1	1	1	1	1	1	1	1
	1	0	1	1	1	1	1	1	1	1	1	1	1	1
	1	1	0	0	1	1	1	1	1	1	1	1	1	1
	1	1	0	1	1	1	1	1	1	1	1	1	1	1
	1	1	1	0	1	1	1	1	1	1	1	1	1	1
	1	1	1	1	1	1	1	1	1	1	1	1	1	1

从表中可见，该电路的输入 $A_3A_2A_1A_0$ 是 8421BCD 码，输出是与 10 个十进制数字相对应的 10 个信号，用 $\overline{Y}_0 \sim \overline{Y}_9$ 表示，低电平有效。例如当：$A_3A_2A_1A_0 = 0000$ 时，输出端 $\overline{Y}_0 = 0$，其余输出端均为 1；当 $A_3A_2A_1A_0 = 0001$ 时，输出端 $\overline{Y}_1 = 0$，其余输出端均为 1。如果输入 1010～1111 这 6 个伪码时，输出 $\overline{Y}_0 \sim \overline{Y}_9$ 均为 1，所以它具有拒绝伪码的功能。

8.3.3　译码器的应用

由于二进制译码器的输出为输入变量的全部最小项，即每一个输出对应一个最小项，而任何一个逻辑函数都可变换为最小项之和的标准式，因此，用译码器和门电路可实现任何单输出或多输出的组合逻辑函数。

例 8.7 用译码器实现逻辑函数 $L = \sum m(0,3,7)$。

解： 由于 $L = \sum m(0,3,7)$ 是三变量逻辑函数，所以可以选用 3 线—8 线译码器 74LS138 来实现。将逻辑函数的变量 A、B、C 分别加到 74LS138 译码器的输入端 A_2，A_1，A_0，将逻辑函数 L 所具有的最小项相对应的所有输出端，连接到一个与非门的输入上，则与非门的输出就是逻辑函数 L，如图 8.10 所示。

$$L = \sum m(0,3,7) = \overline{A}\,\overline{B}\,\overline{C} + \overline{A}BC + ABC$$

$$L = \overline{\overline{A \cdot B \cdot C} \cdot \overline{A \cdot B \cdot C} \cdot \overline{A \cdot B \cdot C}} = \overline{\overline{Y_0} \cdot \overline{Y_3} \cdot \overline{Y_7}}$$

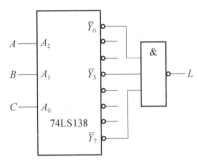

图 8.10 用 74LS138 实现逻辑函数 $L = \sum m(0,3,7)$

自我测试

1. （单选题）若在编码器中有 50 个编码对象，则要求输出二进制代码位数为（　　）位。
   A. 5　　　　　B. 6　　　　　C. 10　　　　　D. 50
2. （单选题）八输入端的编码器按二进制数编码时，输出端的个数是（　　）。
   A. 2 个　　　　B. 3 个　　　　C. 4 个　　　　D. 8 个
3. （单选题）四输入的译码器，其输出端最多为（　　）。
   A. 4 个　　　　B. 8 个　　　　C. 10 个　　　　D. 16 个
4. （判断题）编码与译码是互逆的过程。
   A. 正确　　　　B. 错误
5. （判断题）组合逻辑电路的输出只取决于输入信号的现态。
   A. 正确　　　　B. 错误

扫一扫看答案

8.4 数字显示电路

在数字系统中，往往要求把测量和运算的结果直接用十进制数字显示出来，以便人们观测、查看。这一任务由数字显示电路实现。数字显示电路由译码器、驱动器以及数码显示器件组成，通常译码器和驱动器都集成在一块芯片中，简称显示译码器。

8.4.1 数码显示器件

数字显示器件的种类很多，在数字系统中最常用的显示器有半导体发光二极管（LED）显示器、液晶显示器（LCD）和等离子体显示板。

1. LED 显示器

LED 显示器分为两种。一种是发光二极管（又称 LED）；另一种是发光数码管（又称 LED 数码管）。将发光二极管组成七段数字图形封装在一起，就做成发光数码管，又称七段 LED 显示器，图 8.11 所示的是发光数码管的结构。这些发光二极管一般采用两种连接方式，即共阴极接法和共阳极接法。控制各段的亮或灭，就可以显示不同的数字。

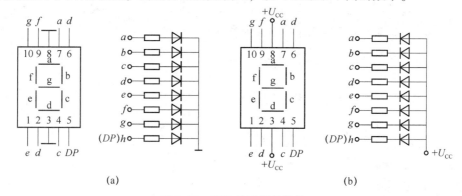

图 8.11　LED 显示器的结构
（a）共阴极接法；（b）共阳极接法

半导体 LED 显示器件的特点是清晰悦目，工作电压低（1.5~3 V）、体积小、寿命长（一般大于 1 000 h）、响应速度快（1~100 ns）、颜色丰富多彩（有红、黄、绿等颜色）、工作可靠。LED 数码管是目前最常用的数字显示器件，常用的共阴型号有 BS201、BS202、BS207 及 LC5011-11 等；共阳型号有 BS204、BS206 及 LA5011-11 等。

2. 液晶显示器（LCD）

液晶显示器是用液态晶体材料制作的，这种材料在常温下既有液态的流动性，又有固态晶体的某些光学性质。利用液晶在电场作用下产生光的散射或偏光作用原理，便可实现数字显示。

液晶显示器的最大优点是电源电压低和功耗低，电源电压（1.5~5 V），电流在 μA 量级，它是各类显示器中功耗最低的，可直接用 CMOS 集成电路驱动。同时它的制造工艺简单、体积小而薄，特别适用于小型数字仪表中。液晶显示器近几年发展迅速，开始出现高清晰度、大屏幕显示的液晶器件。可以说，液晶显示器将是具有广泛前途的显示器件。

3. 等离子体显示板

等离子体显示板是一种较大的平面显示器件，采用外加电压使气体放电发光，并借助放电点的组合形成数字图形。等离子体显示板结构类似液晶显示器，但两平行板间的物质是惰性气体。这种显示器件工作可靠、发光亮度大，常用于大型活动场所，我国在等离子体显示板应用方面已经取得了巨大成功。

8.4.2 显示译码器

显示译码器将 BCD 代码译成数码管所需要的相应高、低电平信号，使数码管显示出 BCD 代码所表示的对应十进制数。显示译码器的种类和型号很多，现以 74LS48 和 CC4511 为例分别介绍如下。

74LS48 是中规模集成 BCD 码七段译码驱动器。其管脚排列和逻辑符号如图 8.12 所示。其中 A，B，C，D 是 8421BCD 码输入端，a，b，c，d，e，f，g 是七段译码器输出驱动信号，输出高电平有效，可直接驱动共阴极数码管。$\overline{LT}$、$\overline{RBI}$、$\overline{BI}/\overline{RBO}$ 是使能端，它们起辅助控制作用，从而增强了这个译码驱动器的功能。

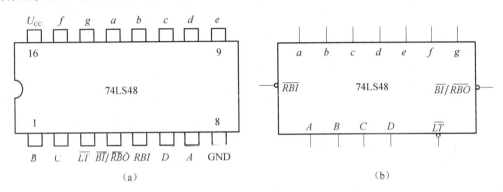

图 8.12 74LS48 显示译码器
（a）引脚排列；（b）逻辑符号

74LS48 使能端的辅助控制功能如下。

① $\overline{BI}$ 是灭灯输入端，其优先级最高，如果 $\overline{BI}=0$ 时，不论其他输入端状态如何，$a \sim g$ 均输出 0，显示器全灭。

② $\overline{RBI}$ 是灭零输入端，当 $\overline{LT}=1$，且输入二进制码 0000 时，只有当 $\overline{RBI}=1$ 时，才产生 0 的七段显示码，如果此时输入 $\overline{RBI}=0$，则译码器的 $a \sim g$ 输出全 0，使显示器全灭。

③ $\overline{RBO}$ 是灭零输出端（与灭灯输入端 $\overline{BI}$ 共一个管脚），其输出状态受 $\overline{LT}$ 和 $\overline{RBI}$ 控制，当 $\overline{LT}=1$，$\overline{RBI}=0$，且输入二进制码 0000 时，$\overline{RBO}=0$，用以指示该片正处于灭零状态。

④ $\overline{LT}$ 是试灯输入端，用于检查显示数码管的好坏，当 $\overline{LT}=0$，$\overline{BI}/\overline{RBO}=1$ 时，不论其他输入端状态如何，则七段全亮，说明数码管各发光段全部正常。

74LS48 显示译码器的功能如表 8.10 所示。

表 8.10 74LS48 显示译码器的功能

功能	输入						输入/输出	输出							显示字形
	$\overline{LT}$	$\overline{RBI}$	D	C	B	A	$\overline{BI}/\overline{RBO}$	a	b	c	d	e	f	g	
0	1	1	0	0	0	0	1	1	1	1	1	1	1	0	０
1	1	×	0	0	0	1	1	0	1	1	0	0	0	0	１
2	1	×	0	0	1	0	1	1	1	0	1	1	0	1	２

续表

功能	输入						输入/输出	输出							显示字形
	$\overline{LT}$	$\overline{RBI}$	D	C	B	A	$\overline{BI}/\overline{RBO}$	a	b	c	d	e	f	g	
3	1	×	0	0	1	1	1	1	1	1	1	0	0	1	∃
4	1	×	0	1	0	0	1	0	1	1	0	0	1	1	ᄂ
5	1	×	0	1	0	1	1	1	0	1	1	0	1	1	S
6	1	×	0	1	1	0	1	0	0	1	1	1	1	1	b
7	1	×	0	1	1	1	1	1	1	1	0	0	0	0	٦
8	1	×	1	0	0	0	1	1	1	1	1	1	1	1	8
9	1	×	1	0	0	1	1	1	1	1	0	0	1	1	9
10	1	×	1	0	1	0	1	0	0	0	1	1	0	1	ᄃ
11	1	×	1	0	1	1	1	0	0	1	1	0	0	1	⊐
12	1	×	1	1	0	0	1	0	1	0	0	0	1	0	-
13	1	×	1	1	0	1	1	1	0	0	1	0	1	1	ᄐ
14	1	×	1	1	1	0	1	0	0	0	1	1	1	1	ᄂ
15	1	×	1	1	1	1	1	0	0	0	0	0	0	0	全灭
灭灯	×	×	×	×	×	×	0	0	0	0	0	0	0	0	全灭
灭零	1	0	0	0	0	0	0	0	0	0	0	0	0	0	全灭
试灯	0	×	×	×	×	×	1	1	1	1	1	1	1	1	8

 小问答

若 $\overline{LT}=0$，$\overline{BI}=0$，则显示数码管显示什么状态？说明为什么？

CC4511 为中规模集成 BCD 码锁存七段译码驱动器，其引脚排列和逻辑符号如图 8.13 所示。CC4511 功能如表 8.11 所示。其中 A，B，C，D 是 8421BCD 码输入端，a，b，c，d，e，f，g 是七段译码器输出驱动信号，输出高电平有效，用来驱动共阴极 LED 数码管。$\overline{LT}$、$\overline{BI}$、LE 是使能端。

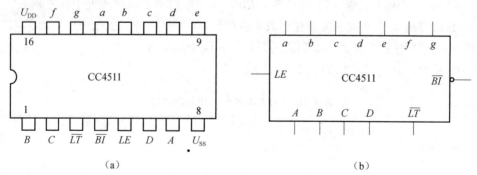

图 8.13　CC4511 显示译码器
（a）引脚排列；（b）逻辑符号

表8.11　CC4511功能

输入							输出						
LE	$\overline{BI}$	$\overline{LT}$	D	C	B	A	a	b	c	d	e	f	g
×	×	0	×	×	×	×	1	1	1	1	1	1	1
×	0	1	×	×	×	×	0	0	0	0	0	0	0
0	1	1	0	0	0	0	1	1	1	1	1	1	0
0	1	1	0	0	0	1	0	1	1	0	0	0	0
0	1	1	0	0	1	0	1	1	0	1	1	0	1
0	1	1	0	0	1	1	1	1	1	1	0	0	1
0	1	1	0	1	0	0	0	1	1	0	0	1	1
0	1	1	0	1	0	1	1	0	1	1	0	1	1
0	1	1	0	1	1	0	0	0	1	1	1	1	1
0	1	1	0	1	1	1	1	1	1	0	0	0	0
0	1	1	1	0	0	0	1	1	1	1	1	1	1
0	1	1	1	0	0	1	1	1	1	0	0	1	1
0	1	1	1	0	1	0	0	0	0	0	0	0	0
0	1	1	1	0	1	1	0	0	0	0	0	0	0
0	1	1	1	1	0	0	0	0	0	0	0	0	0
0	1	1	1	1	0	1	0	0	0	0	0	0	0
0	1	1	1	1	1	0	0	0	0	0	0	0	0
0	1	1	1	1	1	1	0	0	0	0	0	0	0
1	1	1	×	×	×	×	保　　持						

$\overline{LT}$ 是试灯输入端，当 $\overline{LT}=0$ 时，不论其他输入端状态如何，七段全亮，说明数码管各发光段全部正常。

$\overline{BI}$ 是消隐输入端，$\overline{BI}=0$ 时，译码输出全为0，使数码管全灭。

LE 是锁定端，LE = 1 时，译码器处于锁定（保持）状态，LE = 0 时正常译码。

译码器还有拒伪功能，当输入码超过1001时，输出全为"0"，数码管熄灭。

小知识

显示译码器按输出电平高低分为高电平有效和低电平有效两种。输出低电平有效的显示译码器（例如74LS47、74LS247）配接共阳极接法的数码管，输出高电平有效的显示译码器（例如74LS48、74LS248、CC4511等）配接共阴极接法的数码管。

8.5　加法器

加法器是实现二进制加法运算的逻辑器件，它是计算机系统中最基本的运算器，计算机进行的各种算术运算（如加、减、乘、除）都要转化为加法运算。加法器又分为半加器和全加器。

8.5.1 半加器

半加器的电路结构如图 8.14（a）所示，逻辑符号如图 8.14（b）所示。图中 A、B 为两个 1 位二进制数的输入端，SO、CO 是两个输出端。

半加器的逻辑真值表如表 8.12 所示。从真值表可以看出，SO 是两个数相加后的本位和数输出端，CO 是向高位的进位输出端，电路能完成两个 1 位二进制数的加法运算。这种不考虑来自低位，而只考虑本位的两个数相加的加法运算，称为半加，能实现半加运算的电路称为半加器。

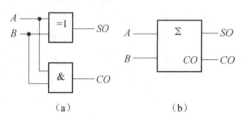

图 8.14　半加器电路结构及符号

表 8.12　半加器真值表

输	入	输	出
A	B	SO	CO
0	0	0	0
0	1	1	0
1	0	1	0
1	1	0	1

8.5.2 全加器

两个一位二进制数 A 和 B 相加时，若还要考虑从低位来的进位的加法，则称为全加，完成全加功能的电路称为全加器。全加器的电路结构如图 8.15（a）所示，逻辑符号如图 8.15（b）所示。在图中，A、B 是两个 1 位二进制加数的输入端，CI 是低位来的进位输入端，SO 是本位和数输出端，CO 是向高位的进位输出端。

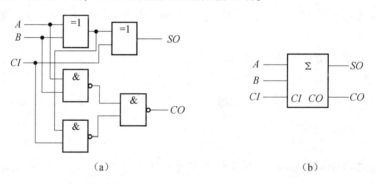

图 8.15　全加器电路结构及符号

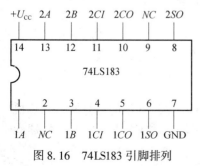

图 8.16　74LS183 引脚排列

图 8.16 所示为集成全加器 74LS183 引脚排列图，它内部集成了两个 1 位全加器，其中 A、B、CI 为输入端，SO、CO 为输出端。

全加器的逻辑真值表如表 8.13 所示。从真值表可以看出，SO 是两个数相加后的本位和数输出端，CO 是向高位的进位输出端。电路能完成两个 1 位二进制数以及低位来的进位的加法运算。

表 8.13 全加器真值表

输入			输出		输入			输出	
A	B	CI	SO	CO	A	B	CI	SO	CO
0	0	0	0	0	1	0	0	1	0
0	0	1	1	0	1	0	1	0	1
0	1	0	1	0	1	1	0	0	1
0	1	1	0	1	1	1	1	1	1

8.5.3 多位加法器

1 个全加器只能实现 1 位二进制数的加法运算，如果把 N 个全加器组合起来，就能实现 N 位二进制数的加法运算。实现多位二进制数相加运算的电路称为多位加法器。在构成多位加法器电路时，按进位方式不同，分为串行进位加法器和超前进位加法器两种。

1. 串行进位加法器

把 N 位全加器串联起来，即依次将低位全加器的进位输出端 CO 接到相邻高位全加器的进位输入端 CI，就构成了 N 位串行进位加法器。例如，用 4 个全加器构成的 4 位串行进位加法器电路如图 8.17 所示。

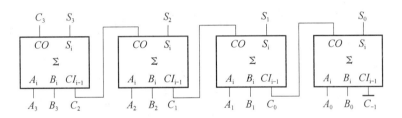

图 8.17 4 位串行进位加法器

串行进位加法器的逻辑电路比较简单，但它的运算速度不高。因为最高位的运算一定要等到所有低位的运算完成，并将进位送到后才能进行。为了提高运算速度，可以采用超前进位加法器。

2. 超前进位加法器

超前进位加法器在作加法运算的同时，利用快速进位电路把各位的进位也算出来，从而加快了运算速度。中规模集成电路 74LS283 和 CD4008 就是具有这种功能的进位加法器，这种组件结构复杂，图 8.18 所示为它们的引脚排列图。

3. 加法器的级联

一片 74LS283 只能完成 4 位二进制数的加法运算，如果要进行更多位数的计算时，可以把若干片 74LS283 级联起来，构成更多位数的加法器电路。例如，把两片 4 位加法器连成 8 位加法器的电路如图 8.19 所示，其中片（1）是低位片，完成 $A_3 \sim A_0$ 与 $B_3 \sim B_0$ 低 4 位数的加法运算，片（2）是高位片，完成 $A_7 \sim A_4$ 与 $B_7 \sim B_4$ 高 4 位数的加法运算，把低位片的进位端 CI 接地，低位片的进位输出端 CO 接高位片的进位输入端 CI 即可。

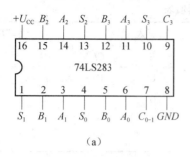
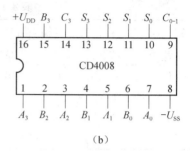

图 8.18　TTL 加法器 74LS283 和 CMOS 加法器 CD4008 引脚排列图
（a）TTL 加法器 74LS283 引脚排列；（b）CMOS 加法器 CD4008 引脚排列

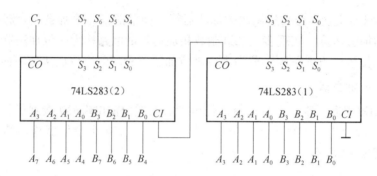

图 8.19　用 74LS283 构成的 8 位加法器

8.6　寄存器

　　寄存器是数字电路中的一个重要数字部件，具有接收、存放及传送数码的功能。寄存器属于计算机技术中的存储器的范畴，但与存储器相比，又有些不同，如存储器一般用于存储运算结果，存储时间长，容量大，而寄存器一般只用来暂存中间运算结果，存储时间短，存储容量小，一般只有几位。

　　移位寄存器除了具有存储代码的功能以外，还具有移位功能，即寄存器存储的代码能在移位脉冲的作用下依次左移或右移。所以，移位寄存器不但可以用来寄存代码，还可以用来实现数据的串行→并行转换、数值的运算以及数据处理等。

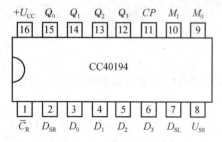

图 8.20　CC40194 引脚排列

　　CC40194 或 74LS194 为 4 位双向通用移位寄存器，其管脚排列如图 8.20 所示。

　　其中 D_0、D_1、D_2、D_3 为并行输入端；Q_0、Q_1、Q_2、Q_3 为并行输出端；D_{SR} 为右移串行输入端；D_{SL} 为左移串行输入端；M_1、M_0 为操作模式控制端；$\overline{C_R}$ 为直接无条件清零端；CP 为时钟脉冲输入端。

　　CC40194 有 5 种不同操作模式：并行送数寄存，右移（方向由 $Q_0 \rightarrow Q_3$），左移（方向由 $Q_3 \rightarrow Q_0$），保

持及清零。M_1，M_0 和 $\overline{C}_R$ 端的控制作用如表 8.14 所示。

表 8.14 CC40194 移位寄存器功能

项目	输 入										输 出			
	$\overline{C}_R$	M_1	M_0	CP	D_{SL}	D_{SR}	D_0	D_1	D_2	D_3	Q_0	Q_1	Q_2	Q_3
清零	0	×	×	×	×	×	×	×	×	×	0	0	0	0
保持	1	×	×	0	×	×	×	×	×	×	Q_0	Q_1	Q_2	Q_3
	1	0	0	×										
送数	1	1	1	↑	×	×	d_0	d_1	d_2	d_3	d_0	d_1	d_2	d_3
右移	1	0	1	↑	×	0	×	×	×	×	0	Q_0	Q_1	Q_2
	1	0	1	↑	×	1					1	Q_0	Q_1	Q_2
左移	1	1	0	↑	0	×	×	×	×	×	Q_1	Q_2	Q_3	0
	1	1	0	↑	1	×					Q_1	Q_2	Q_3	1

8.7 数据选择器与数据分配器

在数字系统尤其是计算机数字系统中，为了减少传输线，经常采用总线技术，即在同一条线上对多路数据进行接收或传送。用来实现这种逻辑功能的数字电路就是数据选择器和数据分配器，如图 8.21 所示。数据选择器和数据分配器的作用相当于单刀多掷开关。数据选择器是多输入，单输出；数据分配器是单输入，多输出。

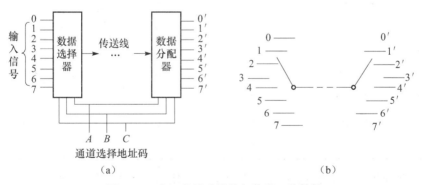

图 8.21 在一条线上接收与传送 8 路数据
（a）逻辑功能；（b）示意

8.7.1 数据选择器

数据选择器有 2^n 根输入线，n 根选择控制线和一根输出线。根据 n 个选择变量的不同代码组合，在 2^n 个不同输入中选一个送到输出。常用的数据选择器有 4 选 1、8 选 1、16 选 1 等多种类型。

图 8.22 所示是集成 8 选 1 数据选择器 74LS151 的引脚排列图和逻辑符号图。

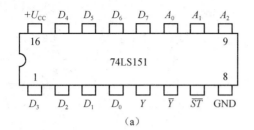 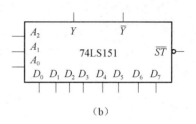

图 8.22　集成 8 选 1 数据选择器
(a) 引脚排列；(b) 逻辑符号

图中 $D_0 \sim D_7$ 是 8 个数据输入端，$A_2 \sim A_0$ 是地址信号输入端，Y 和 $\overline{Y}$ 是互补输出端。输出信号选择输入信号中的哪一路，由地址信号决定。例如，地址信号 $A_2 A_1 A_0 = 000$ 时，$Y = D_0$，若 $A_2 A_1 A_0 = 101$，则 $Y = D_5$。$\overline{ST}$ 为使能端，低电平有效，即当 $\overline{ST} = 0$ 时，数据选择器工作；当 $\overline{ST} = 1$ 时，数据选择器不工作。表 8.15 是 74LS151 的真值表。

8 选 1 数据选择器工作时的输出逻辑函数 Y 为

$$Y = \overline{A_2}\,\overline{A_1}\,\overline{A_0}D_0 + \overline{A_2}\,\overline{A_1}A_0 D_1 + \overline{A_2}A_1\overline{A_0}D_2 + \overline{A_2}A_1 A_0 D_3 + A_2\overline{A_1}\,\overline{A_0}D_4 + A_2\overline{A_1}A_0 D_5 + A_2 A_1 \overline{A_0}D_6 + A_2 A_1 A_0 D_7$$

表 8.15　74LS151 的真值表

输入				输出	
$\overline{ST}$	A_2	A_1	A_0	Y	$\overline{Y}$
1	×	×	×	0	1
0	0	0	0	D_0	$\overline{D_0}$
0	0	0	1	D_1	$\overline{D_1}$
0	0	1	0	D_2	$\overline{D_2}$
0	0	1	1	D_3	$\overline{D_3}$
0	1	0	0	D_4	$\overline{D_4}$
0	1	0	1	D_5	$\overline{D_5}$
0	1	1	0	D_6	$\overline{D_6}$
0	1	1	1	D_7	$\overline{D_7}$

数据选择器是开发性较强的中规模集成电路，用数据选择器可实现任意的组合逻辑函数。一个逻辑函数，可以用门电路来实现，当电路设计并连线完成后，就再也不能改变其逻辑功能，这就是硬件电路的唯一性。用数据选择器实现逻辑函数，只要将数据输入端的信号变化一下即可改变其逻辑功能。对于 n 变量的逻辑函数，可以选用 2^n 选 1 的数据选择器来实现。

例 8.1　用 8 选 1 数据选择器 74LS151 实现逻辑函数 $Y = AB + BC + AC$。

解：① 将逻辑函数转换成最小项表达式。

$$Y = AB + BC + AC = \overline{A}BC + A\overline{B}C + AB\overline{C} + ABC$$
$$= \sum m(3,5,6,7)$$

② 按照最小项的编号，将数据选择器的相应输入端接高电平，其余的输入端接低电平。即将 74LS151 的输入端 D_3，D_5，D_6，D_7 接高电平 1，将 D_0，D_1，D_2，D_4 接地，则在 Y 输出端就得到这个函数的值，如图 8.23 所示。

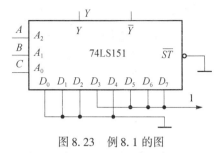

图 8.23 例 8.1 的图

 小问答

当逻辑函数的变量个数多于地址码的个数时，这时如何用数据选择器实现逻辑函数？

8.7.2 数据分配器

数据分配是数据选择的逆过程。数据分配器有一根输入线，n 根选择控制线和 2^n 根输出线。根据 n 个选择变量的不同代码组合来选择输入数据从哪个输出通道输出。

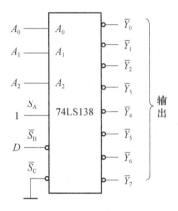

图 8.24 由 74LS138 译码器构成的 8 路数据分配器

在集成电路系列器件中并没有专门的数据分配器，一般说来，凡具有使能控制端输入的译码器都能作数据分配器使用。只要将译码器使能控制输入端作为数据输入端，将二进制代码输入端作为地址控制端即可。

图 8.24 所示为由 3 线—8 线译码器 74LS138 构成的 8 路数据分配器。图中 $\overline{S_B}$ 作为数据输入端 D，$A_2 \sim A_0$ 为地址信号输入端，$\overline{Y_0} \sim \overline{Y_7}$ 为数据输出端。

例 8.2 在许多通信应用中通信线路是成本较高的资源，为了有效利用线路资源，经常采用分时复用线路的方法。多个发送设备（如 X_0，X_1，X_2，…）与多个接收设备（如 Y_0，Y_1，Y_2，…）间只使用一条线路连接，如图 8.25 所示。

当发送设备 X_2 需要向接收设备 Y_5 发送数据时，发送设备

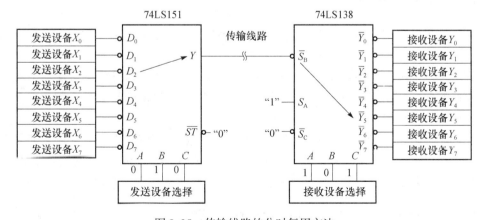

图 8.25 传输线路的分时复用方法

选择电路输出"010"，数据选择器将 X_2 的输出接到线路上。而接收设备选择电路输出"101"，数据分配器将线路上的数据分配到接收设备 Y_5 的接收端，实现了信息传送。这种方法称为分时复用技术。

当然在 X_2 向 Y_5 传送数据时其他设备就不能传送数据,打电话时听到的"占线"或者"线路繁忙"就是这样一种情况。

 自我测试

1.(单选题)七段数码显示器 BS202 是（   ）。
   A. 共阳极 LED 管   B. 共阴极 LED 管
   C. 共阳极 LCD 管   D. 共阴极 LCD 管
2.(单选题)数据选择器为（   ）的组合逻辑电路。
   A. 多端输入、多端输出   B. 单端输入、多端输出
   C. 多端输入、单端输出
3.(判断题)液晶显示器的优点是功耗极小、工作电压低。
   A. 正确   B. 错误
4.(判断题)共阴极 LED 数码管需选用输出为高电平有效的译码器来驱动。
   A. 正确   B. 错误

扫一扫看答案

8.8 大规模集成组合逻辑电路

在数字电路系统中,尤其微型计算机的普遍应用,需要存储和记忆大量的信息,这都离不开大规模集成电路。在此仅介绍属于大规模集成组合逻辑电路的只读存储器（Read-only Memory,ROM）和可编程逻辑阵列（Programmable Logic Array,PLA）。

8.8.1 存储器的分类

存储器是用以存储一系列二进制数码的大规模集成器件,存储器的种类很多,按功能分类如下。

① 随机存取存储器（Random Access Memory,RAM）,也叫做读/写存储器,既能方便地读出所存数据,又能随时写入新的数据。RAM 的缺点是数据的易失性,即一旦掉电,所存的数据全部丢失。

② 只读存储器（ROM）,只读存储器 ROM 内容一般是固定不变的,它预先将信息写入存储器中,在正常工作状态下只能读出数据,不能写入数据。ROM 的优点是电路结构简单,而且在断电以后数据不会丢失,常用来存放固定的资料及程序。

8.8.2 只读存储器（ROM）的结构原理

根据逻辑电路的特点,只读存储器（ROM）属于组合逻辑电路,即给一组输入（地址）,存储器相应地给出一种输出（存储的字）。因此要实现这种功能,可以采用一些简单的逻辑门。ROM 器件按存储内容存入方式的不同可分为掩膜 ROM、可编程 ROM（PROM

和可改写 ROM（EPROM、E²PROM、FlashMemory）等。

1. 掩膜 ROM

掩膜 ROM，又称固定 ROM，这种 ROM 在制造时，生产厂家利用掩膜技术把信息写入存储器中。按使用的器件可分为二极管 ROM、双极型三极管 ROM 和 MOS 管 ROM 三种类型。在这里主要介绍二极管掩膜 ROM。图 8.26（a）所示是 4×4 的二极管掩膜 ROM，它由地址译码器、存储矩阵和输出电路 3 部分组成。图中 4 条横线称字线，每一条字线可存放一个 4 位二进制数码（信息），又称一个字，故 4 条字线可存放 4 个字。4 条纵线代表每个字的位，故称位线，4 条位线即表示 4 位，作为字的输出。字线与位线相交处为一位二进制数的存储单元，相交处有二极管者存 1，无二极管者存 0。

例如，当输入地址码 $A_1A_0 = 10$ 时，字线 $W_2 = 1$，其余字选择线为 0，W_2 字线上的高电平通过接有二极管的位线使 D_0、D_3 为 1，其他位线与 W_2 字线相交处没有二极管，所以输出 $D_3D_2D_1D_0 = 1001$。这种 ROM 的存储矩阵可采用如图 8.26（b）所示的简化画法。有二极管的交叉点画有实心点，无二极管的交叉点不画点。

显然，ROM 并不能记忆前一时刻的输入信息，因此只是用门电路来实现组合逻辑关系。实际上，如图 8.26（a）所示的存储矩阵和电阻 R 组成了 4 个二极管或门，以 D_2 为例，二极管或门电路如图 8.26（c）所示，$D_2 = W_0 + W_1$，因此属于组合逻辑电路。用于存储矩阵的或门阵列也可由双极型或 MOS 型三极管构成，在这里就不再赘述，其工作原理与二极管 ROM 相同。

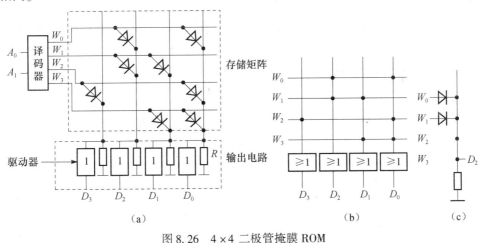

图 8.26　4×4 二极管掩膜 ROM

ROM 中地址译码器形成了输入变量的最小项，实现了逻辑变量的与运算，其代表的地址取决于与阵列竖线上的黑点位置的数据组合；而 ROM 中的存储矩阵实现了最小项的或运算，因而，ROM 可以用来产生组合逻辑函数。再结合表 8.16，可以看出，若把 ROM 的地址端作为逻辑变量的输入端，把 ROM 的位输出端作为逻辑函数的输出端，再列出逻辑函数式的真值表或最小项表达式，并将 ROM 的地址和数据端进行变量代换，然后画出 ROM 的阵列图，定制相应的 ROM，从而就用 ROM 实现了组合逻辑函数。图 8.26 中与门阵列（地址译码器）输出表达式

$$W_0 = \overline{A_1}\,\overline{A_0} \quad W_1 = \overline{A_1}A_0 \quad W_2 = A_1\overline{A_0} \quad W_3 = A_1A_0$$

或门阵列输出表达式

$$D_0 = W_0 + W_2 + W_3 \quad D_1 = W_1 + W_3$$
$$D_2 = W_0 + W_1 \quad D_3 = W_2$$

表 8.16 二极管存储器矩阵的真值表

地 址		数 据			
A_1	A_2	D_3	D_2	D_1	D_0
0	0	0	1	0	1
0	1	0	1	1	0
1	0	1	0	0	1
1	1	0	0	1	1

2. 可编程 ROM（PROM）

固定 ROM 在出厂前已经写好了内容，使用时只能根据需要选用某一电路，限制了用户的灵活性。可编程 PROM 封装出厂前，存储单元中的内容全为 1（或全为 0）。用户在使用时可以根据需要，将某些单元的内容改为 0（或改为 1），此过程称为编程。图 8.27 所示是 PROM 的一种存储单元，图中的二极管位于字线与位线之间，二极管前端串有熔断丝，在没有编程前，存储矩阵中的全部存储单元的熔断丝都是连通的，即每个单元存储的都是 1。用户使用时，只需按自己的需要，借助一定的编程工具，将某些存储单元上的熔断丝用大电流烧断，该用户存储的内容就变为 0。熔断丝烧断后不能再接上，故 PROM 只能进行一次编程。

PROM 是由固定的"与"阵列和可编程的"或"阵列组成的，如图 8.28 所示。与阵列为全译码方式，当输入为 $I_1 \sim I_n$ 时，与阵列的输出为 n 个输入变量可能组合的全部最小项，即 2^n 个最小项。或阵列是可编程的，如果 PROM 有 m 个输出，则包含有 m 个可编程的或门，每个或门有 2^n 个输入可供选用，由用户编程来选定。所以，在 PROM 的输出端，输出表达式是最小项之和的标准与或式。

图 8.27 PROM 的可编程存储单元

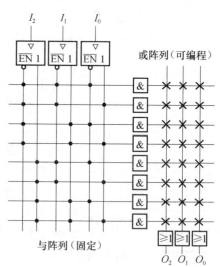

图 8.28 PROM 结构

3. 光可擦除可编程 ROM（EPROM）

EPROM 是另外一种广泛使用的存储器。PROM 虽然可以编程，但只能编程一次，而 EPROM 克服了 PROM 的缺点，可以根据用户要求写入信息，从而长期使用。当不需要原有信息时，也可以擦除后重写。若要擦去所写入的内容，可用 EPROM 擦除器产生的强紫外线，对 EPROM 照射 20 分钟左右，使全部存储单元恢复"1"，以便用户重新编写。EPROM 的主要用途是在计算机电路中作为程序存储器使用，在数字电路中，也可以用来实现码制转换、字符发生器、波形发生器电路等。

4. 电可擦除可编程 ROM（E^2PROM）

E^2PROM 是近年来被广泛使用的一种只读存储器，被称为电擦除可编程只读存储器，有时也写作 EEPROM。其主要特点是能在应用系统中进行在线改写，并能在断电的情况下保存数据而不需保护电源。特别是最近出现的 +5 V 电擦除 E^2PROM，通常不需单独的擦除操作，可在写入过程中自动擦除，使用非常方便。

5. 快闪存储器（Flash Memory）

闪速存储器 Flash Memory 又称快速擦写存储器或快闪存储器，是由 Intel 公司首先发明，近年来较为流行的一种新型半导体存储器件。它在断电的情况下信息可以保留，在不加电的情况，信息可以保存 10 年，可以在线进行擦除和改写。Flash Memory 是在 E^2PROM 上发展起来的，属于 E^2PROM 类型，其编程方法和 E^2PROM 类似，但 Flash Memory 不能按字节擦除。Flash Memory 既具有 ROM 非易失性的优点，又具有存取速度快、可读可写、集成度高、价格低、耗电省的优点，目前已被广泛使用。

无论是 ROM、PROM、EPROM 还是 E^2PROM，其功能是做"读"操作。

8.8.3 可编程逻辑阵列 PLA

可编程逻辑阵列 PLA（Programmable Logic Array）的典型结构是由与门组成的阵列确定哪些变量相乘（与），及由或门组成的阵列确定哪些乘积项相加（或）。究竟哪些变量相乘？哪些变量相加？完全可由使用者来设计决定。把这样的与、或阵列称为可编程逻辑阵列，简称 PLA。

从前面 ROM 的讨论中可知，与阵列是全译码方式，其输出产生 n 个输入的全部最小项。对于大多数逻辑函数而言，并不需要使用输入变量的全部乘积项，有许多乘积项是没用的，尤其当函数包含较多的约束项时，许多乘积项是不可能出现的。这样，由于不能充分利用 ROM 的与阵列从而会造成硬件的浪费。

PLA 是处理逻辑函数的一种更有效的方法，其结构与 ROM 类似，但它的与阵列是可编程的，且不是全译码方式而是部分译码方式，只产生函数所需要的乘积项。或阵列也是可编程的，它选择所需要的乘积项来完成或功能。在 PLA 的输出端产生的逻辑函数是简化的与或表达式。图 8.29 所示为 PLA 结构。图中"*"表示可编程连接。

PLA 规模比 ROM 小，工作速度快，当输出函数包含较多的公共项时，使用 PLA 更为节省硬件。目前，PLA 的集成化产品越来越多，用途也非常广泛，和 ROM 一样，有固定不可编程的、可编程的和可改写的 3 种。

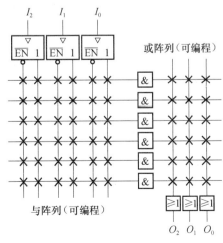

图 8.29 PLA 结构

【任务训练 1】 译码器逻辑功能测试及应用

1. 工作任务单

① 识别中规模集成译码器的功能，管脚分布。
② 完成译码器逻辑功能的测试。
③ 完成用译码器设计设备运行故障监测报警电路。
④ 编写实训及设计报告。

2. 任务训练目标

① 掌握译码器逻辑功能的测试方法。
② 了解中规模集成译码器的功能，管脚分布，掌握其逻辑功能。
③ 掌握用译码器设计组合逻辑电路的方法。

3. 任务训练设备与器件

实训设备：数字电路实验装置　1 台
实训器件：74LS138 1 片、74LS20　2 片

4. 任务训练内容与步骤

（1）集成译码器 74LS138 逻辑功能测试

① 控制端功能测试。测试电路如图 8.30（b）所示。74LS138 芯片的 A_2、A_1、A_0、S_A、$\overline{S}_B$、$\overline{S}_C$ 接逻辑电平开关，$\overline{Y}_0 \sim \overline{Y}_7$ 接逻辑电平指示，电源用实验箱上 +5 V 电源，先将 A_2、A_1、A_0 端开路，按表 8.17 所示条件输入开关状态，观察并记录译码器输出状态。LED 电平指示灯亮为 1，灯不亮为 0。

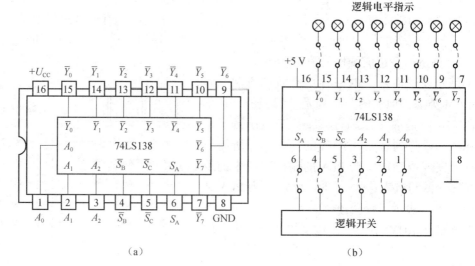

图 8.30　74LS138 逻辑功能测试
(a) 管脚排列；(b) 测试接线

表 8.17　74LS138 译码器控制端功能测试

S_A	$\overline{S_B}$	$\overline{S_C}$	A_2	A_1	A_0	$\overline{Y_0}$	$\overline{Y_1}$	$\overline{Y_2}$	$\overline{Y_3}$	$\overline{Y_4}$	$\overline{Y_5}$	$\overline{Y_6}$	$\overline{Y_7}$
0	×	×	×	×	×								
1	1	0	×	×	×								
1	0	1	×	×	×								
1	1	1	×	×	×								

② 逻辑功能测试。测试电路仍如图 8.30（b）所示，将 S_A，$\overline{S_B}$，$\overline{S_C}$ 分别置 "1" "0" "0"，将 A_2，A_1，A_0 按表 8.18 所示的值输入开关状态，观察并记录 $\overline{Y_0} \sim \overline{Y_7}$ 的状态。

表 8.18　74LS138 译码器功能测试

S_A	$\overline{S_B}$	$\overline{S_C}$	A_2	A_1	A_0	$\overline{Y_0}$	$\overline{Y_1}$	$\overline{Y_2}$	$\overline{Y_3}$	$\overline{Y_4}$	$\overline{Y_5}$	$\overline{Y_6}$	$\overline{Y_7}$
1	0	0	0	0	0								
1	0	0	0	0	1								
1	0	0	0	1	0								
1	0	0	0	1	1								
1	0	0	1	0	0								
1	0	0	1	0	1								
1	0	0	1	1	0								
1	0	0	1	1	1								

（2）用 74LS138 设计设备运行故障监测报警电路

某车间有黄、红两个故障指示灯，用来监测 3 台设备的工作情况。当只有一台设备有故障时黄灯亮；若有两台设备同时产生故障时，红灯亮；3 台设备都产生故障时，红灯和黄灯都亮。试用数据选择器设计一个设备运行故障监测报警电路。

设计逻辑要求：设 A，B，C 分别为 3 台设备的故障信号，有故障为 1，正常工作为 0；Y_1 表示黄灯，Y_2 表示红灯，灯亮为 1，灯灭为 0。

（3）验证设备运行故障监测报警电路的逻辑功能

5．任务训练总结与分析

① 整理测试数据，并分析实验结果与理论是否相符。

② 编写设计报告。

要求：列出真值表；写出逻辑函数表达式；画出逻辑电路图。

③ 自拟表格记录测试设备运行故障监测报警电路的逻辑功能。

④ 总结用译码器设计组合逻辑电路的体会。

6. 任务训练考核（表8.19）

表8.19 译码器逻辑功能测试及应用工作过程考核表

项目	内容	配分	考核要求	扣分标准	得分
工作态度	1. 工作的积极性； 2. 安全操作规程的遵守情况； 3. 纪律遵守情况	30分	积极参加工作，遵守安全操作规程和劳动纪律，有良好的职业道德和敬业精神	违反安全操作规程扣20分，不遵守劳动纪律扣10分	
译码器的识别	1. 译码器的型号识读； 2. 译码器引脚号的识读	20分	能回答型号含义，引脚功能明确，会画出器件引脚排列示意图	每错一处扣2分	
译码器的功能测试	1. 能正确连接测试电路； 2. 能正确测试译码器的逻辑功能	30分	1. 熟悉译码器的逻辑功能； 2. 正确记录测试结果	验证方法不正确扣5分，记录测试结果不正确扣5分	
译码器应用电路设计	能用译码器设计一个设备运行故障监测报警电路	20	完成真值表，表达式，逻辑电路图	真值表错误扣20分，表达式错误扣10分，逻辑电路图错误扣10分	
合计		100分			
注：各项配分扣完为止					

【任务训练2】 计算器数字显示电路的制作

1. 工作任务单

① 识别编码器、译码器和数码管的功能，管脚分布。
② 完成计算器数字显示电路的制作。
③ 完成计算器数字显示电路逻辑功能的测试。
④ 编写实训总结报告。

2. 任务训练目标

① 借助资料读懂集成电路的型号，明确各引脚功能。
② 了解编码器、译码器和数码管的逻辑功能。
③ 熟悉74LS147、74LS48和数码管各管脚功能。
④ 掌握数字显示技术。

3. 任务训练设备与器件

实训设备：数字电路实验装置 1台
实训器件：74LS04；74LS48；74LS147各1片；按键式开关9个；
共阴数码管（LC5011-11）1个；面包板、配套连接线等。

4. 任务训练电路与说明

计算器数字显示电路如图8.31所示。该电路由BCD码优先编码器74LS147（反码输出)、非门 74LS04、BCD 码七段译码驱动器 74LS48、共阴数码管 LC5011-11 组成。

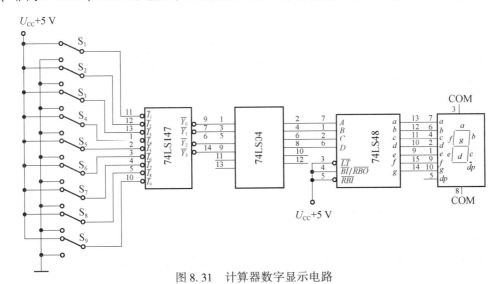

图 8.31 计算器数字显示电路

5. 任务训练电路的安装与功能验证

(1) 安装

① 检测与查阅器件。用数字集成电路测试仪检测所用的集成电路。通过查阅集成电路手册,了解 74LS147、74LS48 和数码管的功能,初步了解各管脚的功能,确定 74LS147 和 74LS48 的管脚排列。

② 根据如图 8.31 所示的计算器数字显示电路图,画出安装布线图。

③ 根据安装布线图完成电路的安装。先在实训电路板上插接好 IC 器件。在插接器件时,要注意 IC 芯片的豁口方向(都朝左侧),同时要保证 IC 管脚与插座接触良好,管脚不能弯曲或折断。指示灯的止、负极不能接反。在通电前先用万用表检查各 IC 的电源接线是否正确,确认无误后再接电源。

(2) 验证

① 分别让 74LS147 的输入 $I_1 \sim I_9$ 依次接低电平(其余高电平),如果电路工作正常,数码管将依次分别显示数码 "1~9"。

② 参照表 8.20 所示的输入条件验证 74LS147 的优先编码功能,并将输出结果填入表中。

表 8.20 优先编码、译码显示的功能验证

输 入										输 出								显示数字
										反码输出				原码输出				
$\overline{I_9}$	$\overline{I_8}$	$\overline{I_7}$	$\overline{I_6}$	$\overline{I_5}$	$\overline{I_4}$	$\overline{I_3}$	$\overline{I_2}$	$\overline{I_1}$		$\overline{Y_3}$	$\overline{Y_2}$	$\overline{Y_1}$	$\overline{Y_0}$	$D(Y_3)$	$C(Y_2)$	$B(Y_1)$	$A(Y_0)$	
1	1	1	1	1	1	1	1	1		1	1	1	1					
0	×	×	×	×	×	×	×	×		0	1	1	0					
1	0	×	×	×	×	×	×	×		0	1	1	1					
1	1	0	×	×	×	×	×	×		1	0	0	0					

续表

输入									输出								显示数字
									反码输出				原码输出				
$\bar{I}_9$	$\bar{I}_8$	$\bar{I}_7$	$\bar{I}_6$	$\bar{I}_5$	$\bar{I}_4$	$\bar{I}_3$	$\bar{I}_2$	$\bar{I}_1$	$\bar{Y}_3$	$\bar{Y}_2$	$\bar{Y}_1$	$\bar{Y}_0$	$D(Y_3)$	$C(Y_2)$	$B(Y_1)$	$A(Y_0)$	
1	1	1	0	×	×	×	×	×	1	0	0	1					
1	1	1	1	0	×	×	×	×	1	0	1	0					
1	1	1	1	1	0	×	×	×	1	0	1	1					
1	1	1	1	1	1	0	×	×	1	1	0	0					
1	1	1	1	1	1	1	0	×	1	1	0	1					
1	1	1	1	1	1	1	1	0	1	1	1	0					

6. 任务训练总结与分析

① 从实训过程可以看出，该实训电路的功能就是可以根据编码要求，在数码管上显示出相应的数码。即可以显示 0～9 十个数字。

② 74LS147 是将一个输入信号编成了一组相应的二进制代码，因此称其为编码器。

③ 当在 74LS48 输入端输入不同的二进制代码时，数码管将显示不同的数字。$a \sim g$ 的高低电平是按照输入代码对字形的要求输出的，因此 74LS48 又称为字符译码器。

7. 任务训练考核（表 8.21）

表 8.21 计算器数字显示电路的制作工作过程考核表

项目	内容	配分	考核要求	扣分标准	得分
工作态度	1. 工作的积极性； 2. 安全操作规程的遵守情况； 3. 纪律遵守情况	30 分	积极参加工作，遵守安全操作规程和劳动纪律，有良好的职业道德和敬业精神	违反安全操作规程扣 20 分，不遵守劳动纪律扣 10 分	
集成电路的识别	编码器、译码器和数码管的型号识读及引脚号的识读	20 分	能回答型号含义，引脚功能明确，会画出器件引脚排列示意图	每错一处扣 2 分	
集成电路安装	1. 计算器数字显示电路安装图的绘制； 2. 按照安装图接好电路	30	电路安装正确且符合工艺规范	电路安装不规范，每处扣 2 分，电路接错扣 5 分	
电路的功能测试	1. 计算器数字显示电路的功能验证； 2. 记录测试结果	20 分	1. 熟悉电路的逻辑功能； 2. 正确记录测试结果	验证方法不正确扣 5 分记录测试结果不正确扣 5 分	
合计		100 分			
注：各项配分扣完为止					

【任务训练3】 数据选择器的功能测试及应用

1. 工作任务单
① 识别中规模集成芯片数据选择器的功能，管脚分布。
② 完成数据选择器逻辑功能的测试。
③ 完成用数据选择器设计设备运行故障监测报警电路。
④ 编写实训及设计报告。

2. 任务训练目标
① 熟悉数据选择器的逻辑功能。
② 学习用数据选择器实现组合逻辑电路的方法。

3. 任务训练设备与器件
数字电子技术实验装置　一台
74LS151　两片

4. 任务训练内容与步骤
（1）数据选择器功能测试
① 使能端功能测试。74LS151 的功能测试电路如图 8.32 所示。$\overline{ST}$、A_0、A_1、A_2 和 $D_0 \sim D_7$ 分别接逻辑电平开关，输出端 Y、$\overline{Y}$ 接逻辑电平指示，设定使能端 $\overline{ST}$ 为 1，任意改变 A_0、A_1、A_2 和 $D_0 \sim D_7$ 的状态，观察输出端的结果并记录于表 8.22 中。

② 逻辑功能测试。测试电路仍如图 8.32 所示。将 $\overline{ST}$ 端置低电平"0"，此时数据选择器开始工作。当 $A_2A_1A_0$ 为 000 时，$Y = D_0$，即输出状态与 D_0 端输入状态相同，而与 $D_1D_2D_3D_4D_5D_6D_7$ 端输入状态无关。当 $A_2A_1A_0$ 为 001 时，$Y = D_1$；当 $A_2A_1A_0$ 为 010 时，$Y = D_2$；……当 $A_2A_1A_0$ 为 111 时，$Y = D_7$。

表 8.22　74LS151 逻辑功能测试

输入				输出	
A_2	A_1	A_0	$\overline{ST}$	Y	$\overline{Y}$
×	×	×	1		
0	0	0	0		
0	0	1	0		
0	1	0	0		
0	1	1	0		
1	0	0	0		
1	0	1	0		
1	1	0	0		
1	1	1	0		

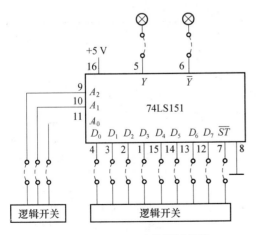

图 8.32　74LS151 功能测试接线

按表 8.22 要求改变 $A_2A_1A_0$ 和 $D_0 \sim D_7$ 的数据，测试输出端 Y 的状态，完成表 8.22。

（2）用数据选择器 74LS151 设计 3 人表决电路

设计要求：当表决某个提案时，多数人同意，提案通过，同时 A 具有否决权。

① 写出设计过程。

② 画出接线图。

③ 列出逻辑函数的功能真值表。

④ 自拟测试表格，验证逻辑功能。

（3）用数据选择器 74LS151 设计设备运行故障监测报警电路

某车间有黄、红两个故障指示灯，用来监测 3 台设备的工作情况。当只有 1 台设备有故障时黄灯亮；若有两台设备同时产生故障时，红灯亮；3 台设备都产生故障时，红灯和黄灯都亮。试用数据选择器设计一个设备运行故障监测报警电路。

设计逻辑要求：设 A、B、C 分别为 3 台设备的故障信号，有故障为 1，正常工作为 0；Y_1 表示黄灯，Y_2 表示红灯，灯亮为 1，灯灭为 0。

① 写出设计过程。

② 画出接线图。

③ 列出逻辑函数的功能真值表。

④ 自拟测试表格，验证逻辑功能。

5. 任务训练总结与分析

① 整理测试数据，并分析实验结果与理论是否相符。

② 编写设计报告。

要求：列出真值表；写出逻辑函数表达式；画出逻辑电路图。

③ 自拟表格记录测试设备运行故障监测报警电路的逻辑功能。

④ 总结用数据选择器设计组合逻辑电路的体会。

6. 任务训练考核（表 8.23）

表 8.23 故障监测报警电路的设计工作过程考核表

项目	内容	配分	考核要求	扣分标准	得分
实训态度	1. 实训的积极性； 2. 安全操作规程的遵守情况； 3. 纪律遵守情况	30 分	积极实训，遵守安全操作规程和劳动纪律，有良好的职业道德和敬业精神	违反安全操作规程扣 20 分，不遵守劳动纪律扣 10 分	
电路设计	故障监测报警电路的设计	30 分	完成真值表，表达式，电路图	真值表错误扣 20 分，表达式错误扣 15 分，电路图错误扣 20 分	
电路安装	1. 安装图的绘制； 2. 电路的安装	20 分	电路安装正确且符合工艺要求	电路安装不规范，每处扣 2 分，电路接错扣 5 分	

续表

项目	内容	配分	考核要求	扣分标准	得分
电路的测试	1. 故障监测报警电路的功能验证； 2. 自拟表格记录测试结果	20 分	1. 熟悉电路的逻辑功能； 2. 正确记录测试结果	验证方法不正确扣 5 分，记录测试结果不正确扣 5 分	
合计		100 分			

注：各项配分扣完为止

本项目知识点

1. 编码器、译码器、数据选择器、数据分配器、加法器是常用的中规模集成逻辑部件。

2. 编码器是将输入的电平信号编成二进制代码，而译码器的功能和编译器正好相反，它是将输入的二进制代码译成相应的电平信号。对于二进制译码器，由于其输出为输入变量的全体最小项，而且每一个输出函数为一个最小项，因此，二进制译码器配合门电路，可以用于实现单输出或多输出的组合逻辑函数。

3. 数据选择器是在地址码的控制下，在同一时间内从多路输入信号中选择相应的一路信号输出。因此，数据选择器为多输入单输出的组合逻辑电路，在输入数据都为 1 时，它的输出表达式为地址变量的全部最小项之和，它很适合用于实现单输出组合逻辑函数。

4. 用 MSI 芯片设计组合逻辑电路已越来越普遍。通常用数据选择器设计多输入变量单输出的逻辑函数；用二进制译码器设计多输入变量多输出的逻辑函数。

思考与练习

一、填空题

8.1 一个班级有 78 位学生，现采用二进制编码器对每位学生进行编码，则编码器输出至少_____位二进制数才能满足要求。

8.2 欲使译码器 74LS138 完成数据分配器的功能，其使能端 $\overline{S}_B$ 接输入数据 D，而 S_A 应接_____，$\overline{S}_C$ 应接_____。

8.3 共阴极 LED 数码管应与输出_____电平有效的译码器匹配，而共阳极 LED 数码管应与输出_____电平有效的译码器匹配。

二、判断正误题

8.4 组合逻辑电路的输出只取决于输入信号的现态。　　　　　　　　　　（　　）

8.5 共阴极结构的显示器需要低电平驱动才能显示。　　　　　　　　　　（　　）

三、选择题

8.6 下列各型号中属于优先编码器的是（　　）。

A. 74LS85　　　　B. 74LS138　　　　C. 74LS148　　　　D. 74LS48

8.7 七段数码显示器 BS202 是（　　）。

A. 共阳极 LED 管　　　　　　　　C. 共阳极 LCD 管

B. 共阴极 LED 管　　　　　　　　D. 共阴极 LCD 管

8.8 八输入端的编码器按二进制数编码时，输出端的个数是（　　）。

A. 2 个　　　　B. 3 个　　　　C. 4 个　　　　D. 8 个

8.9 四输入的译码器，其输出端最多为（　　）。

A. 4 个　　　　B. 8 个　　　　C. 10 个　　　　D. 16 个

8.10 当 74LS148 的输入端 $\bar{I}_0 \sim \bar{I}_7$ 按顺序输入 11011101 时，输出 $\bar{Y}_2 \sim \bar{Y}_0$ 为（　　）。

A. 101　　　　B. 010　　　　C. 001　　　　D. 110

四、分析题

8.11 将下列二进制数转换成十进制数。

(1) $(1011)_2$　　　　(2) $(1010010)_2$　　　　(3) $(11101)_2$

8.12 将下列十进制数转换成二进制数。

(1) $(25)_{10}$　　　　(2) $(100)_{10}$　　　　(3) $(1025)_{10}$

8.13 请给出下列十进制数的 8421BCD 码。

(1) $(27)_{10}$　　　　(2) $(138)_{10}$　　　　(3) $(5209)_{10}$

8.14 请给出下列 8421BCD 码对应的十进制数。

(1) $(100100101000011 00100)_{8421BCD}$

(2) $(10000111.0011)_{8421BCD}$

8.15 试用 74LS138 实现函数 $F(A,B,C) = \sum m(0,2,4,6,7)$

8.16 某车间有黄、红两个故障指示灯，用来监测 3 台设备的工作情况。当只有 1 台设备有故障时黄灯亮；若有两台设备同时产生故障时，红灯亮；3 台设备都产生故障时，红灯和黄灯都亮。试用分别用译码器和数据选择器设计控制故障指示灯亮的逻辑电路，并与习题 7.4 比较，总结用 3 种方案设计此逻辑电路的体会。

8.17 试用 3 线—8 线译码器 74LS138 和适当的门电路实现一位二进制全加器。

8.18 图 8.33 所示是 74LS138 译码器和与非门组成的电路。试写出图示电路的输出函数和的最简与或表达式。

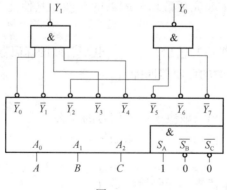

图 8.33

8.19 试写出如图 8.34（a）、(b) 所示电路的输出 Z 的逻辑函数表达式。

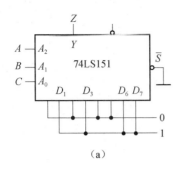 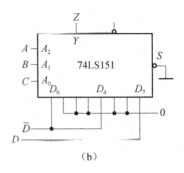

（a）　　　　　　　　　　（b）

图 8.34

项目 9

由触发器构成的改进型抢答器的制作

【学习目标】

能力目标

1. 能借助资料读懂常用集成触发器产品的型号,明确各引脚功能。
2. 能完成触发器构成的改进型抢答器的制作。
3. 会正确选用集成触发器产品及相互替代。

知识目标

了解基本触发器的电路组成,理解触发器的记忆作用;熟悉基本 RS 触发器、同步 RS 触发器、边沿 D 触发器和边沿 JK 等触发器的触发方式及逻辑功能;掌握常用集成触发器的正确使用及相互转换。

智力竞赛抢答器实物如图 9.1 所示。

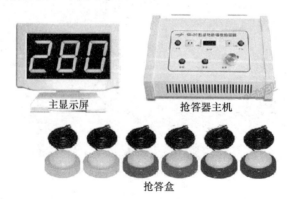

图 9.1 由触发器构成的改进型抢答器实物

【实践活动】 由触发器构成的改进型抢答器的制作

1. 工作任务单

① 小组制订工作计划。
② 识别改进型抢答器原理图,明确元器件连接和电路连线。
③ 画出布线图。
④ 完成电路所需元器件的购买与检测。
⑤ 根据布线图制作抢答器电路。
⑥ 完成抢答器电路功能检测和故障排除。
⑦ 通过小组讨论完成电路的详细分析及编写项目实训报告。

由触发器构成的改进型抢答器电路如图9.2所示。

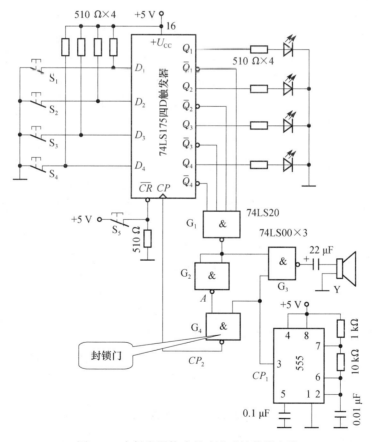

图9.2 由触发器构成的改进型抢答器电路

2. 项目目标

① 熟悉集成触发器芯片的逻辑功能。
② 熟悉由集成触发器构成的改进型抢答器的工作特点。

③ 掌握集成触发器芯片的正确使用。

3. 实训设备与器材

实训设备：数字电路实验装置 1 台。

实训器件：四 D 触发器 74LS175 1 片，双四输入与非门 74LS20 1 片，四 2 输入与非门 74LS00 1 片，发光二极管 4 只，9.1 kΩ 电阻 4 个，510 Ω 电阻 8 个，按钮开关 5 个，蜂鸣器 1 个，导线若干。

4. 项目电路与说明

（1）逻辑要求

由集成触发器构成的改进型抢答器中，S_1、S_2、S_3、S_3 为 4 路抢答操作按钮。任何一个人先将某一按钮按下，则与其对应的发光二极管（指示灯）被点亮，表示此人抢答成功；而紧随其后的其他开关再被按下均无效，指示灯仍保持第一个开关按下时所对应的状态不变。S_5 为主持人控制的复位操作按钮，当 S_5 被按下时抢答器电路清零，松开后则允许抢答。

（2）电路组成

实训电路如图 9.2 所示，该电路由集成触发器 74LS175，双 4 输入与非门 74LS20、四 2 输入与非门 74LS00 及脉冲触发电路等组成。其中 S_1、S_2、S_3、S_4 为抢答按钮，S_5 为主持人复位按钮。74LS175 为四 D 触发器，其内部具有 4 个独立的 D 触发器，4 个触发器的输入端分别为 D_1、D_2、D_3、D_4，输出端为 Q_1、$\overline{Q_1}$；Q_2、$\overline{Q_2}$；Q_3、$\overline{Q_3}$；Q_4、$\overline{Q_4}$。四 D 触发器具有共同的上升边沿触发的时钟端（CP）和共同的低电平有效的清零端（$\overline{CR}$）。74LS20 为双四输入与非门，74SL00 为四 2 输入与非门。

（3）电路的工作过程

① 准备期间。主持人将电路清零（即 $\overline{CR}=0$）之后，74LS175 的输出端 $Q_1 \sim Q_4$ 均为低电平，LED 发光二极管不亮；同时 $\overline{Q_1}\overline{Q_2}\overline{Q_3}\overline{Q_4} = 1111$，$G_1$ 门输出为低电平，蜂鸣器也不发出声音。G_4 门（称为封锁门）的输入端 A 为高电平，G_4 门打开使触发器获得时钟脉冲信号，电路处于允许抢答状态。

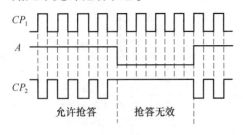

图 9.3 触发脉冲波形

② 开始抢答。例如，S_1 被按下时，D_1 输入端变为高电平，在时钟脉冲 CP_2 的触发作用下，Q_1 变为高电平，对应的发光二极管点亮；同时 $\overline{Q_1}\overline{Q_2}\overline{Q_3}\overline{Q_4} = 0111$，使 G_1 门输出为高电平，蜂鸣器发出声音。G_1 门输出经 G_2 反相后，即 G_4 门（称为封锁门）的输入端 A 为低电平，G_4 门关闭使触发脉冲 CP_1 被封锁，于是触发器的输入时钟脉冲 $CP_2 = 1$（无脉冲信号），CP_1、CP_2 的脉冲波形如图 9.3 所示。此时 74LS175 的输出保持原来的状态不变，其他抢答者再按下按钮也不起作用。若要清除，则由主持人按 S_5 按钮（清零）完成，并为下一次抢答作好准备。

5. 项目电路的安装与功能验证

（1）安装

① 检测与查阅器件。用数字集成电路测试仪检测所用的集成电路。通过查阅集成电路手册，标出电路图中各集成电路输入、输出端的引脚编号。

② 根据如图 9.2 所示的改进型抢答器电路原理，画出安装布线图。
③ 根据安装布线图完成电路的安装。先在实训电路板上插接好 IC 器件。在插接器件时，要注意 IC 芯片的豁口方向（都朝左侧），同时要保证 IC 管脚与插座接触良好，管脚不能弯曲或折断。指示灯的正、负极不能接反。在通电前先用万用表检查各 IC 的电源接线是否正确。

（2）功能验证
① 通电后，按下清零开关 S_5 后，所有指示灯灭。
② 分别按下 S_1，S_2，S_3，S_4 各键，观察对应指示灯是否点亮。
③ 当其中某一指示灯点亮时，再按其他键，观察其他指示灯的变化。

（3）实训总结与思考
① 实验证明，改进型抢答器电路能将输入抢答信号状态"保持"在其输出端不变。
② 此电路既有接收信号功能同时又具有保持功能。
③ 这类具有接收、保持记忆和输出功能的电路简称为"触发器"。触发器有多种不同的功能和不同的电路形式。掌握触发器的电路原理、功能与电路特点是本项目中所要学习的主要内容。
④ 改进型抢答器电路与简单抢答器电路（项目 1）比较，在逻辑功能方面有哪些改进之处？
⑤ 此电路还存在什么问题需要进一步改进？请提出你的改进方案。

6. 完成电路的详细分析及编写项目实训报告

7. 实训考核（表 9.1）

表 9.1 由触发器构成的改进型抢答器的制作工作过程考核表

项目	内　容	配分	考核要求	扣分标准	得分
工作态度	1. 工作的积极性； 2. 安全操作规程的遵守情况； 3. 纪律遵守情况	30 分	积极参加工作，遵守安全操作规程和劳动纪律，有良好的职业道德和敬业精神	违反安全操作规程扣 20 分，不遵守劳动纪律扣 10 分	
电路安装	1. 安装图的绘制； 2. 按照安装图接好电路	40 分	电路安装正确且符合工艺规范	电路安装不规范，每处扣 1 分，电路接错扣 5 分	
电路的功能验证	1. 改进型抢答器的功能验证； 2. 自拟表格记录测试结果	30 分	1. 熟悉电路的逻辑功能； 2. 正确记录测试结果	验证方法不正确扣 5 分；记录测试结果不正确扣 5 分	
合计		100 分			
注：各项配分扣完为止					

9.1　触发器的基础知识

触发器是一个具有记忆功能的二进制信息存储器件，是构成多种时序电路的最基本逻辑单元。触发器具有两个稳定状态,即"0"和"1",在一定的外界信号作用下,可以从一个稳定状态翻转到另一个稳定状态。

触发器的种类较多,按照电路结构形式的不同,触发器可分为基本触发器、时钟触发器,其中时钟触发器有同步触发器、主从触发器、边沿触发器。

根据逻辑功能的不同,触发器可分为 RS 触发器、JK 触发器、D 触发器、T 触发器和 T′ 触发器。

下面介绍基本 RS 触发器、同步 RS 触发器、主从触发器、边沿触发器。

9.1.1 基本 RS 触发器

基本 RS 触发器是各类触发器中最简单的一种,是构成其他触发器的基本单元。电路结构可由与非门组成,也可由或非门组成,以下将讨论由与非门组成的 RS 触发器。

1. 电路组成及符号

由与非门及反馈线路构成的 RS 触发器电路如图 9.4(a)所示,输入端位有 $\overline{R}_D$ 和 $\overline{S}_D$,电路有两个互补的输出端 Q 和 $\overline{Q}$,其中 Q 称为触发器的状态,有 0、1 两种稳定状态,若 $Q=1$、$\overline{Q}=0$ 则称为触发器处于 1 态;若 $Q=0$、$\overline{Q}=1$ 则称为触发器处于 0 态。触发器的逻辑符号如图 9.4(b)所示。

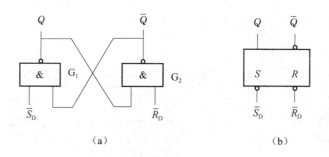

图 9.4 基本 RS 触发器
(a)电路结构;(b)逻辑符号

2. 逻辑功能分析

① 当 $\overline{R}_D=0$,$\overline{S}_D=1$ 时,触发器的初态不管是 0 还是 1,由于 $\overline{R}_D=0$ 则 G_2 门的输出 $\overline{Q}=1$,G_1 门的输入全为 1 则输出 Q 为 0,触发器置 0 状态。

② 当 $\overline{R}_D=1$,$\overline{S}_D=0$ 时,由于 $\overline{S}_D=0$ 则 G_1 门输出 $Q=1$,G_1 门的输入全为 1 则输出 $\overline{Q}=0$,触发器置 1 状态。

③ 当 $\overline{R}_D=\overline{S}_D=1$ 时,基本 RS 触发器无信号输入,触发器保持原有的状态不变。

④ 当 $\overline{R}_D=\overline{S}_D=0$ 时,$Q=\overline{Q}=1$,不是触发器的定义状态,此状态称为不定状态,要避免不定状态,对输入信号有约束条件:$\overline{R}_D+\overline{S}_D=1$(即 $\overline{R}_D$ 和 $\overline{S}_D$ 不能同时为零)。

根据以上的分析,把逻辑关系列成真值表,这种真值表也称为触发器的功能表(或特性表),如表 9.2 所示。

表 9.2 基本 RS 触发器功能表

$\bar{R}_D$	$\bar{S}_D$	Q^n	Q^{n+1}	说 明
0	0	0	×	触发器状态不定
0	0	1	×	
0	1	0	0	触发器置 0
0	1	1	0	
1	0	0	1	触发器置 1
1	0	1	1	
1	1	0	0	触发器保持原状态不变
1	1	1	1	

Q^n 表示外加信号触发前,触发器原来的状态称为现态。Q^{n+1} 表示外加信号触发后,触发器可从一种状态转为另一种状态,转变后触发器的状态称为次态。

3. 基本 RS 触发器的特点

① 基本 RS 触发器的动作特点。输入信号 $\bar{R}_D$ 和 $\bar{S}_D$ 直接加在与非门的输入端,在输入信号作用的全部时间内,$\bar{R}_D=0$ 或 $\bar{S}_D=0$ 都能直接改变触发器的输出 Q 和 $\bar{Q}$ 状态,这就是基本 RS 触发器的动作特点。因此把 $\bar{R}_D$ 称为直接复位端,$\bar{S}_D$ 称为直接置位端。

② 基本 RS 触发器的优缺点。

优点:电路简单,是构成各种触发器的基础。

缺点:输出受输入信号直接控制,不能定时控制;有约束条件(即 $\bar{R}_D$ 和 $\bar{S}_D$ 不能同时为零)。

9.1.2 同步 RS 触发器

在数字系统中,为协调各部分的工作状态,需要由时钟 CP 来控制触发器按一定的节拍同步动作,由时钟脉冲控制的触发器称为时钟触发器。时钟触发器又可分为同步触发器、主从触发器、边沿触发器。这里讨论同步 RS 触发器。

1. 电路组成和符号

同步 RS 触发器是在基本 RS 触发器的基础上增加两个控制门及一个控制信号,让输入信号经过控制门传送,如图 9.5 所示。

与非门 G_1、G_2 组成基本 RS 触发器,与非门 G_3、G_4 是控制门,CP 为控制信号常称为时钟脉冲信号或选通脉冲。在图 9.5 所示逻辑符号中,CP 为时钟控制端,控制门 G_3、G_4 的开通和关闭,R、S 为信号输入端,Q、$\bar{Q}$ 为输出端。

2. 逻辑功能分析

① $CP=0$ 时,门 G_3、G_4 被封锁,输出为 1,不论输入信号 R、S 如何变化,触发器的状态不变。

② $CP=1$ 时,门 G_3、G_4 被打开,输出由 R、S 决定,触发器的状态随输入信号 R、S 的不同而不同。

根据与非门和基本 RS 触发器的逻辑功能,可列出同步 RS 触发器的功能真值如表 9.3 所示。

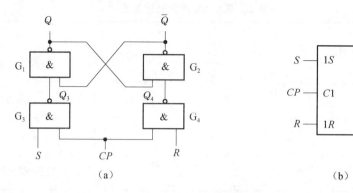

图 9.5 同步 RS 触发器
（a）电路结构；（b）逻辑符号

表 9.3 同步 RS 触发器功能表

CP	R	S	Q^n	Q^{n+1}	功能说明
0	×	×	0	0	输入信号封锁
0	×	×	1	1	触发器状态不变
1	0	0	0	0	触发器状态不变
1	0	0	1	1	
1	0	1	0	1	触发器置1
1	0	1	1	1	
1	1	0	0	0	触发器置0
1	1	0	1	0	
1	1	1	0	不定	触发器状态不定
1	1	1	1	不定	

Q^n 表示时钟脉冲 CP 到来前，触发器原来的状态称为现态；Q^{n+1} 表示时钟脉冲 CP 到来后，触发器可从一种状态转为另一种状态，转变后触发器的状态称为次态。

同步 RS 触发器的特性方程为

$$\begin{cases} Q^{n+1} = S + \bar{R}Q^n \\ RS = 0 \quad \text{约束条件} \end{cases}$$

3. 动作特点

① 时钟电平控制。在 $CP=1$ 期间接收输入信号，$CP=0$ 时状态保持不变，与基本 RS 触发器相比，对触发器状态的转变增加了时间控制。但在 $CP=1$ 期间内，输入信号的多次变化，都会引起触发器的多次翻转，此现象称为触发器的"空翻"。空翻降低了电路的抗干扰能力，这是同步触发器的一个缺点，只能用于数据锁存，不能用于计数器、寄存器、存储器等。

② R、S 之间有约束。不能允许出现 R 和 S 同时为 1 的情况，否则会使触发器处于不确定的状态。

9.1.3 主从触发器

为了提高触发器的可靠性,规定了每一个 CP 周期内输出端的状态只能动作一次,主从触发器是在建立同步触发器的基础上,解决了触发器在 $CP=1$ 期间内,触发器的多次翻转的空翻现象。

1. 主从触发器的基本结构

主从触发器的基本结构包含两个结构相同的同步触发器,即主触发器和从触发器,它们的时钟信号相位相反,框图及符号如图 9.6 所示。

2. 主从触发器的动作特点

图 9.6 所示的主从 RS 触发器,在 $CP=1$ 期间,主触发器接收输入信号;在 $CP=0$ 期间,主触发器保持不变,而从触发器接收主触发器状态。因此,主从触发器的状态只能在 CP 下降沿时刻翻转。这种触发方式称为主从触发方式,克服了空翻现象。

图 9.6 主从 RS 触发器的框图及符号
(a) 主从 RS 触发器;(b) 主从 RS 触发器的符号

9.1.4 边沿触发器

为了进一步提高触发器的抗干扰能力和可靠性,希望触发器的输出状态仅仅取决于 CP 上沿或下沿时刻的输入状态,而在此前和此后的输入状态对触发器无任何影响,具有此特性的触发器就是边沿触发器。

其动作特点为:只能在 CP 上升沿(或下降沿)时刻接收输入信号。因此,电路状态只能在 CP 上升沿(或下降沿)时刻翻转。这种触发方式称为边沿触发方式。

自我测试

1. (单选题)触发器由门电路构成,但它不同于门电路功能,主要特点是( )。
   A. 具有翻转功能　　　　　　　　B. 具有保持功能
   C. 具有记忆功能
2. (单选题)具有接收、保持和输出功能的电路称为触发器,一个触发器能存储( )位二进制信息。

扫一扫看答案

A. 0　　　　　　B. 1　　　　　　C. 2　　　　　　D. 3

3.（单选题）N 个触发器可以构成能寄存（　　）位二进制数码的寄存器。

A. $N-1$　　　B. $N+1$　　　C. N　　　D. 2^N

4.（单选题）存储 8 位二进制信息要（　　）个触发器。

A. 2　　　　　　B. 3　　　　　　C. 4　　　　　　D. 8

5.（判断题）触发器有两个互非的输出端 Q 和 $\overline{Q}$，通常规定 $Q=1$，$\overline{Q}=0$ 时为触发器的 1 状态；$Q=0$，$\overline{Q}=1$ 时为触发器的 0 状态。

A. 正确　　　　B. 错误

9.2　常用集成触发器的产品简介

9.2.1　集成 JK 触发器

1. 引脚排列和逻辑符号

常用的集成芯片型号有 74LS112（下降边沿触发的双 JK 触发器）、CC4027（上升沿触发的双 JK 触发器）和 74LS276 四 JK 触发器（共用置 1、置 0 端）等。下面介绍的 74LS112 双 JK 触发器每片集成芯片包含两个具有复位、置位端的下降沿触发的 JK 触发器，通常用于缓冲触发器、计数器和移位寄存器电路中。74LS112 双 JK 触发器的引脚排列和逻辑符号如图 9.7 所示。其中 J 和 K 为信号输入端，是触发器状态更新的依据；Q、$\overline{Q}$ 为输出端；CP 为时钟脉冲信号输入端，逻辑符号图中 CP 引线上端的"∧"符号表示边沿触发，无此"∧"符号表示电位触发；CP 脉冲引线端既有"∧"符号又有小圆圈时，表示触发器状态变化发生在时钟脉冲下降沿到来时刻，只有"∧"符号没有小圆圈时，表示触发器状态变化发生在时钟脉冲上升沿时刻；$\overline{S}_D$ 为直接置 1 端、$\overline{R}_D$ 为直接置 0 端，$\overline{S}_D$ 和 $\overline{R}_D$ 引线端处的小圆圈表示低电平有效。

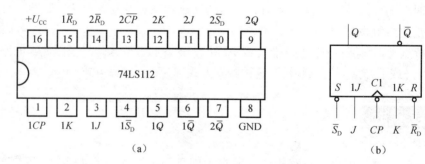

图 9.7　74LS112 双 JK 触发器的引脚排列和逻辑符号

(a) 引脚排列；(b) 逻辑符号

2. 逻辑功能

JK 触发器是功能最完备的触发器，具有保持、置 0、置 1、翻转功能。表 9.4 为 74LS112 双 JK 触发器功能真值表。

表 9.4　JK 触发器（74LS112）功能

输入					输出	功能说明
$\bar{R}_D$	$\bar{S}_D$	CP	J	K	Q^{n+1}	
0	1	×	×	×	0	直接置 0
1	0	×	×	×	1	直接置 1
0	0	×	×	×	不定	状态不定
1	1	↓	0	0	Q^n	状态保持不变
1	1	↓	1	0	1	置 1
1	1	↓	0	1	0	置 0
1	1	↓	1	1	$\bar{Q}^n$	状态翻转
1	1	↑	×	×	Q^n	状态保持不变

JK 触发器的特性方程为

$$Q^{n+1} = J\bar{Q}^n + \bar{K}Q^n$$

9.2.2　集成 D 触发器

1. 引脚排列和逻辑符号

目前国内生产的集成 D 触发器主要是维持阻塞型。这种 D 触发器都是在时钟脉冲的上升沿触发翻转。常用的集成电路有 74LS74 双 D 触发器、74LS75 四 D 触发器和 74LS76 六 D 触发器等。74LS74 双 D 触发器的引脚排列和逻辑符号如图 9.8 所示。其中 D 为信号输入端，是触发器状态更新的依据；Q、$\bar{Q}$ 为输出端；CP 为时钟脉冲信号输入端，逻辑符号图中 CP 引线上端只有"∧"符号没有小圆圈，表示 74LS74 双 D 触发器状态变化发生在时钟脉冲上升沿时刻；$\bar{S}_D$ 为直接置 1 端、$\bar{R}_D$ 为直接置 0 端，$\bar{S}_D$ 和 $\bar{R}_D$ 引线端处的小圆圈表示低电平有效。

2. 逻辑功能

D 触发器具有置 0 和置 1 功能。表 9.5 为 74LS74 触发器功能真值表。

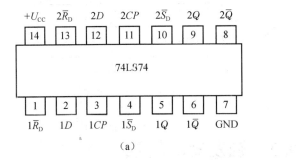
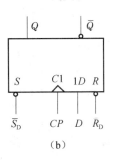

图 9.8　74LS74 双 D 触发器的引脚排列图和逻辑符号
(a) 引脚排列；(b) 逻辑符号

表 9.5　D 触发器（74LS74）功能表

输入				输出	功能说明
$\bar{R}_D$	$\bar{S}_D$	CP	D	Q^{n+1}	
0	1	×	×	0	直接置 0
1	0	×	×	1	直接置 1
0	0	×	×	不定	状态不定
1	1	↑	1	1	置 1
1	1	↑	0	0	置 0
1	1	↓	×	Q^n	状态保持不变

D 触发器特性方程为

$$Q^{n+1} = D$$

74LS75 四 D 触发器每片集成芯片包含 4 个上升沿触发的 D 触发器，其逻辑功能与 74LS74 一样，引脚排列如图 9.9 所示。$\overline{CR}$ 为清零端，低电平有效。

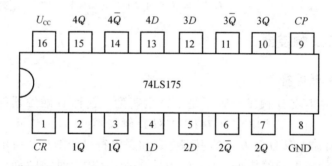

图 9.9　74LS175 四 D 触发器的引脚排列

例 9.1　已知 D 触发器（如图 9.10 所示）输入 CP、D 的波形如图 9.11 所示。试画出 Q 端的波形（设初态 Q = 0）。

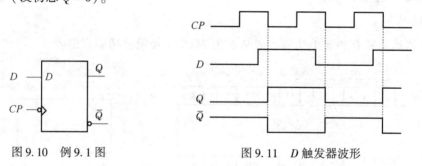

图 9.10　例 9.1 图　　　　图 9.11　D 触发器波形

9.3　触发器的转换

常用的触发器按逻辑功能分有 5 种：RS 触发器、JK 触发器、D 触发器、T 触发器和 T′

触发器。实际上没有形成全部集成电路产品,但可通过触发器转换的方法,达到各种触发器相互转换的目的。

9.3.1　JK 触发器转换为 D 触发器

JK 触发器是功能最齐全的触发器,把现有 JK 触发器稍加改动便转换为 D 触发器,将 JK 触发器的特性方程:($Q^{n+1} = J\bar{Q}^n + \bar{K}Q^n$) 与 D 触发器的特性方程:($Q^{n+1} = D$) 作比较,如果令 $J = D$,$\bar{K} = D$(即 $K = \bar{D}$),则 JK 触发器的特性方程变为

$$Q^{n+1} = D\bar{Q}^n + DQ^n = D$$

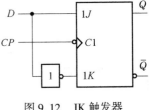

图 9.12　JK 触发器转换为 D 触发器

将 JK 触发器的 J 端接到 D,K 端接到 $\bar{D}$,就可实现 JK 触发器转变为 D 触发器,电路如图 9.12 所示。

9.3.2　JK 触发器转换为 T 触发器和 T′触发器

1. JK 触发器转换为 T 触发器

T 触发器是具有保持和翻转功能的触发器,特性方程为

$$Q^{n+1} = T\bar{Q}^n + \bar{T}Q^n$$

要把 JK 触发器转换为 T 触发器,则令 $J = T$,$K = T$,也就是把 JK 触发器的 J 和 K 端相连作为 T 输入端,就可实现 JK 触发器转变为 T 触发器,电路如图 9.13 所示。

2. JK 触发器转换为 T′触发器

T′触发器是翻转触发器,特性方程为

$$Q^{n+1} = \bar{Q}^n$$

将 JK 触发器的 J 端和 K 端并联接到高电平 1,构成了 T′触发器,电路如图 9.14 所示。

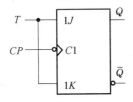

图 9.13　JK 触发器转换为 T 触发器

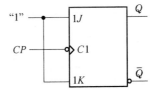

图 9.14　JK 触发器转换为 T′触发器

9.3.3　D 触发器转换为 T 触发器

比较 D 触发器的特性方程($Q^{n+1} = D$)与 T 触发器的特性方程($Q^{n+1} = T\bar{Q}^n + \bar{T}Q^n$),只需 $D = T\bar{Q}^n + \bar{T}Q^n$ 即可,电路如图 9.15 所示。

RS 触发器、JK 触发器、D 触发器、T 触发器和 T′触发器的逻辑符号、特性方程及特性表归纳如表 9.6 所示。

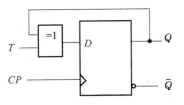

图 9.15　D 触发器转换为 T 触发器

表 9.6　触发器的逻辑符号、特性方程及特性

触发器名称	触发器符号	特性方程	特性
RS 触发器	(符号图)	$\begin{cases} Q^{n+1} = S + \bar{R}Q^n \\ RS = 0 \quad 约束条件 \end{cases}$	R S Q^{n+1} 0 0 Q^n 0 1 1 1 0 0 1 1 不定
D 触发器	(符号图)	$Q^{n+1} = D$	D Q^{n+1} 0 0 1 1
JK 触发器	(符号图)	$Q^{n+1} = J\bar{Q}^n + \bar{K}Q^n$	J K Q^{n+1} 0 0 Q^n 0 1 0 1 0 1 1 1 $\bar{Q}^n$
T 触发器	(符号图)	$Q^{n+1} = T\bar{Q}^n + \bar{T}Q^n$	T Q^{n+1} 0 Q^n 1 $\bar{Q}^n$
T′ 触发器	(符号图)	$Q^{n+1} = \bar{Q}^n$	Q^n Q^{n+1} 0 1 1 0

自我测试

1. （单选题）为实现将 JK 触发器转换为 D 触发器，应使（   ）。
   A. J = D，K = $\bar{D}$ B. K = D，J = $\bar{D}$
   C. J = K = D D. J = K = $\bar{D}$
2. （单选题）仅具有置"0"和置"1"功能的触发器是（   ）。
   A. 基本 RS 触发器 B. 钟控 RS 触发器
   C. D 触发器 D. JK 触发器
3. （单选题）仅具有保持和翻转功能的触发器是（   ）。
   A. JK 触发器 B. T 触发器 C. D 触发器 D. T′ 触发器
4. （判断题）两个与非门构成的基本 RS 触发器不允许两个输入端同时为 00，否则将出现逻辑混乱。
   A. 正确 B. 错误
5. （判断题）时序逻辑电路的基本单元是含有记忆功能的触发器。
   A. 正确 B. 错误

扫一扫看答案

本项目知识点

1. 具有接收、保持和输出功能的电路称为触发器，一个触发器能存储 1 位二进制信息。
2. 触发器的分类有几种分法，其中按触发方式来分有非时钟控制型触发器和时钟控制型触发器两大类，基本 RS 触发器是非时钟控制型触发器，而时钟控制型触发器有同步型触发器、主从型触发器和边沿型触发器。
3. 基本 RS 触发器的输出状态直接受输入信号影响；同步型触发器克服了直接受输入信号控制的缺点，只是在需要的时间段接收数据，但有空翻现象。
4. 主从型触发器克服了空翻现象，抗干扰能力强。
5. 边沿型触发器的输出状态仅仅取决于 CP 上沿或下沿时刻的输入状态，可靠性及抗干扰能力更强。

思考与练习

一、填空题

9.1 两个与非门构成的基本 RS 触发器的功能有_____、_____和_____。电路中不允许两个输入端同时为_____，否则将出现逻辑混乱。

9.2 JK 触发器具有_____、_____、_____和_____4 种功能。欲使 JK 触发器实现 $Q^{n+1} = \bar{Q}^n$ 的功能，则输入端 J 应接_____，K 应接_____。

9.3 D 触发器具有_____和_____的功能。

9.4 组合逻辑电路的基本单元是_____，时序逻辑电路的基本单元是_____。

9.5 JK 触发器的特性方程为_____；D 触发器的特性方程为_____。

9.6 触发器有两个互非的输出端 Q 和 $\bar{Q}$，通常规定 $Q=1$，$\bar{Q}=0$ 时为触发器的_____状态；$Q=0$，$\bar{Q}=1$ 时为触发器的_____状态。

9.7 把 JK 触发器_____就构成了 T 触发器，T 触发器具有的逻辑功能是_____和_____。

9.8 让_____触发器恒输入"1"就构成了 T′ 触发器，这种触发器仅具有_____功能。

二、选择题

9.9 仅具有置"0"和置"1"功能的触发器是（　　）。
A. 基本 RS 触发器　　　　　　　B. 钟控 RS 触发器
C. D 触发器　　　　　　　　　　D. JK 触发器

9.10 由与非门组成的基本 RS 触发器不允许输入的变量组合 $\bar{S}\bar{R}$ 为（　　）。
A. 00　　　　B. 01　　　　C. 10　　　　D. 11

9.11 仅具有保持和翻转功能的触发器是（　　）。
A. JK 触发器　　B. T 触发器　　C. D 触发器　　D. T′ 触发器

9.12 触发器由门电路构成，但它与门电路功能不同，主要特点是（　　）。
A. 具有翻转功能　　B. 具有保持功能　　C. 具有记忆功能

9.13 TTL 集成触发器直接置"0"端 $\bar{R}_D$ 和直接置"1"端 $\bar{S}_D$ 在触发器正常工作时应（　　）。
A. $\bar{R}_D=1$，$\bar{S}_D=0$　　　　　B. $\bar{R}_D=0$，$\bar{S}_D=1$
C. 保持高电平"1"　　　　　　　　D. 保持低电平"0"

9.14 按逻辑功能的不同，双稳态触发器可分为（　　）。
A. RS、JK、D、T 等　　　　　　B. 主从型和维持阻塞型
C. TTL 型和 MOS 型　　　　　　　D. 上述均包括

三、分析题

9.15 阻塞—维持型 D 触发器的电路如图 9.16（a）所示，输入波形如图 9.16（b）所示，画出 Q 端的波形。设触发器的初始状态为 0。

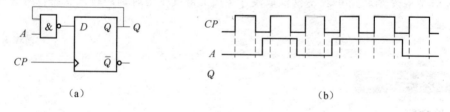

图 9.16

9.16 与非门组成的基本 RS 触发器及其输入信号如图 9.17 所示，请画出 Q 和 $\bar{Q}$ 的波形。

9.17 JK 触发器及 CP、A、B、C 的波形如图 9.18 所示，设 Q 的初始状态为 0。
（1）写出电路的特性方程；
（2）画出 Q 的波形。

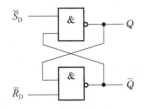
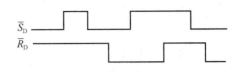

图 9.17

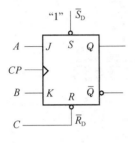
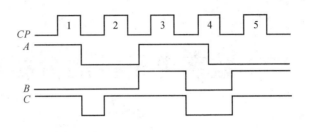

图 9.18

9.18 D 触发器及输入信号如图 9.19 所示，设触发器的初始状态为 0，请画出 Q 和 $\bar{Q}$ 的波形。

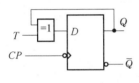
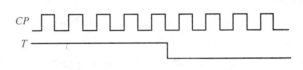

图 9.19

项目 10

数字电子钟的分析与制作

【学习目标】

能力目标

1. 能借助资料读懂集成电路的型号,明确各引脚功能。
2. 会识别并测试常用集成计数器。
3. 能常用集成计数器产品设计任意进制计数器。
4. 能完成数字电子钟的设计、安装与调试。

知识目标

了解计数器的基本概念;掌握二进制计数器和十进制计数器常用集成产品的功能及其应用。掌握任意进制计数器的设计方法。掌握数字电子钟的电路组成与工作原理。

数字电子钟实物如图 10.1 所示。

图 10.1 数字电子钟实物

10.1 计数器及应用

在数字系统中,经常需要对脉冲的个数进行计数,能实现计数功能的电路称为计数器。计数器的类型较多,它们都是由具有记忆功能的触发器作为基本计数单元组成,各触发器的连接方式不一样,就构成了各种不同类型的计数器。

计数器按步长分,有二进制、十进制和 N 进制计数器;按计数增减趋势分,有加计数、减计数和可加可减的可逆计数器,一般所说的计数器均指加计数器;按计数器中各触发器的翻转是否同步,可分同步计数器和异步计数器;按内部器件分,有 TTL 和 CMOS 计数器等。

10.1.1 二进制计数器

二进制计数器就是按二进制计数进位规律进行计数的计数器。由 n 个触发器组成的二进制计数器称为 n 位二进制计数器,它可以累计 $2^n = M$ 个有效状态。M 称为计数器的模或计数容量。若 $n=1,2,3,4,\cdots$,则计数器的模 $M=2,4,8,16,\cdots$,相应的计数器称为 1 位二进制计数器,2 位二进制计数器,3 位二进制计数器,4 位二进制计数器……下面以 4 位二进制加法计数器为例分析计数器的工作原理。

1. 工作原理

4 位二进制加法计数器清零后,输出状态从 0000 开始,即 $Q_3Q_2Q_1Q_0 = 0000$;第 1 个脉冲出现时,$Q_3Q_2Q_1Q_0 = 0001$;第 2 个脉冲出现时,$Q_3Q_2Q_1Q_0 = 0010$;…;第 8 个脉冲出现时,$Q_3Q_2Q_1Q_0 = 1000$;第 15 个脉冲出现时,$Q_3Q_2Q_1Q_0 = 1111$;第 16 个脉冲出现时,$Q_3Q_2Q_1Q_0 = 0000$,Q_3 输出进位脉冲,完成计数过程。工作波形如图 10.2 所示,状态转换如图 10.3 所示。

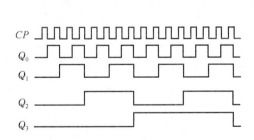

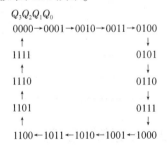

图 10.2 二进制加法计数器波形　　图 10.3 二进制加法计数器状态转换

若为二进制减法计数器,其工作波形如图 10.4 所示,状态转换如图 10.5 所示。

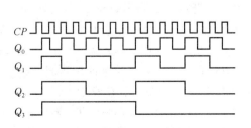

图 10.4 二进制减法计数器波形　　图 10.5 二进制减法计数器状态转换

2. 集成二进制计数器芯片介绍

集成二进制计数器芯片有许多品种。74LS161 是 4 位同步二进制加法计数器，其引脚排列如图 10.6 所示，功能如图 10.7 所示，$\overline{CR}$ 是异步清零端，低电平有效；$\overline{LD}$ 是同步并行预置数控制端，低电平有效；D_3、D_2、D_1、D_0 是并行输入端；E_P、E_T 是使能端（即工作状态控制端）；CP 是触发脉冲，上升沿触发；Q_3、Q_2、Q_1、Q_0 是输出端，CO 为进位输出端。其功能如表 10.1 所示，可见，74LS161 具有上升沿触发、异步清零、并行送数、计数、保持等功能。

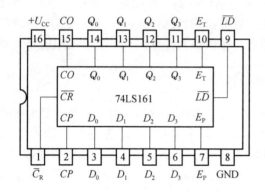

图 10.6　74LS161 引脚排列

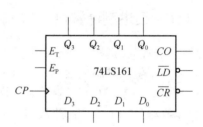

图 10.7　74LS161 功能简图

表 10.1　74LS161 集成计数器功能表

功　能	输入									输出			
	$\overline{C_R}$	$\overline{LD}$	E_P	E_T	CP	D_3	D_2	D_1	D_0	Q_3	Q_2	Q_1	Q_0
异步清零	0	×	×	×	×	×	×	×	×	0	0	0	0
保持	1	1	×	0	×	×	×	×	×	Q_3	Q_2	Q_1	Q_0
	1	1	0	×									
送数	1	0	×	×	↑	d_3	d_2	d_1	d_0	d_3	d_2	d_1	d_0
计数	1	1	1	1	↑	×	×	×	×	4 位二进制加法计数			

10.1.2　十进制计数器

1. 工作原理

用二进制数码表示十进制数的方法，称为二-十进制编码，简称 BCD 码。8421BCD 码是最常用也是最简单的一种十进制编码。常用的集成十进制计数器多数按 8421BCD 编码。

十进制加法计数器清零后，输出状态从 0000 开始，即 $Q_3Q_2Q_1Q_0 = 0000$；第 1 个脉冲出现时，$Q_3Q_2Q_1Q_0 = 0001$；第 2 个脉冲出现时，$Q_3Q_2Q_1Q_0 = 0010$；…；第 8 个脉冲出现时，$Q_3Q_2Q_1Q_0 = 1000$；第 9 个脉冲出现时，$Q_3Q_2Q_1Q_0 = 1001$；第 10 个脉冲出现时，$Q_3Q_2Q_1Q_0 = 0000$，Q_3 输出进位脉冲，完成计数过程。状态转换如图 10.8 所示。

$Q_3Q_2Q_1Q_0$

0000 → 0001 → 0010 → 0011 → 0100
↑　　　　　　　　　　　　　　　↓
1001 ← 1000 ← 0111 ← 0110 ← 0101

图 10.8　十进制计数器状态转换

2. 集成十进制计数器芯片介绍

集成十进制计数器应用较多，以下介绍两种比较常用计数器。

① 同步十进制加法计数器 CD4518，主要特点是时钟触发可用上升沿，也可用下降沿，采用 8421BCD 编码。CD4518 的引脚排列如图 10.9 所示，CD4518 内含两个功能完全相同的十进制计数器。每一计数器，均有两时钟输入端 CP 和 EN，若用时钟上升沿触发，则信号由 CP 端输入，同时将 EN 端设置为高电平；若用时钟下降沿触发，则信号由 EN 端输入，同时将 CP 端设置为低电平。CD4518 的 CR 为清零信号输入端，当在该脚加高电平或正脉冲时，计数器各输出端均为零电平。CD4518 的逻辑功能如表 10.2 所示。

表 10.2　CD4518 集成块功能表

输入			输出
CR	CP	EN	
1	×	×	全部为 0
0	↑	1	加计数
0	0	↓	加计数
0	↓	×	保持
0	×	↑	
0	↑	0	
0	1	↓	

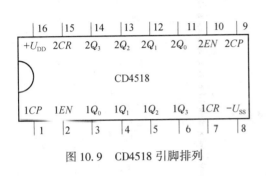

图 10.9　CD4518 引脚排列

② 74LS390 是双十进制计数器，管脚排列如图 10.10 所示，内部的每一个十进制计数器由一个二进制计数器和一个五进制计数器构成，异步清零端，高电平有效；脉冲输入端，下降沿触发；Q_3、Q_2、Q_1、Q_0 为 4 个输出端，其中，$\overline{CP}_A$、Q_0 分别是二进制计数器的脉冲输入端和输出端；$\overline{CP}_B$、$Q_1 \sim Q_3$ 是五进制计数器的脉冲输入端和输出端。如果将 Q_0 直接与 $\overline{CP}_B$、相连，以 $\overline{CP}_A$ 作为脉冲输入端，则可以实现 8421BCD 十进制计数。可见，74LS390 具有下降沿触发、异步清零、二进制、五进制、十进制计数等功能。

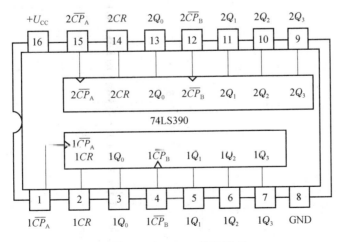

图 10.10　74LS390 管脚排列

表 10.3 所示为常用的中规模集成计数器的主要品种。

表10.3 常用的中规模集成计数器的主要品种

名　称	型　号		说　明
二-十进制同步计数器	TTL	74160　74LS160	同步预置、异步清零
	CMOS	40160B	
四位二进制同步计数器	TTL	74161　74LS161	同步预置、异步清零
	CMOS	40161B	
二-十进制同步计数器	TTL	74162　74LS162	同步预置、同步清零
	CMOS	40162B	
四位二进制同步计数器	TTL	74163　74LS163	同步预置、同步清零
	CMOS	40163B	
二-十进制加/减计数器	TTL	74LS168	同步预置、无清零端
	TTL	74192　74LS192	异步预置、异步清零、双时钟
	CMOS	40192B	
	TTL	74190　74LS190	异步预置、无清零端、单时钟
	CMOS	4510B	
四位二进制加/减计数器	TTL	74LS169	同步预置、无清零端
	TTL	74193　74LS193	异步预置、异步清零、双时钟
	CMOS	40193B	
	TTL	74191　74LS191	异步预置、无清零端、单时钟
	CMOS	4516B	
双二-十进制加计数器	CMOS	4518B	异步清零
双四位二进制加计数器	CMOS	4520B	异步清零
四位二进制1/N计数器	CMOS	4526B	同步预置
四位二-十进制1/N计数器	CMOS	4522B	同步预置
十进制计数/分配器	CMOS	4017B	异步清零，采用约翰逊编码
八进制计数/分配器	CMOS	4022B	
二-五-十进制计数器	TTL	74LS90　74LS290　7490　74290	
		74176　74LS196　74196	可预置
二-八-十六进制计数器	TTL	74177　74LS197　74197	可预置
		7493　74LS93　74293　74LS293	异步清零
二-六-十二进制计数器	TTL	7492　74LS92	异步清零
双四位二进制计数器	TTL	74393　74LS393　7469	异步清零
双二-五-十进制计数器	TTL	74390　74LS390　74490　74LS490　7468	

续表

名　称	型　号		说　明
七级二进制脉冲计数器	CMOS	4024B	
十二级二进制脉冲计数器	CMOS	4040B	
十四级二进制脉冲计数器	CMOS	4020B　4060B	4060B 外接电阻、电容、石英晶体等元件可作振荡器

10.1.3　实现 N 进制计数器的方法

在集成计数器产品中，只有二进制计数器和十进制计数器两大系列，但在实际应用中，常要用其他进制计数器，例如，七进制计数器、十二进制计数器、二十四进制计数器、六十进制计数器等。一般将二进制和十进制以外的进制统称为任意进制。要实现任意进制计数器，必须选择使用一些集成二进制或十进制计数器的芯片。设已有中规模集成计数器的模为 M，而需要得到一个 N 进制计数器。通常有小容量法（$N<M$）和大容量法（$N>M$）两种。利用 MSI 计数器芯片的外部不同方式的连接或片间组合，可以很方便地构成 N 进制计数器。下面分别讨论两种情况下构成任意一种进制计数器的方法。

1. N < M 的情况

采用反馈归零或反馈置数法来实现所需的任意进制计数。实现 N 进制计数，所选用的集成计数器的模必须大于 N。

例 10.1　试用 74LS161 构成十二进制计数器。

解：利用 74LS161 的异步清零 $\overline{CR}$，强行中止其计数趋势，如设初态为 0，则在前 11 个计数脉冲作用下，计数器按 4 位二进制规律正常计数，而当第 12 个计数脉冲到来后，计数器状态为 1100，此时通过与非门使 $\overline{CR}=0$，借助异步清零功能，使计数器输出变为 0000，从而实现十二进制计数，其状态转换如图 10.11 所示。电路连接方式如图 10.12 所示。在此电路工作中，1100 状态会瞬间出现，但并不属于计数器的有效状态。

$$Q_3Q_2Q_1Q_0$$
$$0000 \rightarrow 0001 \rightarrow 0010 \rightarrow 0011 \rightarrow 0100 \rightarrow 0101 \rightarrow 0110$$
$$\uparrow \qquad\qquad\qquad\qquad\qquad\qquad\qquad\qquad\qquad\qquad\downarrow$$
$$1100（过渡）\leftarrow 1011 \leftarrow 1010 \leftarrow 1001 \leftarrow 1000 \leftarrow 0111$$

图 10.11　十二进制计数器状态转换

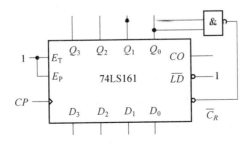

图 10.12　74LS161 构成十二进制计数器

思考

如果用 74LS163 实现十二进制计数器,转换过程与图 10.11 一样吗?为什么?

本例采用的是反馈归零法,按照此方法,可用 74LS161 方便地构成任何十六进制以内的计数器。

2. N > M 的情况

这时必须用多片 M 进制计数器组合起来,才能构成 N 进制计数器。

例 10.2 用两片 74LS161 级联成 256 进制同步加法计数器,如图 10.13 所示。

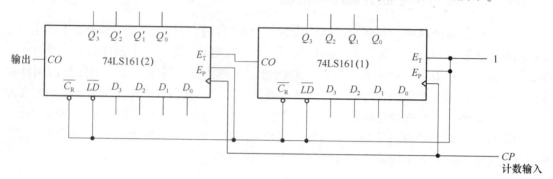

图 10.13　74LS161 构成 256 进制计数器

解: 第 1 片的工作状态控制端 E_P 和 E_T 恒为 1 使计数器始终处在计数工作状态。以第 1 片的进位输出 CO 作为第 2 片的 E_P 或 E_T 输入,每当第 1 片计数到 15(1111)时 CO 变为 1,下个脉冲信号到达时第 2 片为计数工作状态,计入 1,而第 1 片重复计数到 0(0000),它的 CO 端回到低电平,第 2 片为保持原状态不变。电路能实现从 0000 0000 到 1111 1111 的 256 进制计数。

例 10.3 用两片 74LS161 级联成五十进制计数器,如图 10.14 所示。

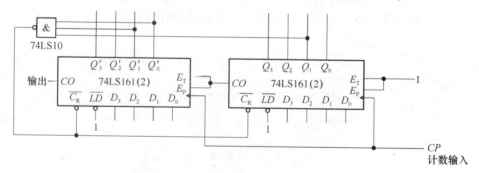

图 10.14　74LS161 构成五十进制计数器

解: 第 1 片的工作状态控制端 E_P 和 E_T 恒为 1 使计数器始终处在计数工作状态。以第 1 片的进位输出 CO 作为第 2 片的 E_P 或 E_T 输入,当第 1 片计数到 15(1111)时,CO 变为 1,下个脉冲信号到达时第 2 片为计数工作状态,计入 1,而第 1 片计数到 0(0000),它的 CO 端回到低电平,第 2 片为保持原状态不变。因为十进制数 50 对应的二进制数为 0011 0010,所以当第 2 片计数到 3(0011),第 1 片计数到 2(0010)时,通过与非门控制使第 1 片和第

2 片同时清零，从而实现从 0000 0000 到 0011 0001 的五十进制计数。在此电路工作中，0011 0010 状态会瞬间出现，但并不属于计数器的有效状态。

例 10.4 试用一片双 BCD 同步十进制加法计数器 CD4518 构成二十四进制计数器。

解：CD4518 内含两个功能完全相同的十进制计数器。每当个位计数器计数到 9（1001）时，下个脉冲信号到达即个位计数器计数到 0（0000）时，十位计数器的 $2EN$ 端获得一个脉冲下降沿使十位计数器处于计数工作状态，计入 1。当十位计数器计数到 2（0010），个位计数器计数到 4（0100）时，通过与门控制使十位计数器和个位计数器同时清零，从而实现二十四进制计数，如图 10.15 所示。

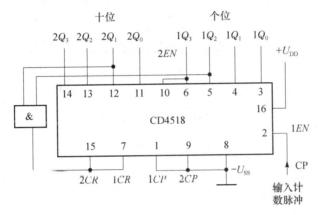

图 10.15 CD4518 构成二十四进制计数器

例 10.5 试用一片双 BCD 同步十进制加法计数器 CD4518 构成六十进制计数器，如图 10.16 所示。

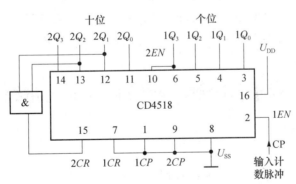

图 10.16 CD4518 构成六十进制计数器

解：CD4518 内含两个功能完全相同的十进制计数器。每当个位计数器计数到 9（1001）时，下个脉冲信号到达即个位计数器计数到 0（0000）时，十位计数器的 $2EN$ 端获得一个脉冲下降沿使十位计数器处于计数工作状态，计入 1。当十位计数器计数到 6（0110）时，通过与门控制使十位计数器清零，从而实现六十进制计数。

例 10.5 试用一片双十进制计数器 74LS390 构成六十进制计数器，如图 10.17 所示。

解：（1）先将图中 $1Q_0$ 连接 1，$2Q_0$ 连接 2 使 74LS390 接成十进制计数。

（2）$1Q_3$ 连接 2，每当个位计数器计数到 9（1001）时，下个脉冲信号到达即个位计数器计数到 0（0000）时，十位计数器的 2 端获得一个脉冲下降沿使十位计数器处于计数工作状态，计入 1。当十位计数器计数到 6（0110）时，通过与门控制使十位计数器清零，从而实现六十进制计数。

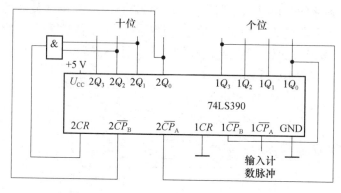

图 10.17　74LS390 构成六十进制计数器

 小知识

数字电路可以分成两大类。

一类是组合逻辑电路，主要由逻辑门电路组成，组合逻辑电路的特点是无反馈连接的电路，没有记忆单元，其任一时刻的输出状态仅取决于该时刻的输入状态。例如在前面几个项目中学习过的编码器、译码器、加法器、数据选择器等均属于组合逻辑电路。

另一类就是时序逻辑电路，主要由具有记忆功能的触发器组成的，时序逻辑电路的特点是其任一时刻的输出状态不仅取决于该时刻的输入状态，而且还与电路原有的状态有关。计数器是极具典型性和代表性的时序逻辑电路，它的应用十分广泛。

【任务训练】　计数、译码和显示电路综合应用

1. 工作任务单

① 识别中规模集成计数器的功能，管脚分布。
② 完成集成计数器 74LS161 的逻辑功能测试。
③ 完成集成计数器 74LS390 的逻辑功能测试。
④ 完成用 74LS161 构成五进制计数器的电路设计及功能测试。
⑤ 完成用 74LS390 构成二十四进制计数器的电路设计及功能测试。
⑥ 完成计数、译码和显示电路的测试。

2. 任务训练目标

① 熟悉中规模集成计数器的逻辑功能及使用方法。
② 熟悉中规模集成译码器及数字显示器件的逻辑功能。

③ 掌握集成计数器逻辑功能测试。
④ 掌握任意进制计数器的设计方法及功能测试。
⑤ 掌握计数、译码、显示电路综合应用的方法。

3. 实训设备与器件

实训设备：数字电路实验装置 1 台
实训器件：74LS161，74LS00，74LS390，74LS08　　各一片
　　　　　74LS48，共阴极 LED 数码管　　　　　　各两片

4. 任务训练内容与步骤

（1）测试 74LS161 的逻辑功能

按照如图 10.18 所示接线，$\overline{CR}$，$\overline{LD}$，E_T，E_P，D_0，D_1，D_2，D_3 分别接逻辑电平开关，$Q_3Q_2Q_1Q_0$ 接逻辑电平显示，CP 接单次脉冲。

① 清零：令 $\overline{CR}=0$，其他均为任意态，此时计数器输出 $Q_3Q_2Q_1Q_0=0000$。清零之后，置 1。

② 保持：令 $\overline{CR}=\overline{LD}=1$，$E_T$ 或 $E_P=0$，其他均为任意态，加 CP 脉冲，观察计数器的输出状态是否变化。

③ 并行送数：送入任意 4 位二进制数，如 $D_3D_2D_1D_0=0101$，加 CP 脉冲，观察 $CP=0$、CP 由 $0\to 1$、CP 由 $1\to 0$，三种情况下计数器输出状态的变化，注意观察计数器输出状态变化是否发生在 CP 脉冲的上升沿（即 $0\to 1$）。

④ 计数：令 $\overline{CR}=\overline{LD}=E_T=E_P=1$，连续输入 CP 脉冲，观察计数器的计数输出情况，注意观察计数器输出状态变化是否发生在 CP 脉冲的上升沿（即 $0\to 1$）。

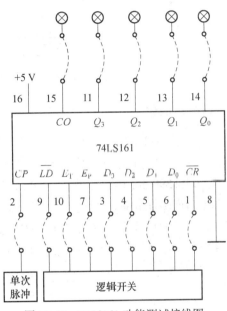

图 10.18　74LS161 功能测试接线图

（2）测试 74LS390 的逻辑功能

参考 74LS161 功能测试图，自己画出 74LS390 的功能测试接线图，分别完成 74LS390 的二进制、五进制、十进制计数等功能测试。

① 用 $\overline{CP}_A$ 触发，连续输入 CP 脉冲，观察计数器 Q_0 的输出情况，验证 74LS390 的二进制计数功能。

② 用 $\overline{CP}_B$ 触发，连续输入 CP 脉冲，观察计数器 Q_1，Q_2，Q_3 的输出情况，验证 74LS390 的五进制计数功能。

③ 将 Q_0 直接与 $\overline{CP}_B$ 相连，以 $\overline{CP}_A$ 作 CP 脉冲，连续输入 CP 脉冲，观察计数器 Q_0，Q_1，Q_2，Q_3 的输出情况，验证 74LS390 的十进制计数功能。

（3）用 74LS161 构成五进制计数器

把计数器 74LS161 的输出 Q_0、Q_2（即 0101）通过与非门反馈到 $\overline{CR}$ 端，可以构成五进制计数器，从 0000 循环到 0100。按图 10.19 接好连线，连续给定 CP 脉冲，观察输出是否从 0000 循环到 0100。

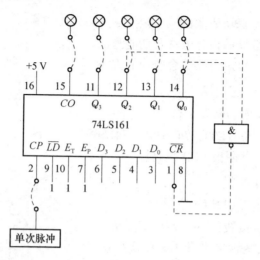

图 10.19 74LS161 反馈清零法实现五进制计数器

 小问答

如果要用上述方法构成七进制计数器，应如何接线？

（4）用 74LS390 构成二十四进制计数器

74SL390 和门电路相配合，可以实现任意进制计数器。图 10.20 所示是利用 74LS390 构成二十四进制计数器，两个计数器的 Q_0 分别接 $\overline{CP}_B$（即 3 脚接 4 脚，13 脚接 12 脚）构成十进制计数，而 $1Q_3$ 接至 $2\overline{CP}_A$，$2Q_1$、$1Q_2$ 通过与门（74LS08）反馈到两个 CR 端，构成二十四进制计数器。连续给单次脉冲，观察输出状态。

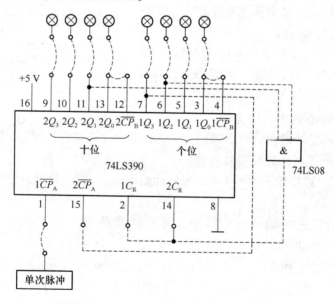

图 10.20 74LS390 实现二十四进制计数器

（5）计数、译码和显示电路综合应用

在如图 10.19 所示电路的输出端加上 74LS48 和共阴极 LED 数码管，构成了二十四进制计数、译码、显示综合电路,如图 10.21 所示。连续给单次脉冲,观察数码管的显示状态。

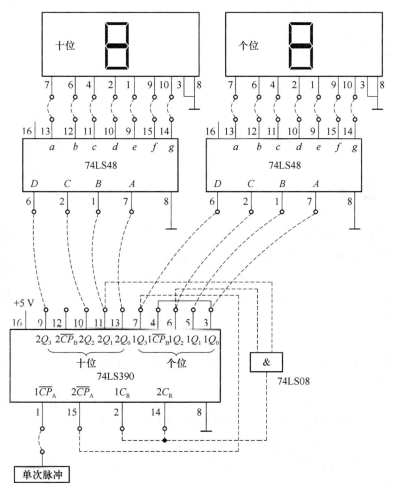

图 10.21　计数、译码和显示电路综合应用接线图

5. 任务训练考核(表10.4)

表 10.4　计数、译码和显示电路测试工作过程考核表

项目	内容	配分	考核要求	扣分标准	得分
工作态度	1. 工作的积极性; 2. 安全操作规程的遵守情况; 3. 纪律遵守情况	30 分	积极参加工作,遵守安全操作规程和劳动纪律,有良好的职业道德和敬业精神	违反安全操作规程扣 20 分,不遵守劳动纪律扣 10 分	
计数器的识别	1. 计数器的型号识读; 2. 译码器引脚号的识读	20 分	能回答型号含义,引脚功能明确,会画出器件引脚排列示意图	每错一处扣 2 分	
计数器的功能测试	1. 能正确连接测试电路; 2. 能正确测试计数器的逻辑功能	30 分	1. 熟悉计数器的逻辑功能; 2. 正确记录测试结果	验证方法不正确扣 5 分,记录测试结果不正确扣 5 分	

续表

项目	内容	配分	考核要求	扣分标准	得分
计数器应用电路设计	能用常用集成计数器设计任意进制计数器	20	完成任意进制计数器逻辑电路图设计	逻辑电路图每错一处扣5分	
合计		100 分			

注：各项配分扣完为止

自我测试

1.（单选题）数字电路分成两大类，一类是组合逻辑电路，另一类就是时序逻辑电路，具有记忆功能的是（　　）电路。
　A. 组合逻辑　　　　　　　　　　B. 时序逻辑
2.（单选题）下列逻辑电路中为时序逻辑电路的是（　　）。
　A. 译码器　　　　　　　　　　　B. 加法器
　C. 计数器　　　　　　　　　　　D. 数据选择器

扫一扫看答案

3.（单选题）4位二进制加法计数器现时的状态为0111，当下一个时钟脉冲到来时，计数器的状态变为（　　）。
　A. 1000　　　B. 0110　　　C. 1001　　　D. 0101
4.（判断题）时序逻辑电路的输出状态仅与输入状态有关。
　A. 正确　　　B. 错误
5.（判断题）构成六十四进制计数器至少需要两片双BCD同步十进制加法计数器CD4518。
　A. 正确　　　B. 错误

10.2　数字电子钟的电路组成与工作原理

　　数字电子钟是采用数字电路对"时"、"分"、"秒"数字显示的计时装置。与传统的机械钟相比，它具有走时准确、显示直观、无机械传动等优点，广泛应用于电子手表和车站、码头、机场等公共场所的大型电子钟等。

10.2.1　电路组成

　　图10.22所示是数字钟的组成框图。由图可见，该数字钟由秒脉冲发生器，六十进制"秒"、"分"计时计数器和二十四进制"时"计时计数器，时、分、秒译码显示电路，校时电路和报时电路等部分电路组成。

项目10 数字电子钟的分析与制作

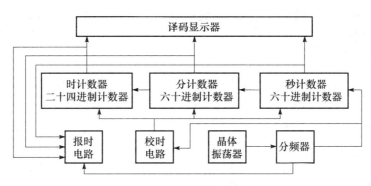

图 10.22 数字钟的组成

10.2.2 电路工作原理

1. 秒信号发生电路

秒信号发生电路产生频率为 1 Hz 的时间基准信号。数字钟大多采用 32 768（2^{15}）Hz 石英晶体振荡器，经过 15 级二分频，获得 1 Hz 的秒脉冲，秒脉冲信号发生电路如图 10.23 所示。该电路主要应用 CD4060。CD4060 是 14 级二进制计数器/分频器/振荡器。它与外接电阻、电容、石英晶体共同组成 $2^{15}=32768$ Hz 振荡器，并进行 14 级二分频，再外加一级 D 触发器（74LS74）二分频，输出 1 Hz 的时基秒信号。CD4060 的引脚排列如图 10.24 所示，表 10.5 所示为 CD4060 的功能表，图 10.25 所示为 CD4060 的内部逻辑。

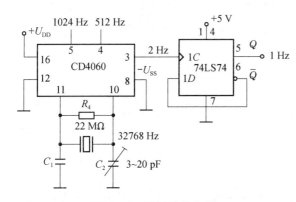

图 10.23 秒脉冲发生器

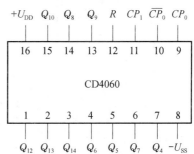

图 10.24 CD4060 的引脚排列

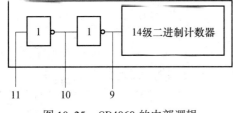

图 10.25 CD4060 的内部逻辑

表 10.5 CD4060 的功能

R	CP	功 能
1	×	清零
0	↑	不变
0	↓	计数

R_4 是反馈电阻，可使 CD4060 内非门电路工作在电压传输特性的过渡区，即线性放大

区。R_4 的阻值可在几兆欧姆到十几兆欧姆之间选择,一般取 22 MΩ。C_2 是微调电容,可将振荡频率调整到精确值。

2. 计数器电路

"秒"、"分"、"时"计数器电路均采用双 BCD 同步加法计数器 CD4518,如图 10.26 所示。"秒"、"分"计数器是六十进制计数器,为了便于应用 8421BCD 码显示译码器工作,"秒"、"分"个位采用十进制计数器,十位采用六进制计数器。"时"计数器是二十四进制计数器,如图 10.27 所示。

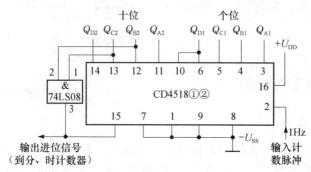

图 10.26 "秒""分"计数器

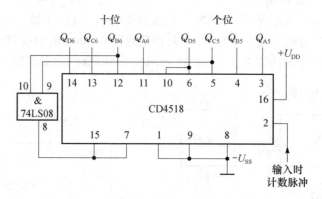

图 10.27 "时"计数器

3. 译码、显示电路

"时"、"分"、"秒"的译码和显示电路完全相同,均使用七段显示译码器 74LS248 直接驱动 LED 数码管 LC5011-11。图 10.28 所示为秒位译码、显示电路。74LS248 和 LC5011-11 的引脚排列如图 10.29 所示。

4. 校时电路

校时电路如图 10.30 所示。"秒"校时采用等待时法。正常工作时,将开关 S_1 拨向 U_{DD} 位置,不影响与门 G_1 传送秒计数信号。进行校对时,将 S_1 拨向接地位置,封闭与门 G_1,暂停秒计时。标准时间一到,立即将 S_1 拨回 U_{DD} 位置,开放与门 G_1。"分"和"时"校时采用加速校时法。正常工作时,S_2 或 S_3 接地,封闭与门 G_3 或 G_5,不影响或门 G_2 或 G_4 传送秒、分进位计数脉冲。进行校对时,将 S_2、S_3 拨向 U_{DD} 位置,秒脉冲通过 G_2、G_3 或 G_4、G_5 直接引入"分""时"计数器,让"分""时"计数器以秒节奏快速计数。待标准分、

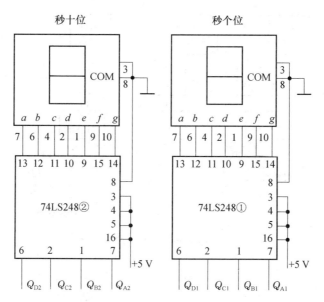

图 10.28 秒位译码器、显示电路

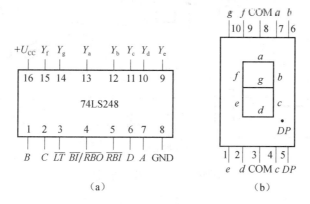

(a) (b)

图 10.29 74LS248 和 LC5011-11 的引脚排列

时一到,立即将 S_2、S_3 拨回接地位置,封锁秒脉冲信号,开放或门 G_4、G_2 对秒、分进位计数脉冲的传送。

5. 整点报时电路

整点报时电路如图 10.31 所示,包括控制和音响两部分。每当"分"和"秒"计数器计到 59 分 51 秒,自动驱动音响电路发出 5 次持续 1s 的鸣叫,前 4 次音调低,最后一次音调高。最后一声鸣叫结束,计数器正好为整点("00"分"00"秒)。

(1) 控制电路

每当分、秒计数器计到 59 分 51 秒,即

$$Q_{D4}Q_{C4}Q_{B4}Q_{A4} = 0101$$

$$Q_{D3}Q_{C3}Q_{B3}Q_{A3} = 1001$$

$$Q_{D2}Q_{C2}Q_{B2}Q_{A2} = 0101$$

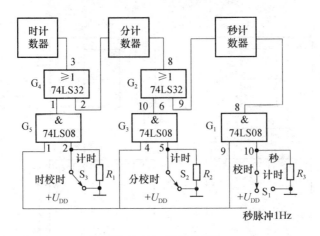

图 10.30 校时电路

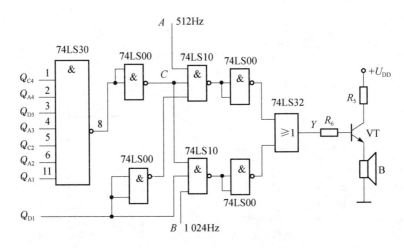

图 10.31 整点报时电路

$$Q_{D1}Q_{C1}Q_{B1}Q_{A1} = 0001$$

时,开始鸣叫报时。此间,只有秒个位计数,所以

$$Q_{C4} = Q_{A4} = Q_{D3} = Q_{A3} = Q_{C2} = Q_{A2} = 1$$

另外,时钟到达 51 s、53 s、55 s、57 s 和 59 s(即 $Q_{A1}=1$)时就鸣叫。为此,将 Q_{C4}、Q_{A4}、Q_{D3}、Q_{A3}、Q_{C2}、Q_{A2} 和 Q_{A1} 逻辑相与作为控制信号 C。

$$C = Q_{C4}Q_{A4}Q_{D3}Q_{A3}Q_{C2}Q_{A2}Q_{A1}$$

所以

$$Y = CQ_{D1}A + C\overline{Q_{D1}}B$$

在 51 s、53 s、55 s 和 57 s 时,$Q_{D1}=0$,$Y=A$,扬声器以 512 Hz 音频鸣叫 4 次。在 59 秒时,$Q_{D1}=1$,$Y=B$,扬声器以 1 024 kHz 高音频鸣叫最后一响。报时电路中的 512 Hz 低音频信号 A 和 1 024 Hz 高音频信号 B 分别取自 CD4060 的 Q_6 和 Q_5。

(2)音响电路

音响电路采用射极输出器 VT 驱动扬声器,R_6、R_5 用来限流。

【实践活动】 数字电子钟的设计与制作实训

1. 工作任务单

① 小组制订工作计划。
② 完成数字电子钟的逻辑电路设计。
③ 画出布线图。
④ 完成数字电子钟电路所需元器件的购买与检测。
⑤ 根据布线图制作数字电子钟电路。
⑥ 完成数字电子钟电路功能检测和故障排除。
⑦ 通过小组讨论完成电路的详细分析及编写项目实训报告。

数字电子钟电路原理如图 10.32 所示。

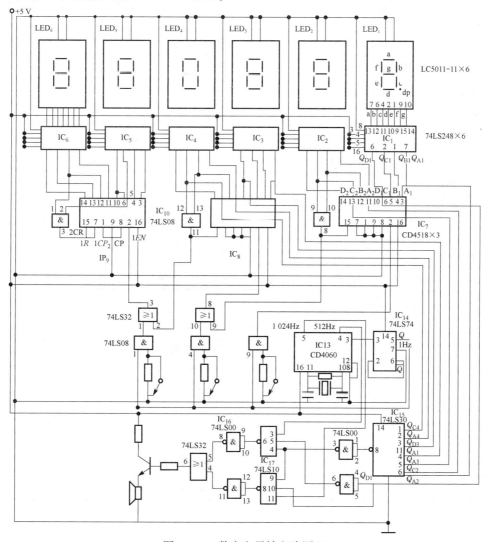

图 10.32 数字电子钟电路原理

2. 项目目标

① 熟悉数字电子钟的结构及各部分的工作原理。
② 掌握数字电子钟电路设计、制作方法。
③ 熟悉中规模集成电路和显示器件的使用方法。
④ 掌握用中小规模集成电路设计一台能显示时、分、秒的数字电子钟。

3. 实训设备与器材

实训设备：数字电路实验装置 1 台
实训器件：如表 10.6 所示

表 10.6 元器件名称、规格型号和数量明细

代 号	名 称	规格及型号	数量/个	备 注
$IC_1 \sim IC_6$	显示译码器	74LS248	6	
$IC_7 \sim IC_9$	加法计数器	CD4518	3	
IC_{10}、IC_{12}	四二输入与门	74LS08	2	
IC_{11}	四2输入或门	74LS32	1	
IC_{13}	振荡/分频器	CD4060	1	
IC_{14}	双 D 触发器	74LS74	1	
IC_{15}	8 输入与非门	74LS30	1	
IC_{16}	四2输入与非门	74LS00	1	
IC_{17}	三3输入与非门	74LS10	1	
$LED_1 \sim LED_6$	数码显示管	LC5011-11	6	
$R_1 \sim R_3$	电阻器	RTX-1/8W-5.6kΩ ±5%	3	
R_4	电阻器	RTX-1/8W-22MΩ ±5%	1	
R_5	电阻器	RTX-1/8W-100Ω ±5%	1	
R_6	电阻器	RTX-1/8W-1.5kΩ ±5%	1	
XT	石英晶体	2^{15}Hz (32 768Hz)	1	
C_1	瓷介电容器	CC1-63V-22pF ±10%	1	
C_2	瓷介电容器	CC1-63V-22pF 可微调	1	
$S_1 \sim S_3$	按钮式开关	一刀二掷	3	
VT	晶体三极管	9013	1	
B	扬声器	φ58/8Ω/0.25W	1	
J1 ~ J40	短接线	φ0.5 镀银铜线	若干	
扬声器	扬声器接线	安装线 AVR0.15×7		
	短接线	安装线 AVR0.15×7		
	电源接线			
	印刷板		1	

4. 项目电路工作原理与说明

见本项目 10.2。

5. 项目电路的安装与功能验证

按照如图 10.32 所示的数字电子钟电路原理，参考如图 10.33 所示的数字电子钟安装、如图 10.34 所示的数字钟印刷板和如图 10.35 所示的数字钟元器件布局进行设计安装，用常规工艺安装好电路。检查确认电路安装无误后，接通电源，逐级调试。

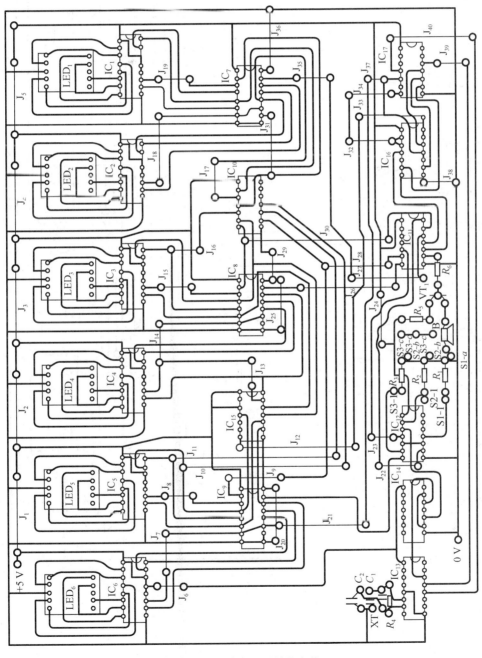

图 10.33 数字电子钟的安装

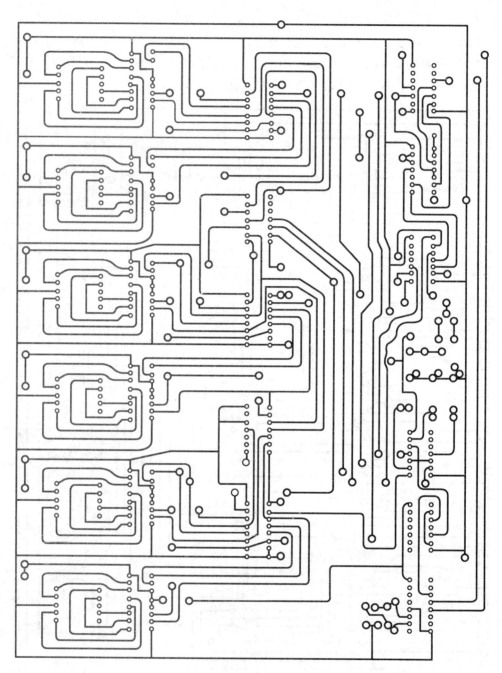

图 10.34 数字钟印刷板

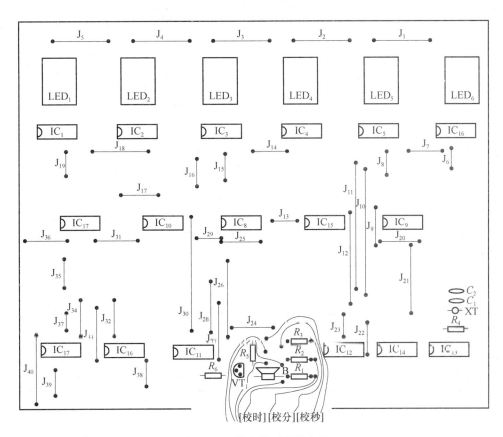

图 10.35 数字钟元器件布局

（1）秒信号发生电路调试

测量晶体振荡器输出频率，调节微调电容 C_2，使振荡频率为 32 768 Hz。再测 CD4060 的 Q_4、Q_5 和 Q_6 等脚输出频率，检查 CD4060 工作是否正常。

（2）计数器的调试

将秒脉冲送入秒计数器，检查秒个位、十位是否按 10 s、60 s 进位。采用同样方法检测分计数器和时计数器。

（3）译码显示电路的调试

观察在 1 Hz 的秒脉冲信号作用下数码管的显示情况。

（4）校时电路的调试

调试好时、分、秒计数器后，通过校时开关依次校准秒、分、时，使数字钟正常走时。

（5）整点报时电路的调试

利用校时开关加快数字钟走时，调试整点报时电路，使其分别在 59 min 51 s、53 s、55 s、57 s 时鸣叫 4 声低音，在 59 min 59 s 时鸣叫一声高音。

6. 完成电路的详细分析及编写项目实训报告

7. 实训考核（表 10.7）

表 10.7　数字电子钟的制作工作过程考核表

项目	内　容	配分	考核要求	扣分标准	得分
工作态度	1. 工作的积极性； 2. 安全操作规程的遵守情况； 3. 纪律遵守情况	20 分	积极参加工作，遵守安全操作规程和劳动纪律，有良好的职业道德和敬业精神	违反安全操作规程扣 10 分，不遵守劳动纪律扣 10 分	
电路元器件的识别	电路元器件的型号识读及引脚号的识读	20 分	能回答型号含义，引脚功能明确，会画出器件引脚排列示意图	每错一处扣 2 分	
数字电子钟的安装与调试	1. 秒信号发生电路安装与调试； 2. 计数器的安装与调试； 3. 译码显示电路安装与调试； 4. 校时电路安装与调试； 5. 整点报时电路安装与调试	50 分	电路安装正确，调试过程清楚，调试方法正确	每错一处扣 5 分	
电路整体安装	数字电子钟的整体安装连接	10 分	安装正确，正常运行	每错一处扣 2 分	
合计		100 分			

注：各项配分扣完为止

本项目知识点

1. 数字电路可以分成两大类，一类是组合逻辑电路，主要由逻辑门电路组成，组合逻辑电路的特点是无反馈连接的电路，没有记忆单元，其任一时刻的输出状态仅取决于该时刻的输入状态。例如在前面几个项目中学习过的编码器、译码器、加法器、数据选择器等均属于组合逻辑电路。

2. 另一类就是时序逻辑电路，主要由具有记忆功能的触发器组成的，时序逻辑电路的特点是其任一时刻的输出状态不仅取决于该时刻的输入状态，而且还与电路原有的输出状态有关。计数器是极具典型性和代表性的时序逻辑电路，它的应用十分广泛。

3. 获得 N 进制计数器的常用方法有两种：一是用时钟触发器和门电路进行设计，二是集成计数器构成。第二种利用清零端或置数控制端，让电路跳过某些状态而获得 N 进制计数器。

思考与练习

一、填空题

10.1　构成一个六进制计数器最少要采用＿＿＿＿个触发器，这时构成的电路有＿＿＿＿个有效状态，＿＿＿＿个无效状态。

10.2 使用 4 个触发器构成的计数器最多有_____个有效状态。

10.3 4 位二进制加法计数器现时的状态为 0111,当下一个时钟脉冲到来时,计数器的状态变为_____。

二、分析题

10.4 试用 74LS161 构成七进制计数器。

10.5 用两片 74LS161 级联成六十进制计数器。

10.6 试用一片双 BCD 同步十进制加法计数器 CD4518 构成六十四进制计数器。

10.7 试分析如图 10.36 所示的计数器电路,说明这是多少进制的计数器,并列出状态图。

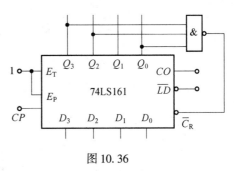

图 10.36

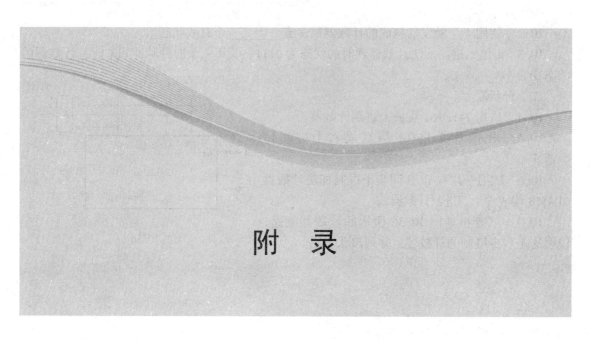

附　录

附录表 1　2CZ 系列部分硅整流二极管型号和主要参数

型　号	最大整流电流/A	最高反向工作电压/V	正向电压降/V	反向漏电流/A	储存温度/℃	外　形
2CZ52A~M	0.1	25~1000	≤1.0	≤5	−40~+150	
2CZ53A~M	0.3					
2CZ54A~M	0.5					
2CZ55A~M	1			≤10		
2CZ56A~M	3		≤0.8	≤20	140	
2CZ57A~M	5					

附录表 2　2CZ 系列硅整流二极管最高反向工作电压分挡标志

最高反向工作电压/V	25	50	100	200	300	400	500	600	700	800	900	1000
分挡标志	A	B	C	D	E	F	G	H	J	K	L	M

附录表 3　国外 1N 系列普通二极管和主要技术参数

主要技术参数型号	最高反向工作电压/V	最大整流电流/A	正向电压降/V	反向电流/μA
1N4001	50	1	≤1	≤10
1N4002	100	1	≤1	≤10
1N4004	400	1	≤1	≤10
1N4007	1000	1	≤1	≤10
1N5401	100	3	≤1.2	≤10
1N5404	400	3	≤1.2	≤10
1N5407	800	3	≤1.2	≤10
1N5408	1000	3	≤1.2	≤10

附录表4 74系列集成芯片型号、名称对照表

型号	名　　称	型号	名　　称
00	四二输入与非门	48	BCD 七段译码驱动器
01	四二输入与非门（oc）	49	BCD 七段译码驱动器
02	四二输入或非门	50	二二输入端双与或非门
03	四二输入与非门	51	双二与二或非门
04	四二输入与非门（oc）	53	四组输入与或非门（可扩展）
05	六反相器（oc）	54	四组输入与或非门
06	六反相器缓冲器/驱动器（oc）	55	4-4 输入与二或非门
07	缓冲器/驱动器	58	高速逻辑与或门
08	四二输入与门	60	双四输入端扩展器
09	四二输入与门（oc）	64	4-2-3-3 输入 4 与或非门
10	三三输入与非门	72	J-K 触发器（带预置清除）
11	三三输入与门	73	双 J-K 触发器（带清除端）
12	三三输入与非门（oc）	74	双 D 型触发器
13	双四输入与非门（施密特触发器）	75	四位双稳锁存器
14	六反相器（（施密特触发器）	76	双 J-K 触发器（预置清除端）
15	三三输入与门（oc）	77	四位双稳锁存器
16	六反向缓冲器/驱动器（oc）	78	双 J-K 触发器（带预置）
17	六正向缓冲器/驱动器（oc）	83	四位全加器（快速进位）
18	双四输入与非门（施密特）	85	四位幅度比较器
20	双四输入与非门	86	四三输入异或门
21	双四输入与门	89	16×4 位 RAM
22	双四输入与非门（oc）	90	四位十进制波动计数器
23	带扩展双四输入或非门	91	八位串入串出移位寄存器
25	双四输入或非门（带选通）	92	模 12 计数器（异步）
26	四二输入与非门（oc）	93	四位二进制计数器（异步）
27	三三输入或非门	95	四位移位寄存器
28	四输入端或非缓冲器	96	五位移位寄存器
30	八输入端与非门	107	双 J-K 触发器（带清除）
32	四二输入或门	109	双 J-K 正沿触发器（带预置清除）
33	四输入端或非缓冲器（oc）	112	双 J-K 负沿触发器（带预置清除）
37	四输入端与非缓冲器	113	双 J-K 负沿触发器（带预置）
38	四输入与非门缓冲器（oc）	114	双 J-K 负沿触发器（带预置，共清零，共时钟）
40	四输入端与非缓冲器	116	双四位锁存器
42	BCD 十进制译码器	121	单稳态多谐振荡器
43	余三码十进制译码器	122	单稳态多谐振荡器（可再触发）
44	余三码十进制译码器	123	双稳态多谐振荡器（可再触发）
45	BCD 十进制译码驱动器	124	双压控振荡器
47	BCD 七段译码驱动器	125	四三态缓冲器（E 控）

续表

型号	名称	型号	名称
126	四三态缓冲器（E控）	176	异步可预置十进制计数器
128	四二输入或非缓冲器	180	九位奇偶校验器
132	四二输入与非缓冲器（施密特）	181	四位算术逻辑单元
133	13输入与非门	182	超前进位发生器
134	12输入与非门（三态）	183	双全加器（快速进位）
135	四异或/异或非门	188	32×8PROM
136	四二异或门（oc）	190	BCD十进制同步可逆计数器（可预置）
137	地址锁存3-8线译码器	191	四位二进制同步可逆计数器（可预置）
138	八选一译码器	192	同步BCD十进制可逆计数器（双时钟可预置带清零）
139	双四选一多路解码器	193	同步四位二进制可逆计数器（双时钟可预置带清零）
140	双四输入与非门/50Ω驱动器	194	四位双向通用移位寄存器
141	BCD-十进制译码器/驱动器（串并同步操作）	195	四位通用移位寄存器
143	计数器/锁存器/译码器/驱动器	196	异步可预置十进制计数器
145	BCD-十选一译码器/驱动器	197	异步可预置四位二进制计数器
147	10-4线优先编码器	198	八位双向通和移位寄存器
148	8-3线优先编码器	199	八位双向通用移位寄存器
150	16输入多路器	221	双单稳多谐振荡器（施密特输入）
151	八选一数据选择器	228	16×4位字10线先入先出存储器
152	八选一数据选择器（反码输入）	237	3-8线译码器（带锁存）
153	双四选一数据选择器	238	四位二进制全加器/信号分离器
154	16选一译码多路解码器	240	八缓冲器（反码三态）
155	双2-4线译码器多路解码器	241	八缓冲器（原码三态）
156	双2-4线译码器多路解码器（oc）	242	四总线收发器（原码三态）
157	四2选1数据选择器（原码）	243	四总线收发器（原码三态）
158	四2选1数据选择器	244	八缓冲器（原码三态）
159	4-16线译码（oc）	245	八总线收发器（原码三态）
160	BCD十进制计数器（异步清零）	247	BCD七段译码驱动器
161	四位二进制计数器	248	BCD七段译码驱动器
162	BCD十进制计数器（异步清零）	249	BCD七段译码驱动器
163	四位二进制计数器（同步清零）	251	8通路多路开关（原码和反码三态输出）
164	八位串入并出移位寄存器	253	双四通道多路开关（三态）
165	八位串/并入串出移位寄存器	256	双四位可编址锁存器
166	八位串/并入串出移位寄存器	257	四二选一数据选择器（原码三态输出）
168	BCD十进制可逆计数器	258	四二选一数据选择器（反码三态输出）
169	BCD十进制可逆计数器	259	八位可编址锁存器
170	4×4位寄存器堆（oc）	260	双五输入或非门
173	4D触发器（三态）	261	2×4位平行二进制多路器
174	6D触发器（补码输出共清零）	266	二输入四异或门（oc）
175	4D触发器（补码输出共清零）	273	八D触发器（公共时钟，单输出带清零）

续表

型号	名 称	型号	名 称
279	四位可预置锁存器	398	四二输入多路开关（带存储，双路输出）
280	九位奇偶校验器	399	四二输入多路开关（带存储，双路输出）
283	四位二进制全加器（快进位）	490	双十进制计数器
284	二进制并行输入 4×4 多路开关	521	八位运算功能比较器
285	4×4 并行二进制乘法器	533	八位锁存器（三态反相）
290	十进制计数器（2 分频和 5 分频）	541	八缓冲器/驱动器（三态共时钟）
293	四位二进制计数器（2 分频和 8 分频）	534	型号种类单价名称
295	四位双向通用移位寄存器（三态）	540	八位边缘触发器（反相三态）
298	四-2 输入多路开关（带存储）	568	八缓冲器/驱动器（三态）
299	八位双向通用移位/存储寄存器（三态）	569	四位 BCD 双向计数器（三态）
322	八位移位寄存器（带信号扩展）	573	四位可预置二进制退计数器（三态）
323	八位双向移位/存储寄存器（三态）	574	八位 D 型透明锁存器（三态）
350	四位移相器（2 位选码选择移数数据 1，2 或 3 位）	575	八位 D 型触发器（三态非反相）
352	双 4-1 线数据选择器/多路开关（LS153 反相型）	620	八位 D 型边缘触发器（三态）
353	双 4-1 线数据选择器/多路开关（LS253 反相型）	621	八总线收发器（存储，三态）
356	六总线驱动器（非反相数据输出，门控允许输入，三态输出）	622	八总线收发器（存储，oc）
366	六总线驱动器（非反相数据输出，门控允许输入，三态输出）	623	八总线收发器（存储，oc）
367	六总线驱动器（非反相数据输出，四线和二级输入三态输出）	629	八总线收发器（存储，oc）
368	六总线驱动器（三态输出）（16×4 位 oc）	640	电压控制振荡器
373	八 D 锁存器（三态输出，共输出，共允许）	641	八反相总线收发器（三态）
364	八 D 锁存器（三态输出，共输出，共时钟）	642	八非反相总线收发器（oc）（带存储，单路输出
375	四位双稳态锁存器	643	八反相总线收发器（oc）
377	八 D 触发器（单输出，共允许，共时钟）	644	八总线收发器（正向，反向，三态）
378	六 D 触发器（单输出，共允许，共时钟）	645	八总线收发器（正向，反向，oc）
379	四 D 触发器（双路输出，共允许）	646	八非反相总线收发器（三态）
380	多路寄存器	668	八总线收发器多路开关（三态）
381	算术逻辑单元/功能发生器（八个二进制功能）	669	四位同步可逆十进制计数器
382	算术逻辑单元/功能发生器	670	四位同步可逆二进制计数器
385	四串行加法器/减法器	688	4×4 位寄存器
386	四-二输入异或门	716	八位置值比较器
387	双十进制计数器	718	可编程 N 进制计数器（N: 2）
390	双十进制计数器	797	可编程 N 进制计数器（N: 0～15）
393	双四位二进制计数器	798	八缓冲器（三态）
395	四位通用移位寄存器（三态）		

附录图1 常见集成芯片管脚

1. 四2输入逻辑门

2. 四2输入逻辑门

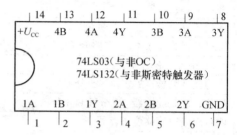

3. 四2输入逻辑门

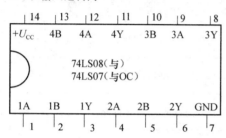

4. 四2输入逻辑门

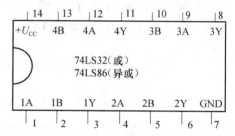

5. 二2输入逻辑门

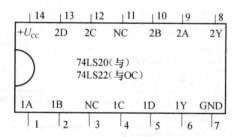

6. 二2输入逻辑门

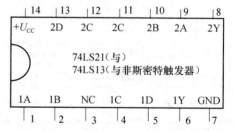

7. 二2输入逻辑门

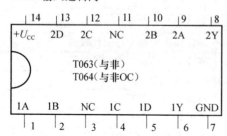

8. 四2输入或非门

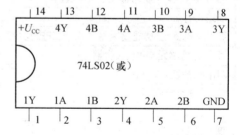

9. 4路2-3-3-2输入与或非门

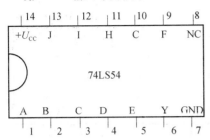

10. 2路3-3、2路2-2输入与或非门

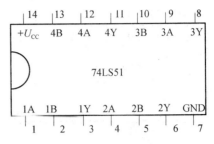

11. 四2输入逻辑门

12. 六反相器

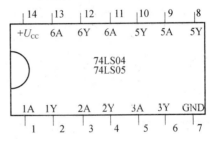

13. 三2输入逻辑门

14. 三2输入逻辑门

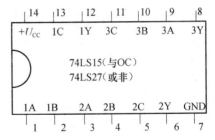

15. 三3输入逻辑门

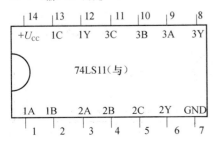

16. 4路4-2-3-2输入与或非门

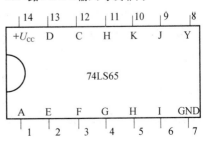

17. 四2输入逻辑门

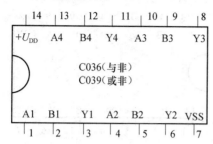

18. 四2输入逻辑门

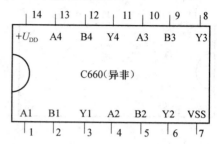

19. 四2输入逻辑门

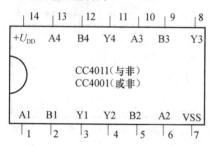

20. 四2输入逻辑门

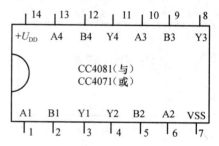

21. 四2输入逻辑门

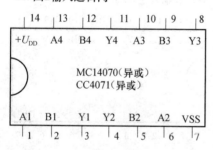

22. 四异或/异或非门

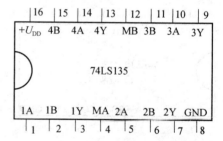

23. 12输入与非门（三态）

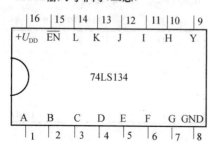

24. 计数/锁存/7段译码/驱动器

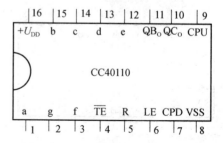

25. 计数/锁存/7段译码/驱动器

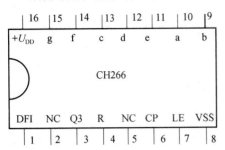

26. 4线—7段译码/驱动器

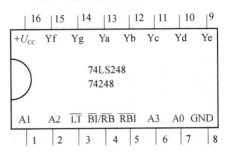

27. 3线—8线译码器

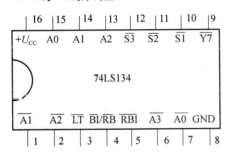

28. 计数/锁存/7段译码/驱动器

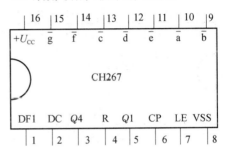

29. 3线—8段译码/驱动器

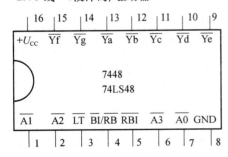

30. 3线—8段译码/驱动器

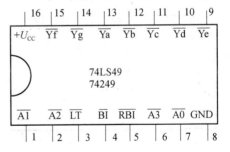

31. 4线—7段译码/驱动器

32. 3线—8线译码器

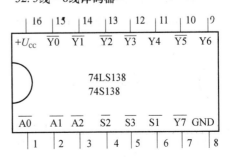

33. 4线—10线译码/驱动器

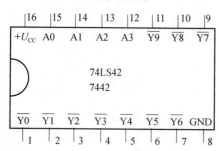

34. 4线—10线译码/驱动器

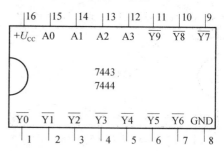

35. 4线—10线译码/驱动器

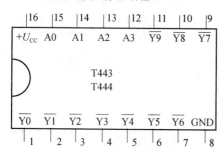

36. 4线—10线译码/驱动器

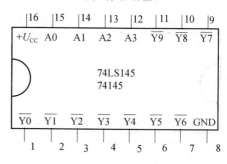

37. BCD-7段译码/大电流驱动器

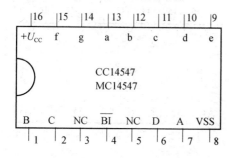

38. BCD码-10进制译码器

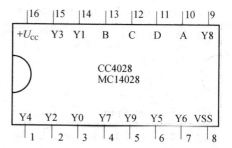

39. BCD码-10进制译码器

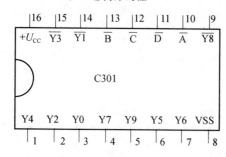

40. BCD-锁存/7段译码/驱动器

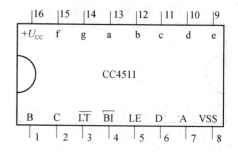

41. 8线—3优先编码器

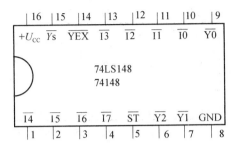

42. 8线—3优先编码器

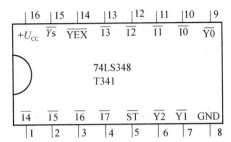

43. BCD-7段译码/液晶驱动器

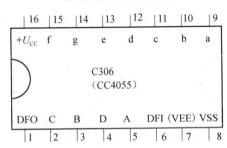

44. BCD码-锁存/7段译码/驱动器

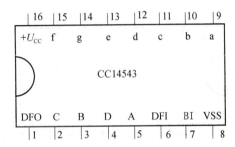

45. 10线—4优先编码器

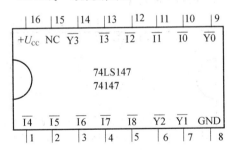

46. 10线—4优先编码器

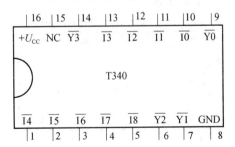

47. 4线—16线译码器

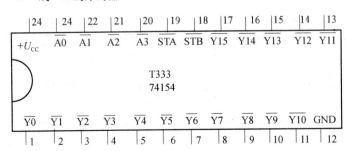

48. 4线—7线译码/驱动器

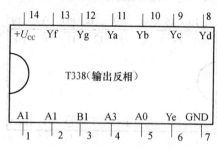

49. 4线—7线译码/驱动器

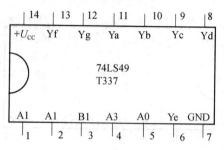

50. 10线—4线编码器

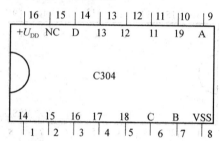

51. J-K边沿触发器

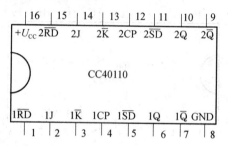

52. 主从J-K触发器

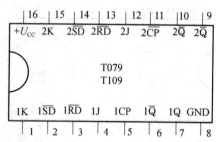

53. 主从J-K触发器

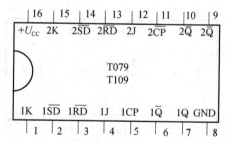

54. 边沿J-K触发器

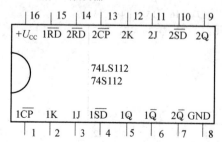

55. 主从J-K触发器(双)

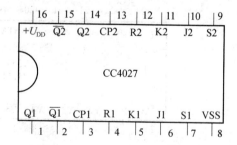

56. 四2输入逻辑门

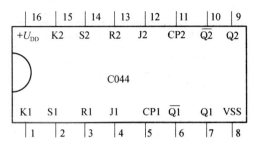

57. 单J-K触发器

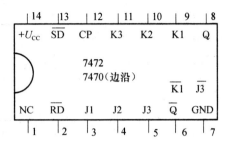

58. 单J-K触发器

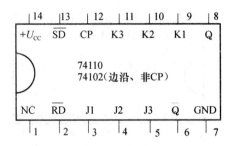

59. 维阻D触发器

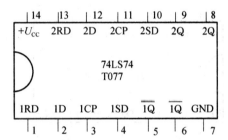

60. 主从J-K触发器（单）

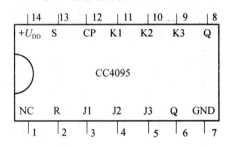

61. 主从J-K触发器（单）

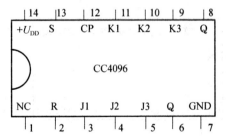

62. 主从D触发器

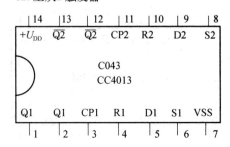

63. 主从D触发器

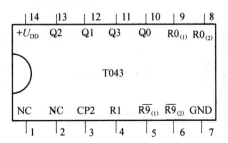

64. 同步加/减计数器

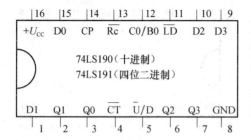

65. 三-五-十进制计数器

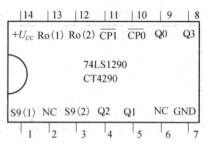

66. 多进制可预置计数器

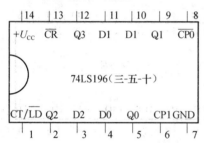

67. 多进制可预置计数器

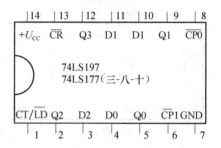

68. 4位二进制计数器（双）

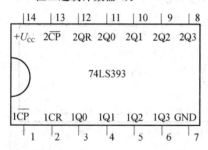

69. 7位二进制计数器

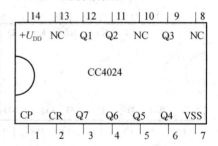

70. 同步计数器

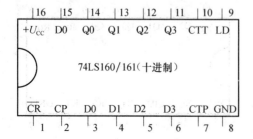

71. 同步计数器

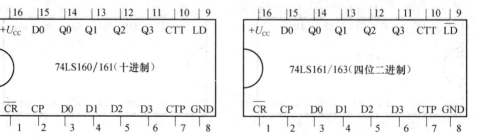

72. 同步加/减计数器

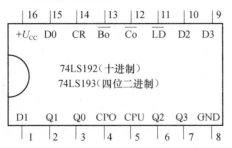

73. 12位二进制计数器/分频器

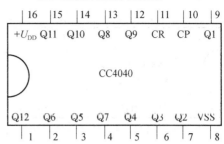

74. 同步加/减计数器

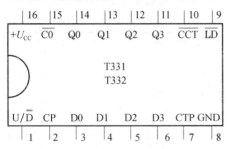

75. 14位二进制计数器/减计数器

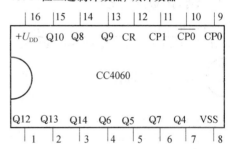

76. 二-十六任意进制计数器

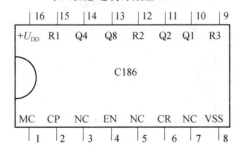

77. 同步加计数器

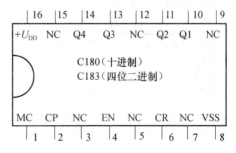

78. 同步加/减计数器

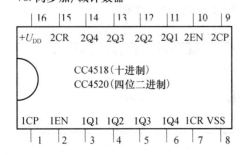

79. 加/减计数器

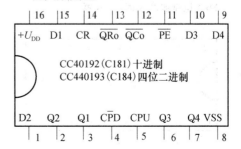

80. 加计数器

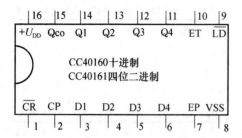

81. 十进制计数器/分配器

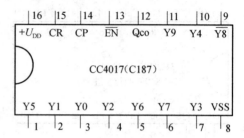

82. 八进制计数器/分配器

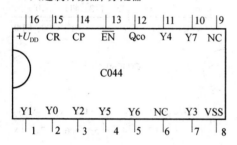

83. 四位二进制超前进位全加器

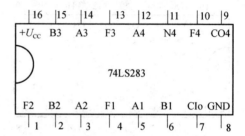

84. 双进保留全加器

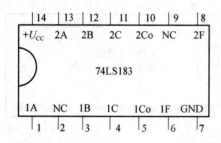

85. 9位奇偶产生器/校验器

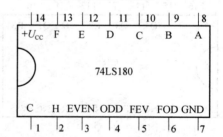

86. 9位奇偶产生器/校验器

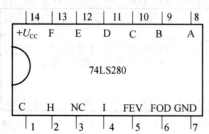

87. 四位超前进位全加器

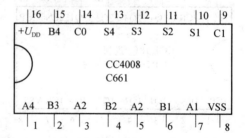

88. 四位全加器

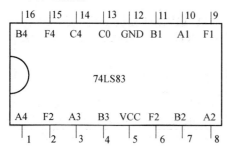

89. 双位全加器

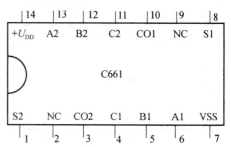

90. NBCK加法器

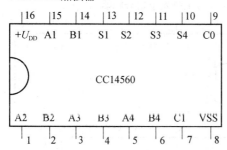

91. 双四路数据选择器

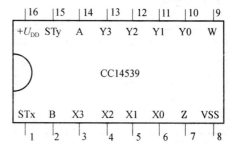

92. 八选一数据选择器

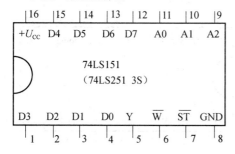

93. 八行一数据选择器（反码输出）

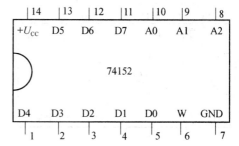

94. 双单稳态触发器

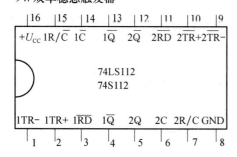

95. 双四选一数据选择器

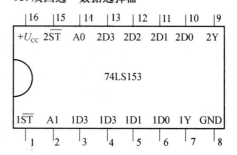

96. 双可重触发音稳态触发器

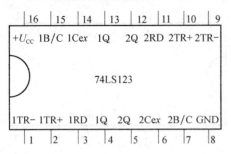

97. 双单稳态触发器

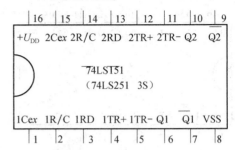

98. 单稳态触发器

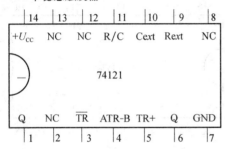

99. 可重触发单稳态触发器

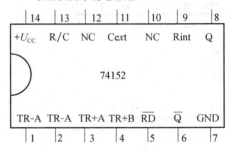

100. BCD求反器

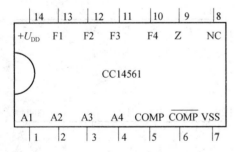

101. 双定时器

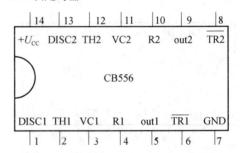

102. 起前进位产生器

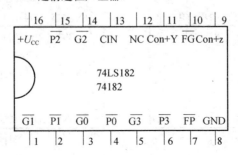

103. 4线-16线译码器

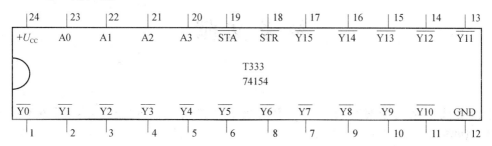

104. 四位算术逻辑单元/函数产生器

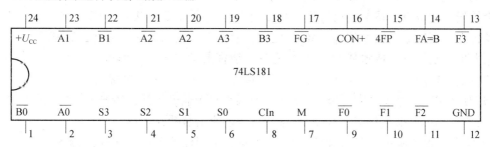

105. 四位算术逻辑单元/函数产生器

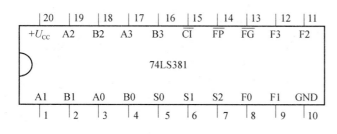

106. 七段字型显示器
LT—547R

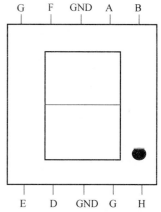

参 考 文 献

[1] 中国集成电路大全编写委员会. 中国集成电路大全 [M]. 北京：国防工业出版社, 1985.
[2] 黄永定. 电子实验综合实训教程 [M]. 北京：机械工业出版社, 2004.
[3] 石小法. 电子技能与实训 [M]. 北京：高等教育出版社, 2002.
[4] 卢庆林. 数字电子技术基础实验与综合训练 [M]. 北京：高等教育出版社, 2004.
[5] 韦鸿. 电子技术基础 [M]. 北京：电子工业出版社, 2007.
[6] 李传珊. 新编电子技术项目教程 [M]. 北京：电子工业出版社, 2005.
[7] 杨碧石. 模拟电子技术基础 [M]. 北京：北京航空航天大学出版社, 2006.
[8] 蔡大华. 模拟电子技术基础 [M]. 北京：清华大学出版社, 2008.
[9] 章彬宏. 模拟电子技术 [M]. 北京：北京理工大学出版社, 2008.
[10] 杨力, 左能. 电子技术 [M]. 北京：中国水利水电出版社, 2006.
[11] 康华光. 电子技术基础 [M]. 北京：高等教育出版社, 1998.
[12] 吴伯英. 电子基本知识与技能 [M]. 北京：中国建筑工业出版社, 2005.
[13] 黄跃华, 张钰玲. 模拟电子技术 [M]. 北京：北京理工大学出版社, 2009.
[14] 谢兰清. 电子技术项目教程 [M]. 北京：电子工业出版社, 2009.
[15] 谢兰清, 黎艺华. 数字电子技术项目教程 [M]. 北京：电子工业出版社, 2010.